脉冲无源双基地雷达技术

Techniques of Passive Bistatic Radar Based on Pulse Radar Illuminators

宋 杰 张财生 熊 伟 著

国防工业出版社
·北京·

内 容 简 介

本书系统地介绍了脉冲无源双基地雷达技术国内外多年来的研究进展及作者们多年来的研究成果,具体内容包括:脉冲无源双基地雷达的发展历史和前景,脉冲无源双基地雷达参数测量与目标定位方法,无源双基地雷达同步技术与时频误差影响分析,直达波参考信号复包络估计技术,直达波干扰与杂波抑制技术,脉冲互相关检测与目标时延、频移估计快速算法,无源双基地雷达广义相参检测性能分析,发射天线扫描对目标检测性能影响分析,试验系统研制与算法验证分析。

本书主要面向从事电子侦察、无源探测等研究方向的广大科研技术人员,为他们进行无源双多基地雷达的系统设计、集成与实现等工作提供有价值的参考素材。同时可作为雷达工程、电子对抗、信息工程等相关学科领域研究生的参考书籍。

图书在版编目(CIP)数据

脉冲无源双基地雷达技术/宋杰,张财生,熊伟著. —北京:国防工业出版社,2022.12

ISBN 978-7-118-12639-6

Ⅰ. ①脉⋯ Ⅱ. ①宋⋯ ②张⋯ ③熊⋯ Ⅲ. ①双基地雷达—雷达技术 Ⅳ. ①TN959

中国版本图书馆 CIP 数据核字(2022)第 193985 号

※

国防工业出版社出版发行

(北京市海淀区紫竹院南路 23 号 邮政编码 100048)
北京虎彩文化传播有限公司印刷
新华书店经售

*

开本 710×1000 1/16 印张 16½ 字数 292 千字
2022 年 12 月第 1 版第 1 次印刷 印数 1—1500 册 定价 128.00 元

(本书如有印装错误,我社负责调换)

国防书店:(010)88540777   书店传真:(010)88540776
发行业务:(010)88540717   发行传真:(010)88540762

前　言

脉冲无源双基地雷达是基于非合作脉冲雷达辐射源的无源探测系统，其利用两个或多个接收通道处理来自一个或多个非合作发射台的直达波和目标散射信号，以实现目标的定位与跟踪。它可以使用相对廉价的接收系统接收敌方雷达的辐射信号来实现对敌方战场区域的监视，而不被敌方侦察系统发现。该体制雷达具有成本低廉、生存能力强等优点，在未来战场中将发挥重要作用。

目前，无源双基地雷达探测技术的研究主要集中于连续波体制的民用机会照射源，尤其是基于广播、电视等民用机会照射源的无源双基地雷达的研究引起了学术界的广泛关注，取得了显著的成果，在关键技术理论上取得了突破，已从技术探索走向试验定型阶段。然而，基于脉冲雷达辐射源的无源双基地雷达系统尚处于探索阶段，仍有大量的技术问题尚未解决。

虽然从无源双基地雷达概念的提出以及第一套无源双基地系统的诞生至今已经有 70 多年的历史，但是真正全面展开无源双基地雷达系统的研究是在 20 世纪 80 年代初期。国际上，许多国家在脉冲无源双基地雷达的多个关键技术领域开展研究，美国、英国、德国、挪威、日本等国均开发出了试验样机，其中尤以美国、英国、挪威为代表，水平最高，技术最先进，最接近实用。国内对脉冲无源双基地雷达的研究始于 20 世纪 90 年代初，南京某研究所、西安电子科技大学等几家单位是较早启动该项研究的单位之一，之后更有海军航空大学、成都某研究所、西南交通大学、上海某研究所、电子科技大学、国防科技大学、北京理工大学等多家科研机构和高校开始进入该领域，在系统设计与分析、杂波建模、目标信号检测、定位方法、系统同步与系统实现等方面进行了大量的理论和仿真研究，研究成果具有重要的参考价值。

本书作者所在单位海军航空大学是较早启动该项研究的单位之一，作者也是始终工作于课题组的研究一线，对脉冲无源双基地雷达技术的研究工作有较全面的了解，特别是在无源相干检测、非合作探测系统设计与实现方面取得了一定的研究成果。期望本书的出版能够推动脉冲无源双基地雷达系统的发展。

本书深入研究了脉冲无源双基地雷达系统中的定位方法、系统同步、信号处理与系统实现等问题。本书由 9 章组成。第 1 章绪论介绍了脉冲无源双基地雷达的概念及背景、分析了脉冲无源双基地雷达系统在国内外的研究现状；第 2 章为本书的理论基础，讨论了脉冲无源双基地雷达参数测量与目标定位方法；第 3 章介绍并分析了非合作双基地雷达同步技术与时频误差影响；第 4 章研究了直达波参考信号的复包络估计技术；第 5 章研究了直达波干扰与杂波抑制技术；第 6 章分析了脉冲相关检测与目标时延、频移估计快速算法；第 7 章分析了非合作双基地雷达广义相参检测方法；第 8 章分析了发射天线调制、直达波脉冲丢失与相位突变影响；第 9 章介绍了试验系统并分析了外场非合作探测试验结果。

感谢海军航空大学的何友教授、关键教授、王国宏教授、张立民教授多年来给予的指导和帮助。感谢海军航空大学航空作战勤务学院信息融合研究所的领导以及各位同事在工作中的帮助与支持。感谢为本书的出版做出贡献的人们。

脉冲无源双基地雷达系统的研究，是一个不断发展的重要研究方向。本书对脉冲无源双基地雷达技术的研究专注于其非合作探测技术，而作为全面、实用的系统，还有很长的路要走。希望有更多的学者关注这个具有挑战性的研究，使该领域的相关问题得到进一步的深入研究和解决。限于作者的学识水平，本书一定存在不少缺点和错漏，恳请读者不吝指教。

作者
2022 年 5 月

目　录

第1章　绪论 ……………………………………………………………………… 1

　　1.1　引言 …………………………………………………………………… 1

　　1.2　研究历史与现状 ……………………………………………………… 4

　　　　1.2.1　国外研究历史与现状 ……………………………………… 4

　　　　1.2.2　国内研究历史与现状 ……………………………………… 12

　　1.3　关键技术评述 ………………………………………………………… 13

　　　　1.3.1　辐射源的信号分析与优化选择 …………………………… 13

　　　　1.3.2　非合作双基地雷达同步技术 ……………………………… 14

　　　　1.3.3　直达波参考信号恢复技术 ………………………………… 14

　　　　1.3.4　直达波与杂波抑制技术 …………………………………… 15

　　　　1.3.5　微弱目标信号的检测与参数估计技术 …………………… 15

　　　　1.3.6　跟踪、融合与目标识别技术 ……………………………… 16

　　1.4　本书的主要内容 ……………………………………………………… 16

　　参考文献 …………………………………………………………………… 18

第2章　脉冲无源双基地雷达参数测量与目标定位方法 ……………… 21

　　2.1　引言 …………………………………………………………………… 21

　　2.2　脉冲无源双基地雷达基本原理 ……………………………………… 21

　　　　2.2.1　系统几何关系 ……………………………………………… 21

　　　　2.2.2　系统能量关系 ……………………………………………… 22

　　　　2.2.3　接收站的组成 ……………………………………………… 25

　　2.3　参数测量方法 ………………………………………………………… 26

　　　　2.3.1　基线距离测量方法 ………………………………………… 26

　　　　2.3.2　双基地距离差测量方法 …………………………………… 27

　　　　2.3.3　发射站目标方位角测量方法 ……………………………… 28

　　　　2.3.4　接收站目标方位角测量方法 ……………………………… 29

　　2.4　测距方法与精度分析 ………………………………………………… 29

　　　　2.4.1　测距方法 …………………………………………………… 29

　　　　2.4.2　精度分析 ································· 30

　　　　2.4.3　仿真结果 ································· 32

　　2.5　定位方法与精度分析 ························· 34

　　　　2.5.1　定位方法 ································· 34

　　　　2.5.2　精度分析 ································· 35

　　　　2.5.3　仿真结果 ································· 36

　　　　2.5.4　实际系统定位方案的选择 ················· 38

　　2.6　小结 ····································· 38

　　参考文献 ····································· 39

第3章　无源双基地雷达同步技术与时频同步误差影响分析 ········· 40

　　3.1　引言 ····································· 40

　　3.2　非合作雷达辐射源搜索、截获与优化选择 ········· 42

　　　　3.2.1　非合作雷达辐射源搜索 ················· 42

　　　　3.2.2　非合作雷达辐射源截获与参数估计 ········· 43

　　　　3.2.3　非合作雷达辐射源优化选择 ··············· 48

　　3.3　频率/相位同步 ····························· 50

　　　　3.3.1　独立频率源实现频率同步 ················· 50

　　　　3.3.2　数字相位校正实现相位同步 ··············· 51

　　　　3.3.3　频率/相位同步接收处理系统 ··············· 53

　　3.4　时间同步 ································· 53

　　　　3.4.1　时间同步校正技术 ····················· 53

　　　　3.4.2　时间同步器与PRT估计技术实现时间同步 ····· 54

　　3.5　空间同步 ································· 56

　　　　3.5.1　空间同步扫描方式 ····················· 56

　　　　3.5.2　方位同步器与DBF技术实现空间同步 ········· 57

　　3.6　时间同步误差影响分析 ······················· 58

　　　　3.6.1　时间同步误差描述 ····················· 58

　　　　3.6.2　相对采样时刻变化周期的推导 ············· 60

　　　　3.6.3　TSE对相参处理输出的影响 ··············· 63

　　　　3.6.4　TSE对多普勒频率估计的影响 ············· 66

　　3.7　频率同步误差影响分析 ······················· 70

　　　　3.7.1　FSE对PBR中频正交输出的影响 ··········· 70

　　　　3.7.2　FSE对PBR相参检测的影响 ··············· 72

　　3.8　小结 ····································· 77

　　参考文献 ····································· 78

第 4 章　直达波参考信号复包络估计技术 ································· 81

4.1　引言 ··· 81

4.2　噪声和传输干扰对直达波的影响 ······································· 81

　　4.2.1　问题描述与数学模型 ··· 81

　　4.2.2　仿真结果 ·· 83

4.3　时谱技术重构直达波信号 ·· 90

4.4　自适应均衡技术重构直达波信号 ·· 93

4.5　盲均衡技术重构直达波信号 ··· 95

　　4.5.1　CMA ··· 97

　　4.5.2　MMA 及改进的 CMA+MMA ·································· 99

　　4.5.3　仿真结果 ·· 100

4.6　小结 ··· 107

参考文献 ··· 108

第 5 章　直达波干扰与杂波抑制技术 ································· 110

5.1　引言 ··· 110

5.2　直达波干扰对目标检测的影响 ··· 111

　　5.2.1　问题描述与数学模型 ··· 111

　　5.2.2　仿真结果 ·· 112

5.3　直达波干扰自适应对消技术 ··· 114

　　5.3.1　传统 LMS 算法 ·· 114

　　5.3.2　归一化 LMS 算法 ··· 116

　　5.3.3　变步长 LMS 算法 ··· 117

　　5.3.4　一种新的变步长归一化 LMS 算法 ··························· 118

　　5.3.5　仿真结果 ·· 120

5.4　双模杂波抑制技术 ·· 126

　　5.4.1　最佳权矢量算法 ·· 127

　　5.4.2　双模杂波抑制的准自适应动目标显示系统 ··············· 128

　　5.4.3　算法验证 ·· 131

5.5　小结 ··· 135

参考文献 ··· 135

第 6 章　脉冲互相关检测与目标时延、频移估计快速算法 ··· 137

6.1　引言 ··· 137

6.2　固定目标时延估计方法 ··· 138

   6.2.1 互相关检测与时延估计原理 ·································· 138

   6.2.2 时延估计精度理论分析 ····································· 139

   6.2.3 仿真结果 ··· 140

 6.3 运动目标时延快速估计方法 ·································· 144

   6.3.1 多普勒频移对互相关检测的影响 ······················ 144

   6.3.2 分段相关-视频积累时延估计快速算法 ················ 146

   6.3.3 仿真结果 ··· 148

 6.4 运动目标时延-频移快速联合估计方法 ····················· 152

   6.4.1 互模糊函数处理与时延-频移联合估计原理 ··········· 152

   6.4.2 时延、频移估计精度理论分析 ························· 152

   6.4.3 互模糊函数常见计算方法 ······························ 154

   6.4.4 运动目标时延-频移联合估计快速算法 ··············· 156

   6.4.5 算法的运算量分析比较 ································· 160

   6.4.6 仿真结果 ··· 161

 6.5 小结 ·· 165

 参考文献 ·· 166

第7章 无源双基地雷达广义相参检测性能分析 ··················· 168

 7.1 引言 ·· 168

 7.2 问题描述与基本假设 ·· 168

 7.3 广义相参检测统计量的推导 ·································· 172

 7.4 R_S 的特征函数和概率密度函数 ····························· 174

   7.4.1 R_S 的特征函数 ·· 174

   7.4.2 R_S 的概率密度函数 ··································· 175

 7.5 检测性能分析 ·· 177

   7.5.1 虚警概率和检测概率的解析式 ························· 177

   7.5.2 性能分析 ··· 179

 7.6 小结 ·· 186

 参考文献 ·· 187

第8章 发射天线扫描对目标检测性能影响分析 ··················· 188

 8.1 引言 ·· 188

 8.2 问题描述 ·· 189

 8.3 天线扫描调制与直达波信噪比对相参处理输出信噪比的影响 ······· 191

   8.3.1 天线调制后接收信号模型 ······························ 192

   8.3.2 理想匹配滤波输出的信噪比 ··························· 193

8.3.3 天线扫描调制及直达波信噪比与匹配输出信噪比间的关系 ·········· 195

8.3.4 信噪比损耗分析 ·········· 196

8.3.5 仿真分析 ·········· 199

8.4 脉冲丢失或/和相位突变时 CAF 的峰值输出 ·········· 201

8.4.1 信号检测模型 ·········· 202

8.4.2 脉冲丢失时 CAF 的峰值输出 ·········· 203

8.4.3 相位突变时 CAF 的峰值输出 ·········· 205

8.4.4 脉冲丢失和相位突变同时发生时 CAF 的峰值输出 ·········· 206

8.5 脉冲丢失或/和相位突变影响分析 ·········· 207

8.5.1 直达脉冲丢失的影响 ·········· 208

8.5.2 相位突变的影响 ·········· 213

8.5.3 脉冲丢失和相位突变同时发生时的影响 ·········· 214

8.6 小结 ·········· 219

参考文献 ·········· 220

第9章 试验系统研制与算法验证分析 ·········· 221

9.1 引言 ·········· 221

9.2 试验系统总体设计 ·········· 221

9.3 试验系统研制与集成 ·········· 223

9.3.1 天线分系统设计 ·········· 223

9.3.2 多波段多通道接收机分系统设计 ·········· 226

9.3.3 信号采集与处理分系统设计 ·········· 226

9.3.4 试验系统集成与试验实施 ·········· 228

9.4 外场试验与算法验证 ·········· 230

9.4.1 基于非合作非相参导航雷达的空中民航目标探测 ·········· 230

9.4.2 基于非合作全相参岸基海监视雷达的海上民船目标探测 ·········· 239

9.5 小结 ·········· 250

参考文献 ·········· 251

第1章 绪 论

1.1 引言

在雷达发展的最初阶段，是以收发分开的方式进行雷达探测试验的，并在 20 世纪 30 年代得到应用，只是到了 1936 年继天线收发开关的发明和 1940 年高功率脉冲磁控管的发明之后，人们才集中精力研制收发合一的单基地雷达。而随着现代武器系统的发展，雷达对抗提高到了一个更重要的地位，单基地雷达受到电子干扰、反辐射导弹、超低空突防和隐身武器的威胁日益严重，而双（多）基地雷达在抗"四大威胁"方面的优势使这一古老的雷达体制又焕发了青春[1]。

双基地雷达由于收发间隔较远、接收站不发射电磁波而具有良好的抗有源定向干扰和反辐射导弹的能力，因此在雷达界备受重视。常规双基地雷达的接收站和发射站位置固定，接收站和发射站之间采用一定的物理链路进行信号同步处理，这种情况称为合作式双基地雷达，如图 1-1 所示。当利用广播、电视或卫星等机会照射源或者己方甚至敌方非合作雷达来探测目标时，接收站和发射站之间没有专门的物理链路进行信号同步处理，这种情况则称为非合作式双基地雷达，也称为无源双基地雷达，如图 1-2 所示。

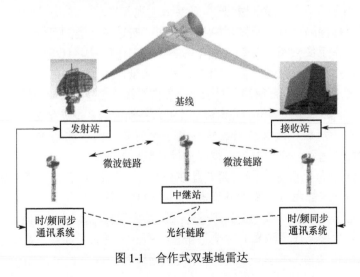

图 1-1 合作式双基地雷达

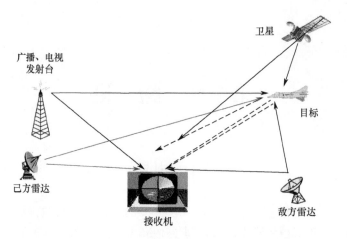

图 1-2 非合作式双基地雷达

无源双基地雷达的核心技术是无源相干定位技术，其基本思想是以己方、敌方或中立方民用或军用辐射源发射的直达波为参考信号，与目标回波信号进行相关检测，从而实现对目标定位和跟踪。目前，无源双基地雷达探测技术的研究主要集中于连续波体制的民用机会照射源，尤其是基于电视 DTV 或数字调频广播 DAB、Wimax 和 Wi-Fi 局域网信号、GSM 手机信号的无源雷达的研究取得了显著的成果，此外基于全球导航卫星系统（GNSS），如 GPS 和 GLONASS 的无源双基地雷达探测技术研究也取得了一定的进展，引起了学术界的广泛关注。基于民用机会照射源的无源双基地雷达系统的主要优点如下：

（1）由于机会照射源大多为空中已存在的民用信号，分布普遍，故敌方难以分析判断和加以摧毁，进而提高了雷达的生存能力，减小了被干扰的可能性；

（2）由于大多数机会照射源（广播、电视及通信）的信号频率较低，用它来进行目标探测还有利于发现隐身飞机和巡航导弹之类的目标；

（3）工作于低频段，受天气变化影响小，工作可靠，且系统兼容性好；

（4）借用机会照射源，自身用不着发射能量，从而省去了大量经费；

（5）由于利用机会照射源，对于完全保持无线电寂静的目标也能进行探测。

然而，上述基于民用机会照射源的无源双基地雷达系统仍存在一些不足：

（1）对于机载、舰载或潜载等移动平台而言，由于移动平台大小受限，无法装载需要达到一定增益的电视广播信号频段的天线；

（2）对于海上目标探测，尤其是在外海，民用信号资源非常有限，在远离海岸几百千米的海域几乎收不到电视广播信号；

（3）由于 FM/TV 或 GPS 等信号并不是为了目标探测与成像而专门设计的，其信号功率（作用距离）和信号带宽（距离分辨力）往往不如雷达信号。

因此，迫切需要探索一种新的雷达探测体制，以寻找更多的可用信号及

2

辐射源类型，使系统对可选信号具有更多适应性，此时脉冲雷达信号（包括陆、海、空、天基雷达信号）作为非合作辐射源，与本地接收系统构成双基地雷达的价值突显出来，系统具备如下主要优势：

（1）这样的被动系统只需要研制接收机，成本较低，采用"远发近收"的工作体制，接收机端的信噪比增益相当可观；

（2）相对于民用机会照射源，利用脉冲雷达信号作为非合作辐射源，这些雷达通常具有较为广阔的探测区域，发射功率大、探测距离远、目标分辨力好；

（3）接收机搭载平台多样（陆基、机载、舰载或潜载等），收发系统几何配置灵活，可以获取目标的非后向散射系数；尤其机载无源接收机的配置更加机动灵活，通过技术升级，如搭载多个天线，还可以实现干涉测高（InSAR）和地面动目标检测（GMTI）的功能。

由于常见雷达基本上采用脉冲体制，因此，该系统又称为脉冲无源双基地雷达系统。脉冲无源双基地雷达系统"借用"其他辐射源的电磁波信号作为照射源信号，因此，又被形象地称作"寄生"雷达（Parasitic Radar）或"搭车者"雷达（Hitchhiking Radar）。这样，就可以使用相对廉价的接收系统通过接收敌方花巨资建造的高级雷达的辐射信号来实现对敌方区域的监视任务。该系统的几种典型应用场景如图 1-3 所示，具体描述如下：

（1）利用岸基对海警戒雷达或者舰载雷达信号，该系统可对远离海岸的海上目标进行监视预警；

（2）在远离海岸 500km 以上，岸基雷达由于视距原因无法覆盖的第一、第二岛链海域，利用商船、渔船或军舰作为发射机平台（置于安全区域），而接收机平台前出于复杂区域隐蔽地进行目标探测，实现海上监视及侦察；

（3）还可以利用空中预警机、反潜机雷达信号，将无源接收机作为预警机、反潜机雷达站的接收站，在战场中相对预警机、反潜机前置一定距离，并将处理后的目标信息通过数据链传递给后方预警机、反潜机，由于无源接收机离目标更近，因此，相当于扩大了预警机、反潜机的探测范围。

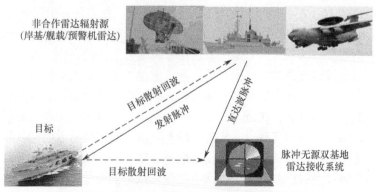

图 1-3　脉冲无源双基地雷达系统的典型应用场景

脉冲无源双基地雷达系统以非合作雷达辐射源（如岸基/舰载/预警机雷达）发射的直达波信号为参考，检测分析目标散射回波信号，从而实现对目标的定位和跟踪。该系统不发射只接收、成本低、轻便、功耗小。系统在电磁静默时，能够保持对战场环境的侦察监视，增强了系统生存能力和对战场的感知能力。因此，针对典型的战场应用环境，开展脉冲无源双基地雷达目标探测的实际问题研究，具有重要的军事意义和良好的应用前景。

1.2 研究历史与现状

1.2.1 国外研究历史与现状

1. 理论研究情况

雷达的发展呈现出螺旋式发展的辩证规律。雷达是在无线电通信和电波传播试验基础上诞生的。第二次世界大战以前，美、英等国最先从无线电传播的试验中开始了收发分置的雷达装备研究。这一时期的雷达绝大多数都是连续波的双基地体制，工作在民用通信的主要波段上，通过多普勒频移发现目标，以到达方向粗定位，并逐渐出现直接测时差和测方向角的双基地雷达系统。可以说脱胎于无线电通信和传播的雷达在早期采用民用无线通信辐射源的双基地体制是必然的，只是当时科技发展水平的限制并没有发挥这种体制的潜在优势。1936 年天线收发转换开关由 NRL 发明之后，人们的注意力转向单基地雷达，在之后的 40 年里，基于无线电通信的双基地雷达领域的研究很少为人们所关注，也根本没有想到 80 年后的今天，这种古老的雷达体制会焕发青春[2]。

从第二次世界大战到 20 世纪 80 年代，双（多）基地雷达系统的研究由于单基地雷达的发展而仅限制在合作雷达的狭小领域。这一时期由于整个双（多）基地雷达研究处在低谷，非合作式双（多）基地雷达系统的研究成果并不多。直到 20 世纪 80 年代以后，信号处理、数据处理、通信技术及计算机技术的发展，为双（多）基地雷达提供了技术保障，使双（多）基地雷达在近30 年受到了人们广泛重视和研究。设计专用雷达发射机或利用现有单基地雷达的发射机与专用的双（多）基地雷达接收机配合工作的合作式双（多）基地雷达，自然是被研究的对象。而利用广播、电视或卫星等机会照射源或者己方甚至敌方非合作雷达作为辐射源的非合作式双（多）基地雷达也成为研究的对象，并得到一定的发展。在近 30 年的时间里，国外基于民用机会照射源的无源雷达系统的研究发展迅速[3]，尤其在基于广播、电视信号方面已从技术探索走向试验定型阶段，在关键技术理论上取得了突破，申请了一大批专利。如何充分利用各种民用机会照射源的空间电磁能量以达到最佳的探测性能，人们还提出了各种不同体制、不同原理的设想，寻找更多的可用信号及辐射源类型，

4

从最早的 TV、FM 到移动通信信号、GPS 卫星信号以及用于数据中继、转发的通信卫星信号。公共无线数字电视（DTV）广播信号是未来的可用辐射源，DTV 信号的带宽大约是 GPS 的 6 倍，利用 DTV 信号进行目标定位性能比用模拟电视信号性能更好，具有良好的发展优势和潜力[4]。可以预见新一代基于电视、调频广播信号或通信卫星信号的双（多）基地无源雷达系统可能是今后 10～20 年内无源雷达系统的一个重要发展方向。

国外基于非合作雷达辐射源的无源雷达系统的研究，由于该项技术直接针对敌方雷达，在军事上可能会引起邻近国家的不安，甚至可能会激化紧张的国际关系，因此国际上此类研究工作报道不多。但是，雷达本身不发射电磁能量，而是利用第三方非合作辐射能量来探测目标，其实并不是一种新思想，人们很早就开展了这方面的研究。最早研究和投入使用的非合作照射雷达为第二次世界大战期间德国研制的 Klein Heidelberg 雷达。该无源探测系统利用英国的"Chain Home"海岸空防雷达作为非合作照射源，接收来自该雷达的直射信号和来自目标的反射信号，通过测量两信号的时间差（TDOA）和测量反射信号的到达角（DOA）来定位目标，能探测到 450km 外的飞机，精度大约在 10km，曾经在丹麦作过短期部署，在当时很好地完成了对飞跃英吉利海峡的盟军轰炸机群的警戒任务[5]。

英国伦敦大学（UCL）早期在基于非合作雷达辐射源的双（多）基地雷达研究中做了很多工作。早在 1982 年，Schoenenberger 和 Forrest 开发出使用 600MHz 民用机场交通管制雷达的双多基地雷达系统[6]。此系统采用独立接收机，需接收直射信号实现时间同步，并且还需要载频同步以实现动目标指示功能。随后，Griffiths 和 Carter 在 1984 年提出了通过近距固定杂波相位来相控本振的同步方案，从而不用直接接收雷达发射信号就可实现动目标指示功能[7]。

Yamano 等人在 1984 年申请的美国专利中透露了双基地相干雷达接收系统的有关情况[8]。系统利用远离的非合作雷达发射机对目标进行探测，提出了对雷达信号接收中的相位变化具有补偿作用的相干雷达接收机的实现方案。Lightfoot 等人在 1985 年申请的美国专利中也透露了利用非合作辐射源定位目标的有关情况[9]。非合作辐射源与目标相对于接收机的位置，是通过利用来自辐射源的直达波和来自目标的散射信号来确定的。其中，非合作辐射源与接收机之间的距离是通过利用位于接收机飞机机翼顶端的一对干涉仪天线测量接收到的散射信号的时差来确定的；目标距离的计算是通过利用距离和散射信号到达干涉仪天线与直达波到达位于飞机上的雷达天线之间的时差来确定的；目标和辐射源相对于接收机的方位通过对多波束相控阵雷达天线接收到的多路输出信号的幅度比较来完成。

美国 Syracuse 大学的 Thomas 在他的 1999 年博士毕业论文"非合作双基

地雷达同步技术研究"中研究采用同步技术获得非合作雷达照射源的位置、极化、频率、波束形状与波束宽度、扫描方式与扫描周期，以及波形的包络信息（包括带宽、相位、脉冲重复周期、参差频率码）。重点研究了发射信号的复包络估计和发射机天线扫描调制损失等问题[10]。

美国空军研究实验室 2001 年的一项名为"利用空时编码技术对抗双基地寄生雷达"的研究报告表明[11]，美国空军已经意识到了这种基于非合作雷达辐射源的无源雷达系统的威胁性，非常担心潜在的敌人使用相对廉价的接收系统在双基地配置下利用己方巨资建造的高级雷达。为此研究报告在雷达对抗方面采取了许多措施，其中包括在原发射机辐射信号上叠加一种遮掩信号，该信号与原雷达信号波形在时间域和空间域构成一种正交关系，可以起到遮掩原雷达发射信号作用，增加敌方利用己方非合作雷达辐射源的难度，从而削弱这种基于非合作雷达辐射源的无源雷达系统的能力[12,13]。

在 2005 年与 2007 年美国 IEEE 国家雷达会议上，挪威应用雷达物理学研究院的 Overrein 和挪威防御研究所的 Olsen 等人在发表的两篇文章"使用搭车者双基地雷达系统中的几何定位与信号处理问题"和"搭车者双基地雷达系统原理、处理与试验结果"中公布了他们的研究成果[14,15]。文章指出："由于非合作雷达天线正在扫描，会带来扫描旁瓣影响、多路径效应和尖杂波影响，直接利用直达波与目标信号进行相关实现相参处理性能比较困难"。文章提出采用"目标后拖技术"，首先根据相邻扫描周期的目标位置计算出目标运动方向和速度大小，然后对在扫描一周间隔时间内飞出同一分辨单元的运动目标进行运动位置补偿，将多次扫描周期的目标后拖到同一个分辨单元，最后再对多次扫描周期的目标进行非相参积累。

挪威 OSLO 大学的 Sindre Strømøy 在 2013 年硕士论文"搭车者双基地雷达"（Hitchhiking Bistatic Radar，HBR）中研究了 HBR 雷达的基本组成和工作原理，包括双基地几何关系、双基地距离、双基地多普勒、目标检测和定位方法等；搭建了 HBR 试验系统，详细描述了试验系统的硬件组成和射频前端组件的设计考虑；展示了 HBR 试验系统的试验布站和实施细节，以及试验结果；并基于 HBR 试验系统实测数据演示了双基地雷达信号处理流程，包括脉冲压缩、非相参积累、脉冲多普勒处理和目标定位等[16]。

2. 试验研究情况

国外关于脉冲无源双基地雷达的试验研究报道很少。20 世纪 80 年代末，美国国防高级研究计划局战术技术办公室和陆军哈里迪亚蒙试验室利用预警机 E-3A（AWACS 系统）作为非合作照射源来发现和检测飞行目标，以及利用联合监视目标攻击雷达系统（J-STARS）作为非合作照射源来发现和检测地面目标[17]。如图 1-4 所示的，美国 Technology Service 公司研制的机载双基地预警系统（BAC）利用一组相邻的 8 个搜索波束，覆盖背向发射源的 120° 扇区，并采用了目标搜索同步、射频同步、脉冲重复频率同步等同步技术。外场试验证明了该系统的可行性，但相关试验结果和技术细节并未公开透露。

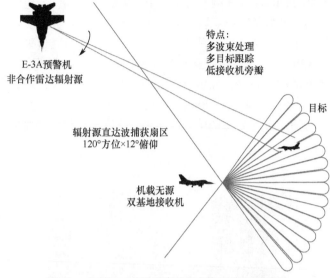

图 1-4　美国 TS 公司研制的机载双基地预警系统

英国 Racal 公司雷达防御系统分部的 Hawkins 在 1997 年英国 IEE 国家雷达会议上的文章"一种机会的双基地雷达"中也透露了英国皇家海军利用伦敦 Gatwick 机场的远程空中交通管制雷达作为外辐射源进行了非协作照射无源探测雷达的研究，分别进行了陆基和舰载平台试验，接收机采用全向天线，接收正在做圆周扫描的非合作雷达的直达波和目标散射回波，试验获得成功，探测到 130km 处的空中目标[18]。此外，根据 1999 年简氏国际防御评论杂志报道，英国皇家海军与 Racal 公司合作，在潜水艇上部署双基地雷达，使用来自于非合作平台上的"施主"导航雷达发射信号，连同一个现有桅杆上的 ESM 全向天线一起工作，同时利用接收到的直接来自雷达的和由舰船或岸基物体反射的两种信号完成目标显示[19]。

2004 年在英国爱丁堡召开的第一届 EMRS-DTC 会议上，Roke Manor 公司发表了他们在 ESM 和 PCR(Passive Covert Radar)联合探测上的年度研究报告[20]。在前期可行性试验中，他们利用的外辐射源包括陆基 S 波段脉冲多普勒交通管制雷达 ATC 和舰载导航雷达（S 及 X 波段非相参脉冲雷达）。在非合作辐射源机会照射到目标时，PCR 就利用目标散射的双基地回波完成探测与跟踪，并用已有的简单设备在南安普顿国际机场完成了部分试验。发射和接收天线高度分别为 10m 和 100m，辐射源 ATC 相对接收机的距离为 20n mile（1n mile≈1.852km）时，接收试验系统检测到了 15n mile 外高度 10000ft（1ft≈0.3048m）、RCS 为 10dBsm 的目标；当利用舰载导航雷达为外辐射源时，对同样特征参数的目标，探测距离可达 40n mile。

在 2005 年第二届 EMRS-DTC 技术交流会上，Roke Manor 公司又发表了他们在 ESM 和 PCR 联合探测上的第二个年度研究报告[21]。他们进行了更加深入地仿真并同步开展了外场试验，如图 1-5 所示。重点分析了双基地杂波给系统检测带来的不利影响。试验采用了 16bit 分辨率的双通道采集卡，其片上存储容量高达 128MB，足以存储监视雷达一个扫描周期的数据，并采用 DMA 的方式完成数据的硬盘存储，以供 Matlab 后续处理。该报告还透露，他们已完成 MTI 处理，杂波抑制度达 40dB，如图 1-6 所示。同时还重点指出，由于需要做直达波对消，MTI 处理的结果将在很大程度上依赖脉冲序列的质量。

图 1-5 ESM 和 PCR 联合探测试验系统

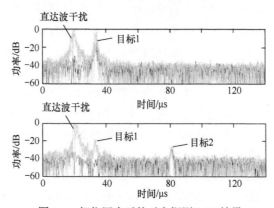

图 1-6 相位同步后的对空探测 MTI 结果

在 2005 年美国 IEEE 雷达会议上，德国 FGAN 研究所的 Dietmar Matthes 在发表的文章"ESM 传感器与无源隐蔽雷达的联合"具有一定启发性[22]。试验系统利用 FMCW 信号的 LPI 雷达作为非合作照射源，使用 ESM 传感器来截获与分析信号源，通过对信号源进行短时傅里叶变换（STFT）估计出 FMCW 信号的载频、调频带宽与重复周期，并利用这些参数来合成目标检测所需的参考信号。将合成的参考信号与目标散射信号进行混频，再作 FFT 便可以检测出落在某一距离上的目标。由于目标多普勒频移会引起锯齿波 FMCW 信号目标检测的距离测量偏移，因此，文中通过提取这些距离上的目标相位信息来计算出目标的多普勒频移，从而修正目标由于运动而引起的距离测量偏移。外场试验中，FMCW 信号发射机与非合作接收机被布置在一起（相隔 10m），发射机与接收机天线主瓣都对准相距 1km 的一辆坦克，ESM 天线对准发射机并从发射机天线的旁瓣截获与分析信号源，试验成功地检测到从坦克弹膛里射出的高速、低 RCS 的炮弹。

挪威应用雷达物理学研究院和挪威防御研究所（FFI）在 2005～2007 年开展了"搭车者"双基地雷达（Hitchhiking Bistatic Radar）外场试验[14-15]。利用 L 波段民用空中交通管制雷达作为非合作照射源，采用单个全向天线接收正在做圆周扫描的非合作雷达的直达波和目标散射回波。试验系统以 30MHz 的采样频率对接收机输出的视频信号进行非相参采集，同时将采集最长时间为 30s、对应天线扫描周期约 3 圈的接收机输出信号记录到计算机硬盘上，以便后数据分析。试验对 6 架飞机的 3 个扫描周期的数据进行了分析，结果表明了该系统的可行性。试验结果如图 1-7、图 1-8 所示，图 1-7 为对多次扫描周期的数据进行非相参积累后的双基地雷达显示画面，图 1-8 为经过杂波图处理后形成的目标航迹。

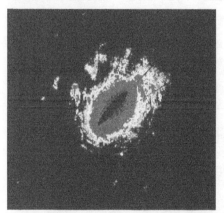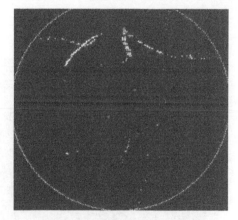

图 1-7　双基地雷达显示画面　　　　　图 1-8　杂波图处理后的目标航迹

挪威 OSLO 大学与挪威防御研究所（FFI）在 2013 年合作改进研制了另外一套"搭车者"双基地雷达（HBR）试验系统[16]（图 1-9），利用 OSLO 机场航管雷达作为非合作辐射源，对 OSLO 机场的民航飞机进行探测，并利用 ADS-B 民航数据进行验证。事后对采集的实测数据采用脉冲压缩、非相参积累、相参距离-多普勒积累等方法进行处理，检测到了机场附近的多架民航飞机，检测结果和 ADS-B 民航数据一致（图 1-10）。HBR 试验系统可检测距离接收机 100km 的民航飞机。

图 1-9 "搭车者"双基地雷达试验系统

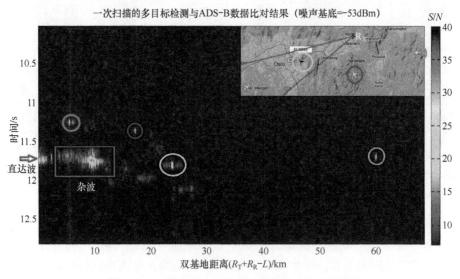

图 1-10 "搭车者"双基地雷达民航飞机检测结果

　　日本电子导航研究学院的 Junichi Honda 等人在 2014 年也公开发表了利用机场一次航管监视雷达（PSR）作为非合作辐射源探测民航飞机目标的试验结果（图 1-11、图 1-12），并利用机场二次雷达（SSR）的民航数据进行比对验证[23]。通过画面结果比对,发现一些近距离的飞机目标在 SSR 雷达上未发现,但在他们研制的无源双基地接收机(PBR)上可以发现。这种 PBR 雷达在民航机场应用中具有潜在优势,可以作为航管监视雷达(PSR)和二次雷达(SSR)的一种辅助探测手段,用来监视近距离的飞机目标和未安装应答器的小型飞机或无人机。

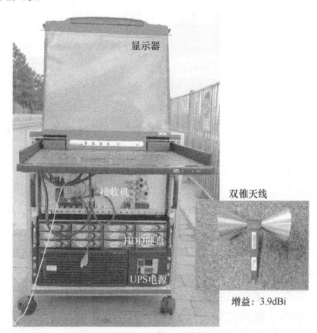

图 1-11　基于航管监视雷达(PSR)的无源双基地雷达试验系统

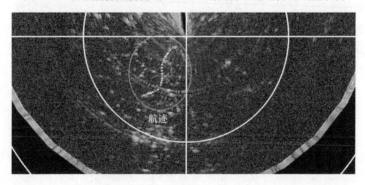

图 1-12　基于航管监视雷达(PSR)的无源双基地雷达监视画面

综上所述,近年来国外对脉冲无源双基地雷达系统的研究在定位原理、系统同步和无源相干检测等核心技术上取得了一定的进展,并在外场试验中利用圆周机械扫描的常规脉冲雷达作为非合作照射源,以简单的非相参处理方式实现了目标的探测与跟踪。然而,如何利用一些复杂扫描方式(如相控阵电扫

11

描）和复杂调制形式（如脉冲压缩信号）的非合作照射源，如何消除扫描旁瓣、多路径效应和杂波的影响，以及如何利用脉冲体制的直达波与目标信号进行相关实现相参处理性能等问题仍处于研究探索阶段。

1.2.2　国内研究历史与现状

　　国内针对无源双基地雷达（PBR）技术的理论研究也主要集中在广播电视等民用机会照射源，而针对脉冲无源双基地雷达技术研究较少。20 世纪 90 年代初，西安电子科技大学与南京某研究所合作，开展了非合作雷达发射机的独立接收机试验系统的研制，利用天线转速均匀的常规搜索雷达，在 20km 外采用独立接收系统，该系统利用时间同步器提取发射站时间同步信息，利用方位同步器提取均匀扫描的波束指向信息，系统能发现并跟踪目标。但在当时由于器件的限制，从直达脉冲中获取射频信号的相位信息实现相位同步仍是一个未能克服的难题，因此无法获得动目标显示[24,25]。2005 年前后，成都某研究所和西南交通大学开展了基于脉冲非合作照射的无源雷达定位技术的研究，对脉冲非合作辐射源信号分析、目标参数提取、直达波抑制方法、多站定位算法等关键问题进行了研究[26,27]。近几年，上海某研究所开展了非合作探测技术与电子侦察技术的综合应用，以及非合作侦察定位系统的关键技术研究[28,29]，对辐射源侦察引导、系统时标提取、弱信号处理等关键技术的工程实现途径进行了分析。电子科技大学研究了基于非合作雷达辐射源的无源雷达干扰抑制问题[30]，以及机载非协作雷达杂波建模与 STAP 技术[31]，从建立杂波模型并分析杂波的距离非平稳特性出发，提出在常规空时自适应信号处理算法（STAP）前进行杂波补偿，从而达到解决杂波非均匀的问题并完成信号处理的目的。此外，国防科技大学也开展了非合作双基地雷达空间同步定位分析、基于捷变频非合作雷达辐射源的无源雷达时频同步和微弱目标检测算法、非合作双基地雷达目标跟踪方法[32-35]，以及空基辐射源非合作探测系统关键技术研究[36]，并从系统设计与分析、杂波建模、目标信号检测、多目标定位与数据关联等方面进行了非合作探测系统的理论和仿真研究。

　　国内在脉冲无源双基地雷达系统相关试验研究方面的报道也很少。国防科技大学在 2012 年前后发表国际文章公布了外场陆基试验结果[37-38]，试验选择大功率相控阵雷达发射机作为非合作辐射源，采用双通道接收机（包括直达波通道和目标监视通道），直达波通道采用喇叭定向天线，第一次试验中目标监视通道接收机采用定向喇叭天线，利用 ADS-B 飞机目标先验信息来完成飞机目标的角度对准（即空间同步）；第二次试验中目标监视通道接收机采用 12 阵元的线阵天线，利用同时多波束单脉冲测角来完成飞机目标的角度测量，2 次试验利用离线数据事后处理都成功检测到了上百千米的空中民航飞机目标。此外，北京理工大学近年来也搭建了基于非合作雷达辐射源的外辐射源雷达试验系统[39]，该系统采用 10 阵元的微带对数周期天线阵列作为回波接收天线，采用一个八木天线作为直达波参考信号接收天线，系统工作频段为 VHF 波段和 P 波段。将 10 路回波接收信号进行数字波束形成，为了后续的进行测角，采用两个主瓣交叠的波束指向进行数字波束形成，然后将波束形成输出与直达波参考信号输出给 LMS 杂波对消模块，利用 FBLMS 算法进行直达波与杂波信号的对消。将对消后的两波束信号通过光纤输出给 GPU 处理机，在 GPU 处理机中完成相关、Keystone、MTD 和 CFAR 等处理。课题组开展了利用角反射器和民航飞机的目标测量性能测试试验，并利用实测数据测试了试验系统中数字波束形成等性能指标。

海军航空大学雷达目标探测课题组于 2006 年开始研究基于非合作雷达辐射源的无源雷达技术，包括系统同步、直达波参考信号的恢复、微弱目标信号的检测以及跟踪、融合等关键技术[40-43]。2010 年先后研究了脉冲制无源双基地雷达基础理论与关键技术，并开展了基于 X 波段导航雷达的低空目标PBR 探测外场陆基试验，搭建了 X 波段双通道接收系统，利用高速双通道数据采集器连续记录直达波和目标回波信号，成功实现了对低空民航飞机的无源相干检测。2014 年，利用脉冲无源双基地雷达体制开展对海探测若干问题研究，分析了海上非合作雷达源的信号特征、天线扫描调制影响、直达波脉冲丢失与相位突变影响，以及双基地海杂波抑制等问题，并开展了基于 L 波段全相参岸基对海监视雷达的海上目标 PBR 探测外场陆基试验，成功探测到进出港口的航道内船只，且获得了十分清晰的 P 显雷达画面和良好的 MTI动目标处理结果。

1.3　关键技术评述

1.3.1　辐射源的信号分析与优化选择

系统中辐射源的选择与所选信号的功率大小、瞬时带宽及位置有很大关系。选择辐射源信号时，一般希望被选择的频道信号具有较优越的模糊函数形状，由于商用或军用雷达一般都是为了探测与跟踪目标而专门设计的，因此，相对一些民用机会照射源往往具有更为理想的模糊函数形状；选择辐射源位置时，为了目标的可观测性，要求目标远离基线区，以保证获得所需的定位精度。

实际中，辐射源周围环境较为复杂，有时并不是很理想。例如，在外海和远离常规海运航道时，可利用的照射源非常稀少，而在繁忙航道区域，尤其是海运贸易区，在标准导航频率范围内，非常靠近的照射源很多，很难识别出一个单独频率，所以慎重选择一个离散的辐射源频率是非常重要的；同时为了使系统灵敏度最大以及识别并选择一个不受其他辐射源频率干扰的单独照射源，接收机带宽也需要折中考虑。此外，考虑到技术实现的难易程度，通常可以选用扫描方式简单（如机械圆周扫描）、频率固定、PRF 固定的雷达辐射源，而扫描方式复杂（如电子扫描）、频率捷变、PRF 参差的雷达辐射源将大大增加系统的复杂度。

1.3.2 非合作双基地雷达同步技术

双基地雷达收发平台的分置带来了很多单基地雷达没有的好处，同时也引起许多复杂的问题，这些问题以同步问题最为关键，同步问题包括空间同步、时间同步和频率/相位同步。由于双基地雷达的发射机和接收机分离配置，因而其发射机、接收机必须有各自的天线，而且两天线必须同时照射到同一目标空间，才能接收到回波信号，这就要求接收和发射在空间上同步。为了测量目标距离以及各部分的协调工作，双基地雷达的发射机和接收机要有统一的时间标准，这就是时间上的同步。为了能接收和放大回波信号，双基地接收机和发射机必须工作在相同的频率，当发射机频率捷变时，接收机本振要做相应的变化。若要进行脉冲压缩或动目标检测，接收机和发射机之间还应保持相位相参性，这就是频率/相位同步。

在合作式双基地雷达系统中，为了完成收发同步工作，双基地雷达发射机的时钟、触发脉冲、天线转角、发射频率代码及相位相参基准必须经数传机实时地传送给接收机，在活动基地的情况下，还必须把发射基地的位置信息及时传递给接收机。对于非合作式双基地雷达系统，接收机需要独立地完成同步工作，当发射机和接收机有直视距离，且发射天线副瓣电平较高或匀速圆周扫描时，双基地雷达接收机可采用一个辅助接收通道截获发射机的直达波信号作为参考信号，从中提取同步信息。

1.3.3 直达波参考信号恢复技术

要在强地杂波中检测运动目标，必须充分利用目标的多普勒信息，为此需要直达波信号作为相关处理的参考信号。在非合作接收条件下，辅助通道天线接收到的参考信号不可避免地受到多径传播的影响，因此，为进一步提高参考信号自相关函数的冲激特性以及改善抑制地杂波的效果，有必要对这些多径干扰进行有效抑制，得到高纯度的参考信号，提高参考信号通道和回波信号通道的一致性，降低参考信号自相关函数的副瓣。

近年来，尤其在通信信号处理的领域中，国内外的众多学者在抑制多径干扰方面做了许多研究。通信信号处理中的抑制多径影响的一些算法已被用来处理连续波体制下无源被动雷达的多径问题，如复时谱技术、自适应均衡技术和盲均衡技术。但是，对于脉冲雷达辐射源的直达波参考信号的恢复技术研究未见报道。在仅已知多径通道的输出信号的前提下，恢复直视信号需要借助盲均衡算法。实际系统中多径信道属于非最小相位系统，而且对于脉冲信号而言，采样后的相继数据间不具有独立同分布的特性，因此限制了盲均衡算法的选择。由于隐式高阶统计量盲均衡算法中的 Bussgang 类算法对信源信号的独立同分布特性没有要求，针对直达波信号的脉冲持续期间恒定发射包络特性，可以采用 Bussgang 算法中的恒模算法（Constant Modulus Algorithm，CMA）。

1.3.4　直达波与杂波抑制技术

在非合作双基地雷达系统中，目标信号、直达波信号以及接收机周围环境产生的多径干扰混合输入到目标信号接收机中。直达波信号和多径干扰较强，淹没目标信号，引起虚警和漏警。因此，必须设法抑制直达波和多径干扰，否则将无法检测目标。

目前研究的直达波抑制方法主要包括以下几种：

（1）降低直达波强度，如增大发射和接收之间的距离，或利用高大建筑物、地物或屏蔽网隔离直达波，还可以采用超视距配置；

（2）空域旁瓣相消，利用相控阵天线的波束零陷减小直达波的影响；

（3）双通道对消处理，利用射频对消、视频对消的办法将接收信号中的直达波尽可能去掉。

多径干扰或强地杂波的抑制也是非合作双基地雷达系统中的关键问题之一。一般情况下，地杂波比直达波要弱，但对不远处的小山或高层建筑，接收到的固定杂波相当强，极端情况接近直达波，考虑距离-多普勒旁瓣对目标检测的影响，强地杂波与直达波一样不能忽视。强地杂波的抑制可以采用长时间相关积累和杂波图技术来实现。

1.3.5　微弱目标信号的检测与参数估计技术

为了估计目标的空间坐标位置和距离，需要知道目标回波的时延和到达角；为了估计运动目标的径向速度，需要知道运动目标回波的多普勒频移。目前，时延估计方法主要可分为：广义互相关法、时频分解方法、小波变换方法、循环平稳分析法、高阶统计分析方法、现代谱估计方法、混沌信号处理方法等；目标回波的到达角（DOA）估计方法经历了基于幅度信息、基于相位信息以及现代空间谱估计几个阶段，以 MUSIC、ESPRIT、Root-MUSIC 为代表的空间谱估计算法标志阵列测向进入一个新时代；目标回波的载频和多普勒频率可采用数字测频方法来估计，数字测频算法很多，有 FFT 测频法、相位测频法、瞬时自相关法、过零检测法、KAY 测频法等。近年来，多种特征和多维域的综合提取和检测成为信息处理领域的研究热点，应寻求时、频、空、极化域优化组合处理，从而提高目标微弱散射回波信号的检测灵敏度及参数估计精度。

1.3.6　跟踪、融合与目标识别技术

基于非合作雷达辐射源的无源雷达系统的目标观测量主要包括 DOA（到达角）、TDOA（达到时差）、DFO（相对频移）。通过组合可以形成多种无源定位方法。非合作辐射条件下的运动目标探测与精确定位，一般都是通过测 TDOA 来完成的。Lockheed Martin 公司的"沉默哨兵"系统，最初是利用回波信号的 TDOA 和 DOA 信息对目标进行二维定位，这时仅需单独的辐射源即可。在改进系统中，则采用时差定位法对空中目标实现三维定位，这时需要不同位置上的三个或更多的辐射源信号。此外，Skolnik[44]在"双基地雷达分析"一文中提出采用"随时间而变的多普勒频移变量"对目标实施跟踪是可能的。Poullin[45]描述的系统采用多个发射台，利用单一的多普勒信息定位和跟踪目标。Howland[46]研究了利用单个电视发射台和单个接收机，通过测量多普勒频移和 DOA 的目标定位问题。研究表明，利用多普勒信息定位与跟踪目标适合于窄带环境下应用。

近年来，多传感器数据融合技术[47]的飞速发展，多传感器组网下的跟踪方法日趋完善，这些成熟的跟踪方法使基于非合作雷达辐射源的无源雷达系统在扩展多接收多发射的基础上，数据处理精度将逐渐提高。随着探测跟踪的深入，对该系统提出目标识别的要求，比较可行的是基于目标运动状态（跟踪）的识别方法[95]，然而基于跟踪的目标识别方法由于信号带宽限制了精度。因此，需要探求采用多频道同时照射实现探测优化和信息融合及识别技术。尤其是信号检测级融合技术如分布式检测技术[48-49]、基于 RCS 的多频信号融合和识别技术的发展将为多发射环境下的综合探测提供理想的解决方法，并且将进一步提高跟踪精度。

1.4　本书的主要内容

本书系统地介绍了脉冲无源双基地雷达技术国内外多年来的研究进展及作者多年来的研究成果，全书由 9 章组成，各章的内容安排如下：

第 1 章，绪论，介绍本书的研究背景和意义，阐述非合作双基地雷达系统的国内外研究历史与现状，探讨若干关键技术的特点与研究方法，概括本书的主要研究内容和全书的章节安排。

第 2 章，介绍脉冲无源双基地雷达的基本原理，讨论脉冲无源双基地雷

达中四个重要参数（基线距离、双基地距离差、发射站目标方位角、接收站目标方位角）的测量方法，着重分析脉冲无源双基地雷达测距和定位方法以及测距和定位精度问题。

第 3 章，研究脉冲无源双基地雷达同步技术，首先讨论非合作雷达辐射源搜索、截获与参数估计方法以及辐射源优化选择，在此基础上重点研究脉冲无源双基地雷达系统的"三大同步"——频率/相位同步、时间同步和空间同步问题，并设计了具体的同步实现方案。针对脉冲无源双基地脉冲雷达系统中时间同步误差（TSE）和频率同步误差（FSE）对该系统互相关相参检测的影响进行了详细分析。

第 4 章，研究直达波脉冲复包络估计技术，首先分析噪声和传输干扰对直达波的影响，在此基础上重点研究直达波脉冲复包络估计技术，包括复时谱技术、自适应均衡技术、盲均衡技术重构直达波参考信号。针对实际系统的特点详细讨论恒模算法（CMA）和多模算法（MMA）的应用条件，提出改进的CMA+MMA 算法，并对提出的算法进行仿真验证。

第 5 章，研究直达波干扰自适应对消与双模杂波抑制技术，首先分析直达波干扰对目标检测的影响，在此基础上重点研究直达波干扰自适应对消技术，在分析传统 LMS 算法、归一化 LMS 算法、变步长 LMS 算法的基础上，提出一种新的变步长归一化 LMS（新 VSSNLMS）算法，并对提出的算法进行仿真验证。针对自适应杂波抑制问题，设计出具有双模杂波抑制功能的准自适应动目标显示系统。

第 6 章，研究脉冲相关检测与目标时延、频移估计快速算法，首先讨论固定目标的互相关检测与时延估计原理，然后从理论的角度分析了动目标多普勒频移对互相关检测的影响程度。针对脉冲无源双基地雷达动目标回波信号的特点，提出"分段相关-视频积累"的时延快速估计算法和"分段相关-FFT"及其改进后的"分段局部相关-FFT"时延-频移快速估计算法，并对提出的算法进行理论分析与仿真验证。

第 7 章，建立无源双基地雷达目标回波模型，并分析发射信号的带宽未能准确估计而导致信号采样带宽失配的影响，然后推导基于互模糊函数检测统计量的特征函数、概率密度函数以及检测概率和虚警概率的解析表达式，并给出了详细的仿真分析。

第 8 章，将结合非合作双基地雷达的特点，讨论发射天线扫描调制对系统相参处理可能带来的损耗，描述发射天线在方位上做机械扫描时，其天线波瓣图调制效应可能导致直达波脉冲丢失和相位突变的现象，然后推导存在脉冲丢失或/和相位突变时，系统互模糊函数峰值输出的解析表达式，并借助信噪比损失和多普勒频率估计误差等参数来衡量脉冲丢失和相位突变的不利影响。

第 9 章，提出脉冲无源双基地雷达试验系统的设计方案与技术途径，详细阐述试验系统中的天线分系统、接收分系统、数据采集与信号处理分系统的设计与实现过程，给出系统目标检测算法的处理流程，最后结合外场实测数据，在完成直达波分选与抑制等预处理后，给出距离多普勒相参处理、恒虚警检测和目标定位分析的初步试验结果。

参考文献

[1] 杨振起, 张永顺, 骆永军. 双（多）基地雷达系统[M]. 北京: 国防工业出版社, 1998.

[2] 唐小明, 何友, 夏明革. 基于机会发射的无源雷达系统发展评述[J]. 现代雷达. 2002, 24(2): 1-6.

[3] 曲长文, 何友. 基于电视或调频广播的非合作式双多基地雷达及关键技术[J]. 现代雷达. 2001, 23(1): 19-23.

[4] 王红梅, 胡念英. 基于技术的定位系统概述[J]. 现代雷达. 2005, 27(8): 18-23.

[5] 朱庆明, 吴曼青. 一种新型无源探测与跟踪雷达系统——"沉默哨兵"[J]. 现代电子. 2000, 70(1): 1-6.

[6] Schoenenberger J G, Forrest J R. Principles of independent receivers for use with co-operative radar transmitters[J]. The Radaio and Electronic Engineer. 1982, 52(10): 93-101.

[7] Griffiths H D, Carter S M. Provision of moving target indication in an independent bistatic radar receiver[J]. The Radio and Electronic Engineer. 1984, 54(12): 336-342.

[8] Yamano. Bistatic coherent radar receiving system[P]. 4644356, USA, 1984.

[9] Lightfoot Fred M. Apparatus and methods for locating a target utilizing signals generated from a non-cooperative source[P]. 474692 , USA, 1985.

[10] Thomas Daniel D. Synchronization of noncooperative bistatic radar receivers[D]. PhD thesis, Syracuse University, USA: 1999.

[11] Griffiths H D. Bistatic denial using spatial-temporal coding[R]. ADA389603, 2001.

[12] Antonik P A, Griffiths H D, Weiner D. Novel diverse waveforms[R]. ADA393076, 2001.

[13] Griffiths H D, Wicks M C, Weiner D. Denial of bistatic hosting by spatial-temporal waveform design[J]. IEE Proceedings Radar, Sonar & Navigation. 2005, 152(2): 81-88.

[14] Overrein Y, Olsen K E. Geometrical and signal processing aspects using a bistatic hitchhiking radar system. IEEE Radar Conference[C]. Virginia, USA, 2005: 235-238.

[15] Johnsen T, Olsen K E. Hitchhiking bistatic radar: principles, processing and experimental findings. IEEE Radar Conference[C]. New York, USA, 2007: 518-523.

[16] Sindre Strømøy. Hitchhiking bistatic radar [D]. M.Sc thesis, OSLO University, Norway: 2013.

[17] Thompson E Craig. Bistatic radar noncooperative illumination synchronization techniques. IEEE Radar Conference[C]. California, USA, 1989: 29-34.

[18] Hawkins J M. An opportunistic bistatic radar. IEE Radar Conference[C]. London, UK, 1997: 318-322.

[19] 李四新. 英国在潜水艇上部署双基地雷达[J]. 现代雷达. 1999, 12(2): 13.

[20] Weedon R J. Study into ESM and PCR convergence. 1st EMRS DTC Technical Conference [C]. Edinburgh, UK, 2004: A16.

[21] Weedon R J. Study into ESM and PCR convergence-Year Two. 2nd EMRS DTC Technical Conference[C]. Edinburgh, UK, 2005: A9.

[22] Matthes Dietmar. Convergence of ESM sensors and passive covert radar. IEEE Radar Conference[C]. Virginia, USA, 2005:618-622.

[23] Junichi Honda,Takuya Otsuyama. Experimental results of aircraft positioning based on passive primary surveillance radar. IEEE Radar Conference[C]. California, USA, 2014: 126-129.

[24] 耿富录, 王建军, 王云山. 独立双基地雷达接收系统[J]. 西安电子科技大学学报. 1991, 18(4): 38-44.

[25] 王云山. 非相参独立双基地雷达同步系统的研究与技术实现[D]. 硕士论文, 西安电子科技大学, 西安: 1990.

[26] 王杰. 基于脉冲制非合作照射的无源定位技术[C]. 第十四届电子对抗学术年会, 烟台: 2005:524-52.

[27] 唐佳. 基于脉冲制非合作辐射源的无源定位技术研究与实现[D]. 硕士论文, 西南交通大学, 成都: 2007.

[28] 石林艳, 蒋柏峰, 王宏, 等. 非合作探测技术与电子侦察技术的综合应用[J]. 中国电子科学研究院学报. 2017, 12(4): 383-388.

[29] 朱拥建, 刘远, 石林艳, 等. 非合作侦察定位系统的关键技术[J]. 太赫兹科学与电子信息学报. 2018, 16(3): 452-457.

[30] 陈敬洋. 基于非合作雷达辐射源的无源雷达干扰抑制研究[D]. 硕士论文, 电子科技大学, 成都: 2017.

[31] 高惠雯. 机载非协作雷达杂波建模与 STAP 研究[D]. 硕士论文, 电子科技大学, 成都: 2017.

[32] 沈锐超, 鲍庆龙, 周成家, 等. 一种非合作双基地雷达空间同步定位精度[J]. 雷达科学与技术. 2011, 9(5): 393-396.

[33] 索毅毅, 鲍庆龙, 王亚森, 等. 基于捷变频非合作雷达辐射源的无源雷达时频同步方法[J]. 雷达科学与技术. 2014, 12(5): 510-516.

[34] 范中平, 王亚森, 鲍庆龙, 等. 基于 FPGA 非合作捷变频雷达实时参数提取[J]. 电子科技. 2016, 29(11): 1-5.

[35] 户盼鹤, 林财永, 鲍庆龙, 等. 基于非合作捷变频雷达的微弱目标检测算法[J]. 雷达科学与技术. 2015, 13(5): 473-478.

[36] 杨博. 空基辐射源非合作探测系统关键技术研究[D]. 博士论文, 国防科大, 长沙: 2011.

19

[37] Hu Panhe, Bao Qinglong, Lin Caiyong, et al. An experimental study of digital array passive bistatic radar system. IEEE Radar Conference[C]. Chengdu, China, 2012:29-34.

[38] Wang Yasen, Bao Qinglong, Wang Dinghe, et al. An experimental study of passive bistatic radar using uncooperative radar as a transmitter[J]. IEEE Geoscience and Remote Sensing Letters. 2015, 12(9): 1868-1872.

[39] 朱云鹏. 外辐射源雷达关键性能的测试验证方法研究[D]. 硕士论文, 北京理工大学, 北京: 2016.

[40] 宋杰, 何友, 蔡复青, 等. 基于非合作雷达辐射源的无源雷达技术综述[J]. 系统工程与电子技术. 2009, 31(9): 2151- 2156.

[41] 宋杰. 脉冲制非合作双基地雷达关键技术研究[D]. 博士论文, 海军航空大学, 烟台: 2008.

[42] 李国君. 脉冲制外辐射源雷达信号处理关键问题研究 [D]. 硕士论文, 海军航空大学, 烟台: 2010.

[43] 张财生. 基于非合作雷达辐射源的双基地探测系统研究[D]. 博士论文, 海军航空大学, 烟台: 2011.

[44] Skolnik M I. An analysis of bistatic radar[J]. IEEE Transactions on Aerospace and Navigational Electronics. 1961, 8(2): 19-27.

[45] Poullin D, Lesturgie M. Multistatic radar using noncooperative transmitters. Proceedings of International Conference on Radar[C]. Paris, France, 1994: 37-375.

[46] Howland P E. Television-based bistatic radar[D]. PhD thesis, University of Birmingham, UK: 1999.

[47] 何友, 王国宏. 多传感器信息融合及应用[M]. 北京: 电子工业出版社, 2000.

[48] 何友, 关键, 彭应宁, 等. 雷达自动检测与恒虚警处理[M]. 北京: 清华大学出版社, 1999.

[49] 关键. 多传感器分布式恒虚警检测算法研究[D]. 博士论文, 清华大学, 北京: 2000.

第 2 章　脉冲无源双基地雷达参数测量与目标定位方法

2.1　引言

众所周知，雷达发射电磁波探测目标的过程中也会暴露发射机的存在和位置。在敌对的环境下这将会威胁到发射平台，甚至会恶化紧张的国际关系。而双基地雷达的发射、接收装置是分离的，接收机平台可以保持静默。双基地雷达分为合作式与非合作式，而非合作式双基地雷达根据辐射源的不同又分为基于广播、电视或卫星等机会照射源的非合作双基地雷达和基于己方甚至敌方雷达辐射源的非合作双基地雷达。本书主要研究基于脉冲雷达辐射源的非合作双基地雷达，这种雷达系统的主要优点就是：系统只需要一个被动接收机就可以把在附近工作的敌方雷达作为无意识的非合作辐射源，只要敌方雷达开机，系统就能正常工作，从而实现对敌监视和导航，而不被敌方侦察系统如 ESM 系统发现。

非合作双基地雷达具有双基地雷达收、发分置的基本特征，其性能优势与系统的几何结构有直接的关系。本章阐述脉冲无源双基地雷达基本原理，介绍了双基地几何结构约束下的各种基本关系，如几何关系、能量关系，分析了脉冲无源双基地雷达接收站的组成，论证了这种非合作双基地雷达系统的可行性。基于定向发射的脉冲雷达辐射源的非合作双基地雷达的定位机理与基于全向发射的广播电视等连续波辐射源的非合作双基地雷达相比存在很大差异。因此，本章重点研究了脉冲无源双基地雷达中四个重要参数（基线距离、双基地距离差、发射站目标方位角、接收站目标方位角）的测量方法，利用这四个参数可构成四种测距与定位算法，推导了这四种算法的测距误差和定位误差公式，并对各算法的测距和定位精度进行了仿真，最后对实际系统定位方案的选择提出建议。

2.2　脉冲无源双基地雷达基本原理

2.2.1　系统几何关系

在如图 2-1 所示的典型非合作双基地雷达系统应用中，舰载非合作双基地雷达接收机进入敌对或非合作信号环境，利用舰载非合作雷达辐射源的电磁辐射来探测水面目标。当非合作双基地雷达接收机频率调谐到非合作雷达辐射源的发射频率时，将会检测到沿基线传播到达的直达波信号和经过目标散射后的微弱回波。接收系统由两部分组成，其中一部分用于接收直达波信号以提取同步信息，另一部分用于接收目标散射信号以完成对目标的检测和定位，实现对特定区域的监视和预警。

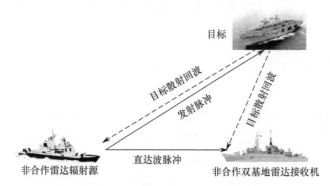

图 2-1 典型的非合作双基地雷达系统

基于上述应用环境，可以构建双基地雷达平面模型（几何关系图）[1]，如图 2-2 所示。在该模型条件下，非合作雷达辐射源、水面目标与接收机位于同一平面。即使考虑目标为空中目标，由于非合作雷达辐射源和接收机之间的水平距离（即基线距离）通常较远，此时目标高度引起的误差较小，因此，该双基地雷达平面模型仍然适用[28]。图 2-2 中，T_X 为发射站，R_X 为接收站，T_g 为目标。T_X 与 R_X 间距为基线距离 L。θ_T 和 θ_R 分别为发射站与接收站目标方位角。R_T 和 R_R 分别为目标到发射站与接收站的距离。双基地距离差 $R_D = R_T + R_R - L$。

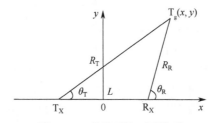

图 2-2 双基地雷达平面模型

2.2.2 系统能量关系

现以一部典型的舰载导航雷达为非合作脉冲雷达辐射源，接收站分别采用参考通道接收机与目标通道接收机来接收直达波和目标回波。假定参考通道与目标通道接收机性能完全一样，都采用定向天线，在一定的同步技术条件下，一个对准雷达辐射源，另一个对准目标。系统工作参数如表 2-1 所列，本节将对接收站处直达波与目标回波功率以及接收机灵敏度进行估算。

表 2-1　系统工作参数

发射机参数	发射机峰值功率（P_T）	10kW
	发射机天线增益（G_T）	30dB
	天线旁瓣电平（G_S）	−50～−20dB
	雷达信号波长（λ）	3cm
	发射损耗（L_T）	5dB
接收机参数	接收机天线增益（G_R）	30dB
	接收机带宽（B_n）	10MHz
	接收机噪声系数（F_n）	5dB
	接收损耗（L_R）	5dB
目标参数	目标双基地截面积（σ）	10m²

通常情况下，目标与接收机一般不被发射机天线主瓣同时覆盖，直达波往往来自辐射源的旁瓣辐射，因此，参考接收机对来自非合作辐射源的直达波的侦收大多数情况下为旁瓣侦收。雷达天线的旁瓣电平一般比主瓣的峰值低 20～50dB[3]，此时，由旁瓣侦收的侦察距离方程可以计算出接收站处直达波功率 P_D 为

$$P_D = \frac{P_T G_T G_R \lambda^2 G_S}{(4\pi)^2 L_T L_R L^2} \tag{2-1}$$

将表 2-1 中的参数代入式（2-1）中，可以得到不同旁瓣增益 G_S 条件下，直达波功率 P_D 与基线距离 L 的关系曲线，如图 2-3 所示。

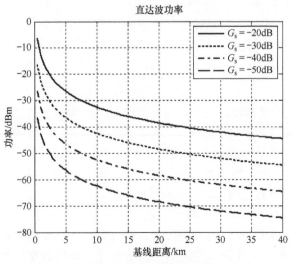

图 2-3　直达波功率与基线距离的关系曲线

由双基地雷达距离方程可以计算出接收站处目标回波功率 P_R 为

$$P_R = \frac{P_T G_T G_R \lambda^2 \sigma}{(4\pi)^3 L_T L_R (R_T R_R)^2}$$ （2-2）

将表 2-1 中的参数代入式（2-2）中，可以得到不同距离 R_T 和 R_R 上的目标回波功率。实际上，R_T 和 R_R 的允许值会受到双基地雷达几何关系的限制。因此，可以考察不同基线距离条件下，目标回波功率在双基地平面上的分布情况，如图 2-4 所示。图 2-4（a）、（b）分别对应基线距离 L 为 20km 和 40km 时的目标回波功率 P_R 的等值线，数值的单位为 dBm。

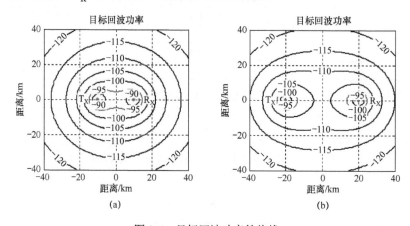

图 2-4　目标回波功率等值线

（a）L=20km；（b）L=40km。

从图 2-3 和图 2-4 中可以看出：在上述系统参数条件和基线距离范围内，参考通道直达波功率的范围约为−70～−10dBm，目标通道回波信号功率的范围约为−120～−90dBm，直达波与目标回波的功率相差十分悬殊。为考察接收机对直达波与目标回波的接收能力，需要对接收机灵敏度进行估算。接收机灵敏度 P_{imin} 的定义式为[4]

$$P_{imin} = kT_0 B_n F_n D$$ （2-3）

式中：k 为波尔兹曼常数；T_0 为系统噪声温度；B_n 为接收机的噪声带宽；F_n 为接收机的噪声系数；D 为检测因子，为检测所需的最低信噪比。

将表 2-1 中的接收机参数代入式（2-3）中，令 $D=1$，可以估算出接收机的临界灵敏度 $P_{imin}=-99\text{dBm}$。可见，该灵敏度的接收机能够满足直达波的接收，但无法满足所有范围内的目标回波的接收。为此，需要设计高灵敏度接收机，以保证对微弱目标回波的接收。提高灵敏度可从三个方面考虑[5-7]：一是减小接收机噪声系数 F_n，这方面的潜力是有限的；二是采用外差式接收机，减小信号带宽 B_n；三是降低检测所需的信噪比，采用数字信号处理技术提高处理增益、降低检测因子 D。

2.2.3　接收站的组成

与其他雷达一样，双基地雷达接收机和信号处理器的组成也是多种多样。常见单基地雷达的组成框图如图2-5所示。

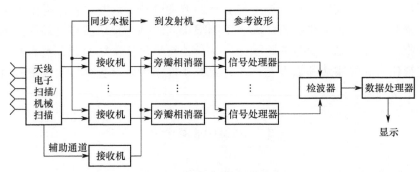

图2-5　单基地雷达组成框图

雷达天线可以是单一天线也可以是阵列天线，天线可以是机械扫描也可以是电子扫描。图2-5中有多个接收机对天线的输出信号进行下混频。例如，在一部典型的单基地雷达中，对于单脉冲体制而言，可能会有和、差多个通道，以及一个全向通道作为旁瓣消隐通道。当需要进行干扰抑制时，信号处理器内还包括旁瓣相消器（通常需要一个辅助通道）。信号处理器对接收机输出信号进行脉冲压缩、MTI和多普勒处理。然后检测器对信号处理输出结果进行包络检波和 CFAR 检测。最后检测结果送往数据处理器进行跟踪、显示和记录。单基地雷达由于波形参数和波束参数完全已知，因此可以采用自同步方式。接收机使用和发射机相同的相参本振，波形的信息以某种方式被事先存在信号处理器中，用来进行匹配滤波。在数字接收机中，其采样频率为脉冲重复频率（PRF）的整数倍。

对于非合作双基地雷达系统，接收机需要独立地完成同步工作，当发射机和接收机有直视距离，且发射天线副瓣电平较高或匀速圆周扫描时，双基地雷达接收机可采用一个辅助参考接收通道截获发射机的直达波信号，从中提取同步信息。非合作双基地雷达接收站的组成框图如图2-6所示。

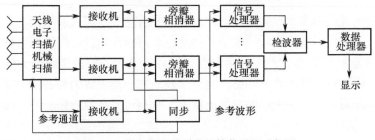

图2-6　非合作双基地雷达接收站组成框图

非合作双基地雷达的结构与单基地雷达基本相似，但仍存在许多重大差别。对天线扫描位置的控制是以直达波参考信号为依据的。类似地，本振频率与采样（在数字接收机情况下）受参考同步的控制。此外，信号处理器所使用的参考波形也来自直达波参考信号。旁瓣相消器的主要功能就是直达波抑制，如果直达波脉冲在时域上与目标回波混叠在一起时，使用旁瓣相消器是十分必要的，否则接收机的动态范围很难同时满足直达波与目标回波的正常接收。然而，脉冲信号的时域分离特点使得直达波干扰问题并没有基于广播电视信号无源雷达那么严重，在一定的条件下可以避免目标回波中强直达波的干扰问题。

2.3 参数测量方法

在一定的同步技术条件下，可获得双基地三角形的四个重要参数：基线距离 L、双基地距离差 R_D、发射站目标方位角 θ_T、接收站目标方位角 θ_R。然而，这些参数的测量受到辐射源的平台位置、扫描方式和接收机的天线配置情况等因素的影响。下面将详细讨论不同情况下的上述参数测量方法。

2.3.1 基线距离测量方法

基线距离 L 是非合作双基地雷达中的一个基本参数，可以通过多种方法得到：

（1）当发射站位于固定平台且位置已知时，可以通过测量发射站与接收站各自的地理坐标来确定 L。

（2）当发射站位于运动平台或位置未知时，可以采用以下方法。

① 当辐射源采用机械圆周扫描方式时，如图 2-7 所示，接收机可以采用相距为 d 的两部全向天线，通过测量辐射源信号到达两个天线的时差 Δt，辐射源天线扫描速度 ω 和辐射源入射信号方位角 θ 来确定距离 L[8]，计算公式为

$$L = d\cos\theta / (\omega\Delta t) \tag{2-4}$$

式中：两部天线距离 d 已知；辐射源入射信号方位角 θ 可以利用相位法测角原理测得，即利用两部天线所接收信号的相位差进行测角；辐射源信号到达两个天线的时差 Δt 可以通过测量辐射源扫过接收站两部天线的振幅最大峰值之间的时间间隔测得；通过测量辐射源扫过接收站同一部天线的相邻最大峰值所对应的时间间隔可以测得天线的扫描周期 T，从而可以计算出辐射源天线扫描速度 $\omega = 360° / T$。

② 当辐射源采用非固定速度扫描、扇扫或电子扫描时，如图 2-8 所示，接收机可以采用两部相距为 d 的定向天线同步地以预定速度 ω 进行机械圆周扫描的方法，对辐射源位置进行测量[9]。采用这种方法，仍然可以利用式（2-4）计算出接收机与辐射源之间的距离 L，式中的 d 和 ω 已知，θ 和 Δt 可测。此时，辐射源的距离计算就可以不依靠辐射源的扫描速度来确定。

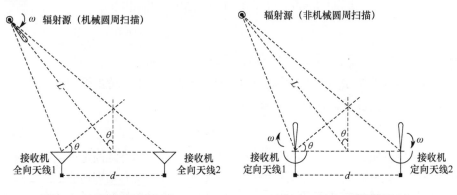

图 2-7　基线距离测量方法 1　　　　图 2-8　基线距离测量方法 2

此外，双基地接收机同样也可以通过假设目标位置已知的情形下来计算接收机与辐射源间的距离，即已知 R_R 可以求得 L。然后再通过计算得到的 L 来计算其他目标的距离 R_R。

2.3.2　双基地距离差测量方法

通常情况下，目标与接收站一般不被发射机天线主瓣同时覆盖，直达波往往来自辐射源的旁瓣辐射，如图 2-9 所示。图中基线长为 L，目标散射路径从发射机到目标再到接收机，长为 $R_T + R_R$，双基地距离差 $R_D = R_T + R_R - L$。发射脉冲沿直达波路径传播的时间为 t_1，沿目标散射路径传播的时间为 t_2。接收机接收到的直达波与目标散射脉冲波形如图 2-10 所示。

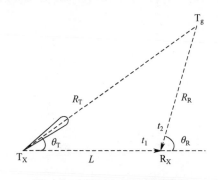

图 2-9　直达波与目标散射路径

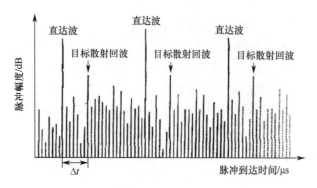

图 2-10　接收到的直达波与散射回波

双基地距离差 R_D 可以通过测量直达波与目标散射回波的时差 $\Delta t = t_2 - t_1$，再乘以光速 c 来计算，计算公式为

$$R_D = c\Delta t \tag{2-5}$$

该方法假定的前提是，在扫描过程中被截获的发射脉冲之间是可以辨别的，即可以分辨从辐射源到接收机的所有直达波脉冲，或者是有足够多的脉冲数，可以准确地预测那些难以辨别的脉冲串。后一种方法要求辐射源信号的波形和扫描方式都是可以预测的序列。前者方法更为灵活，即使辐射源的主波束并没有直接照射到接收机，通过旁瓣辐射的信号也可以分辨其脉冲，但是要求接收机能够从辐射源的旁瓣连续截获直达波信号。若直达波和目标散射回波受杂波和噪声的干扰较为严重，可以通过互相关杂波处理技术来提高时差 Δt 的测量精度[2]。

2.3.3　发射站目标方位角测量方法

发射机目标方位角可以通过跟踪发射机扫描确定。合作式系统能够同时利用发射机和接收机的距离同步或预先同步时钟。当利用非合作辐射源工作时，跟踪发射机的扫描过程是非常重要的。如图 2-11 所示，当发射机 T_x 扫过接收机 R_x 时，在 T_1 时刻，接收机 R_x 可接收到一峰值脉冲；当发射机 T_x 扫过目标 T_g 后，目标的反射波在 T_2 时刻被接收机接收。接收到的辐射源扫描峰值与目标散射回波波形如图 2-12 所示。

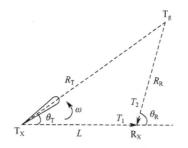

图 2-11　发射站天线扫描几何关系图

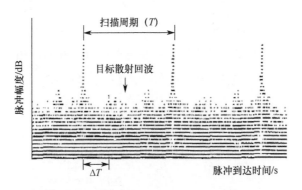

图 2-12 接收到的扫描峰值与散射回波

当辐射源以恒定速度圆周扫描时，发射站目标方位角 θ_T 的确定可以通过测量辐射源扫过接收机和目标之间的时间间隔 $\Delta T = T_2 - T_1$ 和辐射源扫描一周的总时间 T 来实现。将扫描间隔 ΔT 除以扫描周期 T，然后再乘以 360° 便可计算出 θ_T，计算公式为

$$\theta_T = \frac{360°}{T} \Delta T \qquad (2\text{-}6)$$

当辐射源为非固定速度扫描、扇扫或电子扫描时，通常很难直接测得 θ_T，只能通过另外三个参数和解双基地三角形间接算得。

2.3.4　接收站目标方位角测量方法

当接收站采用定向搜索天线（单波束）时，可以采用振幅法测角中的最大信号法来同时确定直达波与目标散射回波的到达角，从而可以确定接收站目标方位角 θ_R；当接收站采用定向跟踪天线（同时双波束）时，可以采用振幅法测角中的等信号法来同时确定直达波与目标散射回波的到达角，从而可以确定接收站目标方位角 θ_R；当接收站采用多波束相控阵天线时，辐射源和目标相对于接收机的方位可以通过对相控阵天线接收到的多路输出信号的幅度比较来完成，从而可以确定接收站目标方位角 θ_R。

有时接收站为了设计简单起见而采用全向天线，此时无法直接测得目标方位角 θ_R，只能通过另外三个参数和解双基地三角形间接算得。

2.4　测距方法与精度分析

2.4.1　测距方法

对以上四个观测量，只需知道其中的任意三个，就可以解算出接收站到目标的距离 R_R。利用不同的观测量组合，可以有以下四种测距算法。

算法 1（已知 L、R_D 和 θ_R）：

图 2-2 表示了双基地平面上的各个量之间的几何关系。由余弦定理可得

$$R_T^2 = R_R^2 + L^2 - 2R_R L\cos(180° - \theta_R) \tag{2-7}$$

令 $R_D = R_T + R_R - L$，将 $R_T = R_D - R_R + L$ 代入式（2-7），可得测距算法 1（R_{R1}）

$$R_{R1} = f_1(L, R_D, \theta_R) = \frac{R_D^2 + 2R_D L}{2(R_D + L + L\cos\theta_R)} \tag{2-8}$$

算法 2（已知 L、R_D 和 θ_T）：

同理，由余弦定理可得

$$R_R^2 = R_T^2 + L^2 - 2R_T L\cos\theta_T \tag{2-9}$$

将 $R_T = R_D - R_R + L$ 代入式（2-9），可得测距算法 2（R_{R2}）

$$R_{R2} = f_2(L, R_D, \theta_T) = \frac{(R_D + L)^2 + L^2 - 2L(R_D + L)\cos\theta_T}{2(R_D + L - L\cos\theta_T)} \tag{2-10}$$

算法 3（已知 L、θ_T 和 θ_R）：

如图 2-2 所示，由正弦定理可得测距算法 3（R_{R3}）

$$R_{R3} = f_3(L, \theta_T, \theta_R) = \frac{L\sin\theta_T}{\sin(\theta_R - \theta_T)} \tag{2-11}$$

算法 4（已知 R_D、θ_T 和 θ_R）：

同理，由正弦定理可得

$$\frac{R_R}{\sin\theta_T} = \frac{R_T}{\sin\theta_R} = \frac{L}{\sin(\theta_R - \theta_T)} \tag{2-12}$$

将 $R_T = R_D - R_R + L$ 代入式（2-12），可得测距算法 4（R_{R4}）

$$R_{R4} = f_4(R_D, \theta_T, \theta_R) = \frac{R_D \sin\theta_T}{\sin\theta_R + \sin\theta_T - \sin(\theta_R - \theta_T)} \tag{2-13}$$

2.4.2 精度分析

为比较各算法的测距精度，下面对各算法进行误差分析。假定观测误差服从零均值、高斯分布且相互独立，对应 L、R_D、θ_T 和 θ_R 的误差标准差分别为 dL、dR_D、$d\theta_T$ 和 $d\theta_R$，由测量误差理论[1,10]可得各算法的测距误差 $d\theta_R$。

算法 1（已知 L、R_D 和 θ_R）：

$$dR_{R1} = \left[\left(\frac{\partial f_1}{\partial L} dL \right)^2 + \left(\frac{\partial f_1}{\partial R_D} dR_D \right)^2 + \left(\frac{\partial f_1}{\partial \theta_R} d\theta_R \right)^2 \right]^{1/2} \tag{2-14}$$

利用式（2-8）计算各个变量的偏导数，可得

$$\frac{\partial f_1}{\partial L} = \frac{R_D^2 (1 - \cos\theta_R)}{2(R_D + L + L\cos\theta_R)^2} \tag{2-15}$$

$$\frac{\partial f_1}{\partial R_D} = \frac{(R_D + L)^2 + L^2 + 2(R_D + L)L\cos\theta_R}{2(R_D + L + L\cos\theta_R)^2} \tag{2-16}$$

$$\frac{\partial f_1}{\partial \theta_R} = \frac{((R_D + L)^2 - L^2)L\sin\theta_R}{2(R_D + L + L\cos\theta_R)^2} \tag{2-17}$$

算法 2（已知 L、R_D 和 θ_T）：

$$dR_{R2} = \left[\left(\frac{\partial f_2}{\partial L} dL \right)^2 + \left(\frac{\partial f_2}{\partial R_D} dR_D \right)^2 + \left(\frac{\partial f_2}{\partial \theta_T} d\theta_T \right)^2 \right]^{1/2} \tag{2-18}$$

利用式（2-10）计算各个变量的偏导数，可得

$$\frac{\partial f_2}{\partial L} = \frac{(R_D + 2L)^2 (1 - \cos\theta_T) - 2L^2 \sin^2\theta_T}{2(R_D + L - L\cos\theta_T)^2} \tag{2-19}$$

$$\frac{\partial f_2}{\partial R_D} = 1 - \frac{(R_D + L)^2 + L^2 - 2(R_D + L)L\cos\theta_T}{2(R_D + L - L\cos\theta_T)^2} \tag{2-20}$$

$$\frac{\partial f_2}{\partial \theta_T} = \frac{((R_D + L)^2 - L^2)L\sin\theta_T}{2(R_D + L - L\cos\theta_T)^2} \tag{2-21}$$

算法 3（已知 L、θ_T 和 θ_R）：

$$dR_{R3} = \left[\left(\frac{\partial f_3}{\partial L} dL \right)^2 + \left(\frac{\partial f_3}{\partial \theta_T} d\theta_T \right)^2 + \left(\frac{\partial f_3}{\partial \theta_R} d\theta_R \right)^2 \right]^{1/2} \tag{2-22}$$

利用式（2-11）计算各个变量的偏导数，可得

$$\frac{\partial f_3}{\partial L} = \frac{\sin\theta_T}{\sin(\theta_R - \theta_T)} \tag{2-23}$$

$$\frac{\partial f_3}{\partial \theta_T} = \frac{L\sin\theta_R}{\sin^2(\theta_R - \theta_T)} \tag{2-24}$$

$$\frac{\partial f_3}{\partial \theta_R} = \frac{-L \sin\theta_T \cos(\theta_R - \theta_T)}{\sin^2(\theta_R - \theta_T)} \tag{2-25}$$

算法 4（已知 R_D、θ_T 和 θ_R）：

$$\mathrm{d}R_{R4} = \left[\left(\frac{\partial f_4}{\partial R_D} \mathrm{d}R_D \right)^2 + \left(\frac{\partial f_4}{\partial \theta_T} \mathrm{d}\theta_T \right)^2 + \left(\frac{\partial f_4}{\partial \theta_R} \mathrm{d}\theta_R \right)^2 \right]^{1/2} \tag{2-26}$$

利用式（2-13）计算各个变量的偏导数，可得

$$\frac{\partial f_4}{\partial R_D} = \frac{\sin\theta_T}{\sin\theta_R + \sin\theta_T - \sin(\theta_R - \theta_T)} \tag{2-27}$$

$$\frac{\partial f_4}{\partial \theta_T} = \frac{R_D \sin\theta_R (\cos\theta_T - 1)}{(\sin\theta_R + \sin\theta_T - \sin(\theta_R - \theta_T))^2} \tag{2-28}$$

$$\frac{\partial f_4}{\partial \theta_R} = \frac{R_D \sin\theta_T (\cos(\theta_R - \theta_T) - \cos\theta_R)}{(\sin\theta_R + \sin\theta_T - \sin(\theta_R - \theta_T))^2} \tag{2-29}$$

为了便于比较各算法测距精度与双基地几何结构的关系，需要将上述测量参数用同一直角坐标系中的 x 和 y 值表示

$$R_D = \sqrt{(x + L/2)^2 + y^2} + \sqrt{(x - L/2)^2 + y^2} - L \tag{2-30}$$

$$\theta_T = \arccos\left(\frac{x + L/2}{\sqrt{(x + L/2)^2 + y^2}} \right) \tag{2-31}$$

$$\theta_R = \arccos\left(\frac{x - L/2}{\sqrt{(x + L/2)^2 + y^2}} \right) \tag{2-32}$$

假设测量参数 L 固定不变，将式（2-30）～式（2-32）代入前面的测距误差公式，就可以很方便地观察各算法测距精度的空间分布规律。

2.4.3　仿真结果

本节对非合作双基地雷达系统中各算法的测距精度进行了仿真，仿真计算采用的参数如下：基线距离 L =100km；观测误差 $\mathrm{d}L$ =100m，$\mathrm{d}R_D$ =100m，$\mathrm{d}\theta_T = \mathrm{d}\theta_R$ =0.003rad；所有图中数值单位均为 km；T_X 代表雷达辐射源；R_X 代表非合作双基地雷达接收站。探测范围：X 方向为±100km；Y 方向为±100km。

图 2-13（a）～（d）分别为算法 1 到算法 4 的测距精度等值线分布图。由仿真结果可看出：

（1）四种算法都存在一个盲区，即基线区域，在这一区域内四种算法的测距精度急剧下降。

（2）算法 1 和算法 2 的测距精度总体较好，其中算法 1 在接收站近区（不含基线区）精度较高，算法 2 在发射站近区（不含基线区）精度较高，算法1和算法2的测距精度分布具有镜像关系。

（3）算法 3 的测距精度在基线两侧近区较好，在基线和基线延长线上精度很差。

（4）算法 4 的测距精度在基线的接收站一侧延长线近区较好，而在基线、基线两侧近区和基线的发射站一侧延长线区域精度很差。

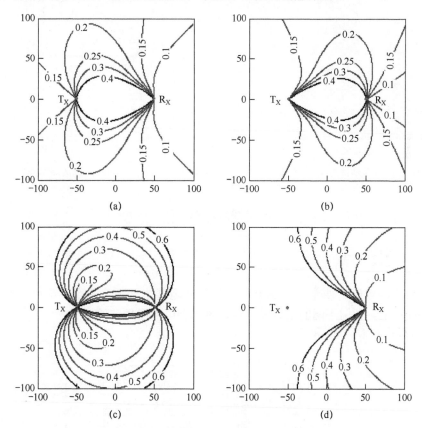

图 2-13　非合作双基地雷达系统测距精度等值线分布图

（a）算法 1 测距精度；（b）算法 2 测距精度；（c）算法 3 测距精度；（d）算法 4 测距精度。

由于四个观测量中只需知道其中任意三个即可对目标进行测距，于是出现了信息冗余。若能同时测得这四个观测量，则可以将四种测距算法进行融合处理实现测距性能的优化。常见的优化算法有简化加权最小二乘法和子集选优法。考虑到四种算法之间的相关性以及优化的计算量，实际应用中可基于子集选优法原理采用如下简洁而实用的方法：事先画出如图 2-14 所示的高精度算法分布图（仿真参数不变，观察范围不变），然后粗略确定目标所在的大致位置，根据目标所在的位置选择精度最高的算法。

图 2-15 为选择测距精度最高的算法进行计算，即经过优化处理后的测距精度等值线分布图（仿真参数不变，观察范围不变）。可见，优化处理后的测距精度在各个区域都较高，改善了采用单一测量组合时的测距性能。

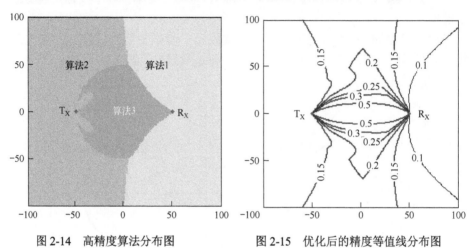

图 2-14　高精度算法分布图　　　　图 2-15　优化后的精度等值线分布图

2.5　定位方法与精度分析

2.5.1　定位方法

同样，对以上四个直接观测量，只需知道其中的任意三个，就可以对目标进行定位。利用不同的观测量组合，可以有以下四种定位方法。

算法 1（已知 L、R_D 和 θ_R）：

$$\begin{bmatrix} x_1 \\ y_1 \end{bmatrix} = \begin{bmatrix} g_1(L,R_D,\theta_R) \\ h_1(L,R_D,\theta_R) \end{bmatrix} = \begin{bmatrix} \dfrac{L}{2} + \dfrac{(R_D^2 + 2R_D L)\cos\theta_R}{2(R_D + L + L\cos\theta_R)} \\ \dfrac{(R_D^2 + 2R_D L)\sin\theta_R}{2(R_D + L + L\cos\theta_R)} \end{bmatrix} \tag{2-33}$$

算法 2（已知 L、R_D 和 θ_T）：

$$\begin{bmatrix} x_2 \\ y_2 \end{bmatrix} = \begin{bmatrix} g_2(L,R_D,\theta_T) \\ h_2(L,R_D,\theta_T) \end{bmatrix} = \begin{bmatrix} -\dfrac{L}{2} + \dfrac{(R_D^2 + 2R_D L)\cos\theta_T}{2(R_D + L - L\cos\theta_T)} \\ \dfrac{(R_D^2 + 2R_D L)\sin\theta_T}{2(R_D + L - L\cos\theta_T)} \end{bmatrix} \tag{2-34}$$

34

算法 3（已知 L、θ_T 和 θ_R）：

$$\begin{bmatrix} x_3 \\ y_3 \end{bmatrix} = \begin{bmatrix} g_3(L,\theta_T,\theta_R) \\ h_3(L,\theta_T,\theta_R) \end{bmatrix} = \begin{bmatrix} \dfrac{L}{2} + \dfrac{L\sin\theta_T\cos\theta_R}{\sin(\theta_R-\theta_T)} \\ \dfrac{L\sin\theta_T\sin\theta_R}{\sin(\theta_R-\theta_T)} \end{bmatrix} \tag{2-35}$$

算法 4（已知 R_D、θ_T 和 θ_R）：

$$\begin{bmatrix} x_4 \\ y_4 \end{bmatrix} = \begin{bmatrix} g_4(R_D,\theta_T,\theta_R) \\ h_4(R_D,\theta_T,\theta_R) \end{bmatrix} = \begin{bmatrix} \dfrac{R_D\sin(\theta_R+\theta_T)}{2(\sin\theta_R+\sin\theta_T-\sin(\theta_R-\theta_T))} \\ \dfrac{R_D\sin\theta_T\sin\theta_R}{\sin\theta_R+\sin\theta_T-\sin(\theta_R-\theta_T)} \end{bmatrix} \tag{2-36}$$

2.5.2 精度分析

通常采用目标位置的均方根误差来表示目标的定位精度。仍然假定观测误差服从零均值、高斯分布且相互独立，L、R_D、θ_T 和 θ_R 的误差标准差分别为 $\mathrm{d}L$、$\mathrm{d}R_D$、$\mathrm{d}\theta_T$ 和 $\mathrm{d}\theta_R$，由测量误差理论[1,10]，可得各算法的定位误差 M。

算法 1（已知 L、R_D 和 θ_R）：

$$\begin{aligned} M_1 &= [(\mathrm{d}x_1)^2 + (\mathrm{d}y_1)^2]^{1/2} \\ &= \Bigg\{ \left[\left(\frac{\partial g_1}{\partial L}\right)^2 + \left(\frac{\partial h_1}{\partial L}\right)^2\right](\mathrm{d}L)^2 + \left[\left(\frac{\partial g_1}{\partial R_D}\right)^2 + \left(\frac{\partial h_1}{\partial R_D}\right)^2\right](\mathrm{d}R_D)^2 + \\ &\quad \left[\left(\frac{\partial g_1}{\partial \theta_R}\right)^2 + \left(\frac{\partial h_1}{\partial \theta_R}\right)^2\right](\mathrm{d}\theta_R)^2 \Bigg\}^{1/2} \end{aligned} \tag{2-37}$$

算法 2（已知 L、R_D 和 θ_T）：

$$\begin{aligned} M_2 &= [(\mathrm{d}x_2)^2 + (\mathrm{d}y_2)^2]^{1/2} \\ &= \Bigg\{ \left[\left(\frac{\partial g_2}{\partial L}\right)^2 + \left(\frac{\partial h_2}{\partial L}\right)^2\right](\mathrm{d}L)^2 + \left[\left(\frac{\partial g_2}{\partial R_D}\right)^2 + \left(\frac{\partial h_2}{\partial R_D}\right)^2\right](\mathrm{d}R_D)^2 + \\ &\quad \left[\left(\frac{\partial g_2}{\partial \theta_T}\right)^2 + \left(\frac{\partial h_2}{\partial \theta_T}\right)^2\right](\mathrm{d}\theta_T)^2 \Bigg\}^{1/2} \end{aligned} \tag{2-38}$$

算法 3（已知 L、θ_T 和 θ_R）：

$$M_3 = [(\mathrm{d}x_3)^2 + (\mathrm{d}y_3)^2]^{1/2}$$

$$= \left\{ \left[\left(\frac{\partial g_3}{\partial L}\right)^2 + \left(\frac{\partial h_3}{\partial L}\right)^2 \right](\mathrm{d}L)^2 + \left[\left(\frac{\partial g_3}{\partial \theta_T}\right)^2 + \left(\frac{\partial h_3}{\partial \theta_T}\right)^2 \right](\mathrm{d}\theta_T)^2 + \right. \qquad (2\text{-}39)$$

$$\left. \left[\left(\frac{\partial g_3}{\partial \theta_R}\right)^2 + \left(\frac{\partial h_3}{\partial \theta_R}\right)^2 \right](\mathrm{d}\theta_R)^2 \right\}^{1/2}$$

算法 4（已知 R_D、θ_T 和 θ_R）：

$$M_4 = [(\mathrm{d}x_4)^2 + (\mathrm{d}y_4)^2]^{1/2}$$

$$= \left\{ \left[\left(\frac{\partial g_4}{\partial R_D}\right)^2 + \left(\frac{\partial h_4}{\partial R_D}\right)^2 \right](\mathrm{d}R_D)^2 + \left[\left(\frac{\partial g_4}{\partial \theta_T}\right)^2 + \left(\frac{\partial h_4}{\partial \theta_T}\right)^2 \right](\mathrm{d}\theta_T)^2 + \right. \qquad (2\text{-}40)$$

$$\left. \left[\left(\frac{\partial g_4}{\partial \theta_R}\right)^2 + \left(\frac{\partial h_4}{\partial \theta_R}\right)^2 \right](\mathrm{d}\theta_R)^2 \right\}^{1/2}$$

2.5.3 仿真结果

本书对非合作双基地雷达系统中各算法的定位精度进行了仿真，仿真计算采用的参数如下：基线距离 $L=100\mathrm{km}$；观测误差 $\mathrm{d}L=100\mathrm{m}$，$\mathrm{d}R_D=100\mathrm{m}$，$\mathrm{d}\theta_T=\mathrm{d}\theta_R=0.003\mathrm{rad}$；所有图中数值单位均为 km；$T_X$ 代表雷达辐射源；R_X 代表非合作双基地雷达接收站。探测范围：X 方向为 $\pm100\mathrm{km}$；Y 方向为 $\pm100\mathrm{km}$。

图 2-16（a）～（d）分别为算法 1 到算法 4 的定位精度等值线分布图。由仿真结果可看出：

（1）在测角误差相同的条件下，算法 1 和算法 2 的误差分布具有镜像关系，因为它们使用了两个相同的距离观测量，而角度观测量关于双基地系统具有镜像关系。

（2）在基线附近区域，算法 3 的精度最高。这是由于在近距离算法 3 所使用的观测量误差带来的定位误差较小的缘故。随着目标与基线距离的增加，测角误差引起的定位误差增大，而算法 1 和算法 3 分别只使用了相对接收站和发射站的测角数据，因而分别在相对接收站和发射站较近的区域具有较好的定位精度。

（3）算法 4 的定位精度只是在基线两斜侧一定区域内较好，而在基线、基线两侧近区和基线延长线区域精度很差。

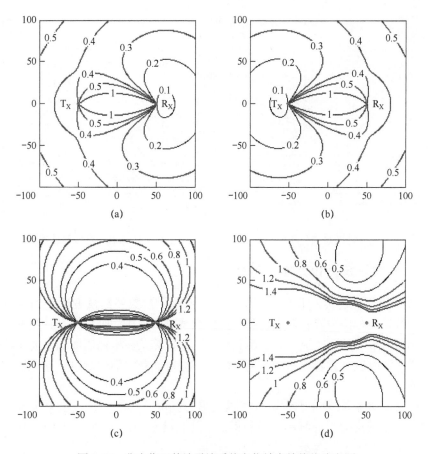

图 2-16 非合作双基地雷达系统定位精度等值线分布图

（a）算法 1 定位精度；（b）算法 2 定位精度；

（c）算法 3 定位精度；（d）算法 4 定位精度。

同样，由于四个观测量中只需知道其中任意三个即可对目标进行定位，于是出现了信息冗余。若能同时测得这四个观测量，则可以将四种定位算法进行融合处理实现定位性能的优化[10-15]。考虑到四种算法之间的相关性以及定位优化的计算量，实际应用中可基于子集选优法原理采用如下简洁而实用的方法：事先画出如图 2-17 所示的高精度算法分布图（仿真参数不变，观察范围不变），然后粗略确定目标所在的大致位置，根据目标所在的位置选择精度最高的算法。

图 2-18 为选择定位精度最高的算法进行计算，即经过优化处理后的定位精度等值线分布图（仿真参数不变，观察范围不变）。可见，优化处理后的定位精度在各个定位区域都较高，改善了采用单一测量组合时的定位性能。

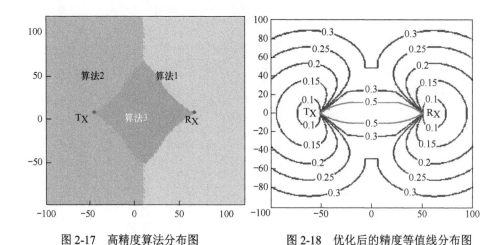

图 2-17　高精度算法分布图　　　　　图 2-18　优化后的精度等值线分布图

2.5.4　实际系统定位方案的选择

前面的分析表明，非合作双基地雷达系统中参数的测量方法受到辐射源的平台位置、扫描方式和接收机的天线配置情况等因素的影响，有时并不是所有的测量参数都能同时测得。实际系统中，定位算法应根据所能测出的参数进行选择，同时应注意各算法的适用区域。根据可能获得的观测量，存在如下三种情况。

（1）当辐射源为非固定速度扫描、扇扫或电子扫描，接收机采用两部同步圆周扫描的定向天线时，只能获得三个观测量 L、R_D 和 θ_R。此时，只能采用算法 1。

（2）当辐射源为圆周机械扫描方式，而接收站为了设计简单起见采用全向天线时，只能获得三个观测量 L、R_D 和 θ_T。此时，只能采用算法 2。

（3）当辐射源为圆周机械扫描方式，接收站采用定向搜索天线或阵列天线时，运用前面的参数测量方法可以同时得到 L、R_D、θ_T 和 θ_R 四个观测量。此时，可以形成四种定位算法，根据各算法精度在空间分布的不同，选择精度最高的算法进行计算，从而能得到更好的定位性能。

2.6　小结

本章首先讨论了非合作双基地雷达的基本几何关系与信号能量关系，然后分析了非合作双基地雷达接收站的组成，论证了这种非合作双基地雷达系统的可行性。在此基础上重点研究了非合作双基地雷达中四个重要参数（基线距离、双基地距离差、发射站目标方位角、接收站目标方位角）的测量方法，推导了利用上述四个参数构成的四种算法的测距误差和定位误差公式。

仿真结果表明，各算法的测距和定位精度与双基地雷达系统的几何结构有关。实际系统定位方案的选择应根据所能测出的参数进行选择，同时应注意各算法的适用区域。

参考文献

[1] 杨振起, 张永顺, 骆永军. 双（多）基地雷达系统[M]. 北京: 国防工业出版社, 1998.

[2] Lightfoot Fred M. Apparatus and methods for locating a target utilizing signals generated from a non-cooperative source[P]. 474692 , USA, 1985.

[3] Skolnik, 雷达系统导论(第三版) [M]. 左群声，等译. 北京: 电子工业出版社, 2007.

[4] 丁鹭飞, 耿富录. 雷达原理(第三版)[M]. 西安: 西安电子工业出版社, 2002.

[5] 张超. 雷达信号的中频相关检测和时差提取[J]. 电子对抗技术. 2001, 16(3): 1-8.

[6] 郑继刚, 王飞, 安涛. 低截获概率雷达信号检测技术[J]. 舰船电子对抗. 2005, 28(3): 44-47.

[7] 沈岚, 贾朝文. 低信噪比雷达信号的数字化处理[J]. 电子对抗技术. 2005, 20(4): 28-35.

[8] William R Jones. Direction finding and ranging system for locating scanning emitters[P]. 4393382, USA, 1980.

[9] Wright James M. Passive-type range determining system using scanning receiving devices[P]. 4339755, USA, 1980.

[10] 孙仲康, 周宇, 何黎星. 单多基地有源无源定位技术[M]. 北京: 国防工业出版社, 1996.

[11] 何友, 王国宏, 修建娟. 双多基地雷达的组合估计及定位精度分析[J]. 电子学报. 2000, 28(3): 17-20.

[12] 何黎星, 孙仲康. 双基地及其联网系统的定位方法及精度分析[J]. 航空学报. 1993, 14(9): 542-545.

[13] 朱永文, 娄寿春, 韩小斌. 双基地雷达测向交叉定位算法的误差模型[J]. 现代雷达. 2006: 28(7): 18-20.

[14] 陈建春, 丁鹭飞. 双基地雷达定位精度分析[J]. 系统工程与电子技术. 1999, 21(9): 18-21.

[15] 朱永文, 娄寿春. 双基地雷达定位误差模型与保精度空域划分方法[J]. 空军工程大学学报. 2006, 7(1): 20-22.

第3章　无源双基地雷达同步技术与时频同步误差影响分析

3.1　引言

无源双基地雷达中最重要的问题就是系统同步问题。为了获得与单基地雷达相同的性能，双基地雷达接收机的设计必须与非合作照射源的所有参数（位置、极化、频率、波束形状与波束宽度、扫描方式与扫描周期、波形参数（包络、带宽、相位、PRI、参差频率码）等）匹配和同步。在合作式双基地雷达系统中，由于波形参数已知，接收机可以专门进行设计来匹配发射波形；在发射机与接收机之间可以使用高稳定度的同步时钟来实现系统的时间同步；在已知发射机天线扫描方式的情况下，接收机很容易地实现与发射机的空间同步。对于无源双基地雷达而言，问题就变得非常复杂了。雷达设计者可能知道照射源的一些参数，但不一定准确，而有些参数却不知道。那么双基地雷达接收机就必须像 ESM 接收机那样估计照射源的参数[1-5]。

双基地雷达领域的研究工作从 20 世纪 30 年代起就一直进行着。在这几十年时间里，大部分同步技术都已经被人们想方设法地解决了。许多被动照射源定位技术已经用来对发射机进行定位。这些技术中的大部分还运用在多基地接收机或运动平台上。尽管照射源定位精度并不总是非常好，但基本上能够较好地满足目标定位的要求，而不会对目标的定位精度有太大影响。

频率估计属于 ESM 的范畴，能够达到比双基地雷达良好工作所需精度更高的精度，而且频率估计可以很快地完成。例如，可以采用一种"瞬时测频（IFM）"技术通过测量脉冲到脉冲的相位差来进行频率测量。这种技术是十分必要的，尤其当对方非合作雷达脉冲到脉冲是频率捷变的情况。

波束宽度是能被 ESM 系统测量的另外一个参数。通常是采用观察发射波束扫过接收机期间的发射脉冲包络来得到发射天线的波束宽度。波束宽度的估计主要是用来设置双基地雷达的目标驻留时间。似乎对波束宽度的估计精度要求并不是太高（只要达到波束宽度的 1/4 即可），以保持双基地雷达的良好工作性能。

天线扫描周期可以用来推算机械扫描发射机的发射站目标方位角。假定发射机天线以均匀角速度旋转，由多次扫描得到的发射峰值脉冲可以估计天线扫描周期，同时峰值发射脉冲又可以作为估计发射站目标方位角的同步计时器。

人们已经研究脉冲追赶技术，而且在很多实际系统中都已试验成功。例如，美国 Raytheon 公司采用多波束接收天线和多波束信号处理器，使用与发射脉冲重复频率同步的波束控制计算机来管理多波束信号处理器；美国 Syracuse 公司使用电子扫描圆形相控阵天线通过脉冲追赶技术来获得 360°的方位覆盖范围。

波形的包络估计可以采用许多方法来实现。有些双基地雷达，例如美国 Syracuse 公司研制的双基地雷达，使用全相参信号处理，波形的复包络从直达波中获取，并用来与接收到的目标信号进行相关处理，然后再进行多普勒处理。而有些双基地雷达只是简单地对目标信号进行包络检波，然后进行非相参积累来提高处理增益。这种方法的缺点是损失了脉冲压缩信号的相参处理增益。

实际中，脉冲无源双基地雷达往往是利用直达波脉冲作为参考来完成同步任务的。脉冲无源双基地雷达系统工作首先必须通过空间和频率搜索来截获非合作脉冲雷达辐射源的直达波信号，然后根据搜索时记录的射频频率值来完成频率同步，再从直达波提取发射脉冲来完成时间同步，最后通过获取非合作雷达辐射源的波束形状与扫描方式等信息并控制接收机天线波束指向来完成空间同步。本章将重点围绕非合作双基地雷达系统的频率/相位同步、时间同步和空间同步问题展开讨论。

脉冲多普勒雷达相参信号处理的前提之一就是中频采样后的信号仍保持脉间相参性，对中频采样参数提出了多个约束条件[6,7]。而为保证脉冲之间的相参性，要求采样时钟和触发信号必须与发射信号的脉冲重复频率（PRF）同步，同步的精度将直接影响后续信号相参处理的性能[8]。

在非合作双基地雷达系统中，为了实现相参检测，需要独立解决时间同步问题。然而，其实现时间同步的唯一方法就是利用系统截获的直达波脉冲信号作为接收系统采样时钟的同步触发信号[9]。实际上，即使在直达波信号接收良好的情况下，直达波信号的信噪比也将影响 PRF 的估计精度，使得采样时钟与接收信号不能精确同步，脉冲间的相对采样时刻存在漂移，导致脉冲重复间隔内的实际采样点数不是整数。而数字信号处理时，采样序列的自变量是以整数形式表示，没有任何关于采样时间间隔抖动的信息，如果利用这些采样序列进行数字谱分析，这必然导致频谱分析结果与真实频谱之间存在误差，从而影响脉冲间的相参积累。

Jenq Yih-Chyun 最早从理论上分析了非均匀采样条件下，理想的正弦连续波信号的数字频谱问题[10,11]，其基本思路是将非均匀的采样序列重新组合为 M 个均匀的采样序列，并建立了非均匀采样序列的数字频谱和原模拟信号频谱之间的关系。在此基础上，文献[12]深入研究了非均匀采样信号的数字谱，并推导出了更加一般的非均匀采样周期信号的频谱表达式。文献[13]从非均匀采样信号数字频谱重构的角度出发，推导给出了定时误差已知时，完美重构原信号频谱的算法。这些研究成果促进了非均匀采样信号分析理论的发展，同时国内也有一些文献[14]研究了在可以获得某些信息条件下的频谱重构问题。

而为了能够利用非合作雷达辐射源协同工作，无源双基地雷达接收系统还需独立解决频率同步问题。只有保持收、发平台间的频率同步，才能实现对目标回波信号的有效接收和放大。在接收系统中，首先从直达波中提取非合作雷达发射信号的样本，利用瞬时测频接收机测得其射频值，然后变成二进制数码，再加上一个中频频率码，该数码经 D/A 转换成 VCO 的控制电压，使其产生比发射频率高一个中频值的本振频率信号送给接收机混频器，完成相应带宽范围内一定跟踪精度的频率跟踪，从而实现频率同步。事实上，如果非合作雷达辐射源的频率在每次相参驻留之间是变化的，则需要实时测量其发射信号的频率。实际上，信噪比起伏和多径效应等因素会导致直达波信号相位紊乱，因而难以实现对发射信号频率的准确估计，使得收、发平台之间总是存在频率同步误差（Frequency Synchronization Error，FSE）。

3.2　非合作雷达辐射源搜索、截获与优化选择

3.2.1　非合作雷达辐射源搜索

对于非合作双基地雷达，同步的第一步就是搜索合适的非合作雷达辐射源。下面以美国 Ts 公司研制的 BAC 为例详细介绍非合作雷达辐射源搜索方法，如图 1-4 所示。

BAC 设计的目的是协同机载报警与控制系统（AWACS 系统）完成对空中目标的预警以及联合 J-STARS 对地面目标的搜索[15]。由于辐射源具有独特的发射频率、脉冲重复频率、扫描或是方位搜索方式，主波束能量大的特点使之很容易被识别，并且工作在照射源搜索模式下可以将发射机的搜索参数限制为已知特定的射频和脉冲重复频率，来对有用的辐射源进行定位。这种限定参数范围的方法简化和加速了辐射源检测和识别的过程。雷达接收机的角度搜索也仅限于在可能部署发射机的区域并且适合于双基地雷达工作的辐射源。对于 BAC 的搜索范围就限制在后向 120° 方位角的扇形区域。

BAC 系统用一串八个相邻的脉冲波束来覆盖期望照射源出现的后方 120° 的扇形区域。在照射源搜索模式中，BAC 接收机自左至右依次接收后向八个相邻波束方向的信号，接收机在每个方向上停留的时间都能保证本振能扫过每个可能照射源的发射频率。每个频率步进停留的时间都足以接收最低可能脉冲重复频率（PRF）信号的两个脉冲。在这一搜寻过程期间，接收机中的衰减器保

证只有主波束能通过接收机阈值。当有信号超过阈值时，脉冲重复间隔（PRI）计数器被初始化。接收到第一个脉冲后，在辐射源最短可能的脉冲重复间隔时间内，阈值电路都是无效的。下一步，当又一次检测到信号或者在最长可能的脉冲重复间隔后，阈值电路工作。如果在这期间接收到脉冲信号，将存储它的标准强度且继续频率扫描。如果没有接收第二脉冲，PRI 计数器复位（表明这是一个虚警或由另外的辐射源触发的阈值），并且继续扫描。如果有另外一对脉冲超越阈值并且在一个单独的 BAC 的后向波束的 RF 扫描期间可以确定 PRF，与前一对脉冲相比较，振幅最大的脉冲存储起来，振幅较小的舍弃。

在每个 BAC 后向波束搜索结束时，BAC 数据处理器接收到一项关于辐射源是否存在的报告。如果存在，报告内容包括它的频率和强度以及对应的波束数，并附有发生时刻。整个射频和角度，或波束的处理及搜寻过程持续 30s，期间辐射源主波束可以完成多次扫描。在辐射源 30s 的扫描时间中，BAC 数据处理器首先依据辐射源的频率和到达的时间信息来处理辐射源报告。然后，通过比较强度信息，可以找到辐射源扫过 BAC 所在位置时的精确时间对应的是强度达到峰值的时刻。这些幅度信息也用来指示最接近直达波到达方向角的波束序号（1～8）。射频频率、扫描时间和后向波束序号组成了辐射源的扫描报告。如果在预警搜索区域中可以获得好几个辐射源，那么对每个辐射源都将产生相应的扫描报告。在 30s 后辐射源搜索模式完成，检查扫描时间跟踪文件来判断扫描时间是否与需要的辐射源天线扫描速率相匹配。经过上面所有判别对 RF、PRF、强度、扫描时间测试的辐射源则认为是可以利用的辐射源。

3.2.2 非合作雷达辐射源截获与参数估计

由于采用了各种低截获概率技术，信号的发射功率大大降低，且因截获接收机不一定处在信号传输的主瓣方向，故低截获概率信号往往具有微弱性和强干扰性特征。此外，被截获信号的未知性是低截获概率信号截获的另一个主要特征，包括信号调制体制的未知性及参数的未知性等。故对低截获概率信号的截获需要在信息未知或部分未知情况下，通过采用各种方法和手段，抑制噪声和干扰，提高信号的处理增益，以实现对低截获概率信号的有效截获。

目前，国内外已提出不少低截获概率信号的截获方法。主要可分为以下几类：能量检测器、时频分解方法、小波变换方法、循环平稳分析法、高阶统计分析方法、现代谱估计方法、混沌信号处理方法，等等[16,17]。为实现对雷达直达波信号快速截获和参数估计，采用多通道数字截获技术。

低截获概率（LPI）雷达主要采用线性调频和相位编码两种信号形式，以扩展信号带宽，降低发射信号的峰值功率，使传统截获技术的效率大大降低。其中，线性调频连续波作为最典型的雷达信号而被许多低截获概率雷达系统广

泛使用。故以线性调频连续波信号建模，其数学表达式为

$$x(t) = A \exp \left[j \left(2\pi f_c t + \frac{\pi B t^2}{T} \right) \right] \tag{3-1}$$

式中：A 为信号幅度；f_c 为信号载频；B 为调频带宽；T 为重复周期；B/T 为调频斜率。

为了在噪声背景中检测出 LPI 信号，截获接收机必须克服由于失配而引起的处理增益不足。要想获得与 LPI 雷达接收机相等的处理增益，截获接收机必须对 LPI 信号具有自适应匹配滤波的能力。匹配滤波通常是采用去斜技术实现，去斜的过程是将输入信号与本地产生的线性调频信号进行混频而输出一个相对于输入信号调频斜率减小的信号，去斜输出的结果为

$$\begin{aligned} y(t) &= x_r(t) \times x_1^*(t) \\ &= A_r \exp \left[j(2\pi f_c t + \pi \alpha t^2) \right] \times A_1 \exp \left[-j(2\pi f_1 t + \pi \alpha_1 t^2) \right] \\ &= A_r A_1 \exp \left[j(2\pi (f_c - f_1)t + \pi(\alpha - \alpha_1)t^2) \right] \end{aligned} \tag{3-2}$$

式中：A_r、f_c、α 分别为输入信号的幅度、载频和调频斜率；A_1、f_1、α_1 分别为本地去斜信号的幅度、载频和调频斜率。

去斜输出 $y(t)$ 的瞬时频率为

$$\Delta f = (\alpha - \alpha_1)t + (f_c - f_1) \tag{3-3}$$

从式（3-3）中可以看出，去斜后的调频斜率减小为 $\alpha - \alpha_1$。当本地去斜信号的调频斜率 α_1 与输入信号的调频斜率 α 相等时，此时输入信号被完全去斜，也就是说，对输入信号实现了最佳的匹配滤波。当本地去斜信号的载频 f_1、调频斜率 α_1 分别与输入信号的载频 f_c、调频斜率 α 相等时，输出信号的瞬时频率为零，即输出信号仅含直流分量。当本地去斜信号与输入信号调频斜率相等而载频不等时，输出信号的瞬时频率为常数 $f_c - f_1$，即输出信号含有频率为 $f_c - f_1$ 的频率分量。

以上结论都是在假定本地去斜信号和输入信号相位完全同步的情况下得出的。但在实际中，由于输入信号的不确知性，本地去斜信号和输入信号是不可能完全同步的。设输入信号 $x_r(t)$ 相对于本地去斜信号 $x_1(t)$ 的时延为 t_0，则有

$$x_1(t) = A_1 \exp \left(j(2\pi f_1 t + \pi \alpha_1 t^2) \right) u(t) \tag{3-4}$$

$$\begin{aligned} x_r(t) &= A_r \exp[j[2\pi f_c(t + T - t_0) + \pi\alpha(t + T - t_0)^2][u(t) - u(t - t_0)] + \\ & \quad A_r \exp[j[2\pi f_c(t - t_0) + \pi\alpha(t - t_0)^2][u(t - t_0) - u(t - T)] \end{aligned} \tag{3-5}$$

为简单起见，这里假设 $\alpha_1 = \alpha$，$f_1 = 0$。此时，去斜输出的结果为

$$y(t) = x_r(t) \times x_1^*(t)$$

$$= A_r A_1 \exp\left\{ j2\pi\left[f_c + \alpha(T-t_0)\right]t + \pi\alpha(T-t_0)^2 + 2\pi f_c(T-t_0) \right\}$$

$$[u(t) - u(t-t_0)] + A_r A_1 \exp\left[j2\pi(f_c - \pi\alpha t_0)t + \pi\alpha t_0^2 - 2\pi f_c t_0 \right] \quad (3\text{-}6)$$

$$[u(t-t_0) - u(t-T)]$$

从式（3-6）中可以看出，去斜输出信号的瞬时频率由 $\Delta f_1 = f_c + \alpha(T-t_0)$ 和 $\Delta f_2 = f_c - \alpha t_0$ 两部分组成。随着 t_0 值的改变，去斜输出信号的瞬时频率的两个分量 Δf_1 和 Δf_2 与 f_c 之间的距离也在不断改变，但是 Δf_1 和 Δf_2 之间的距离是固定不变的，始终为 αT，等于 LPI 信号的调频带宽 B。

通过上面对去斜过程的分析，可以得出下面结论：将 LPI 信号输入到截获接收机进行去斜，通过不断调节截获接收机的匹配滤波器参数使之接近 LPI 雷达信号的特性，最后可以输出一个单频点（相位同步）或双频点（相位不同步）的去斜输出信号。对输出信号进行频谱分析，可以最终确定出 LPI 信号的三个重要参数：载频、调频带宽和重复周期。

要实现对 LPI 信号的匹配滤波，就必须不断调节本地去斜信号的调频带宽和重复周期这两个参数。若利用软件同时对这两个参数进行二维搜索，其计算量将会十分巨大，检测效率也将大大降低。下面介绍一种相对简便的算法，即多通道数字去斜算法[18]，其框图如图 3-1 所示。

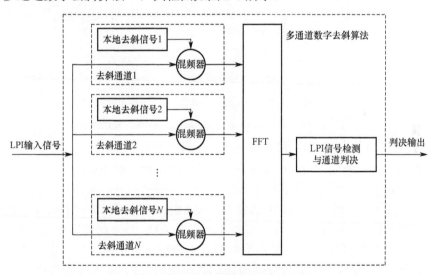

图 3-1　多通道数字去斜算法框图

通过软件产生 N 个调频带宽不同的本地去斜信号，形成 N 个具有一定调频带宽间距的去斜通道，对去斜输出的各个通道信号进行 FFT 变换，然后根据设定的检测阈值进行 LPI 信号检测与通道判决。

基于上面的多通道去斜算法，试验对多种可能情况进行了算法仿真。

（1）LPI信号与通道中的某一个通道完全匹配。

仿真1中，输入信号为带有高斯白噪声的LPI信号，输入信噪比为−20dB，LPI信号的调频带宽为50MHz，中频频率为75MHz，采样频率为250MHz。此时，通道4（50MHz）与输入的LPI信号完全匹配，在相位同步情况下，去斜输出信号的频谱将在载频上出现单一尖峰值。由于LPI信号是在中频下采样得到的，因此这里的载频就是中频。仿真结果如图3-2所示。

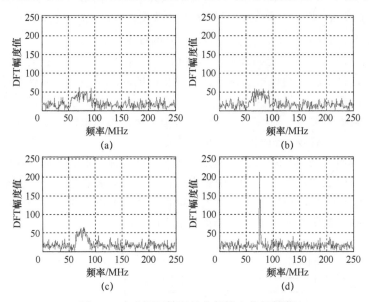

图3-2 完全匹配情况的去斜输出信号频谱

（a）通道1（6.25MHz）数字去斜输出；（b）通道2（12.5MHz）数字去斜输出；

（c）通道3（25MHz）数字去斜输出；（d）通道4（50MHz）数字去斜输出。

从图3-2中可以看出，只有通道4在中频点上出现了一个尖峰值，且符合阈值检测和约束条件。因此，最终判定通道4为最佳匹配通道。

（2）LPI信号与所有通道都不完全匹配。

仿真2中，LPI信号的调频带宽改为40MHz，中频频率和采样频率保持不变。此时，LPI信号与所有的4个通道都不完全匹配，仿真结果如图3-3所示。

从图3-3中可以看出，通道3和通道4与输入LPI信号都不完全匹配，由于这种失配导致了输出信噪比的减小，因此给LPI信号的检测带来了困难。但如果适当增大输入信噪比，便仍然可以看到通道3和通道4的去斜输出信号频谱中都有尖峰出现。由于通道4比通道3的数字去斜输出信噪比大，因此，可以选择输出信噪比最大的通道4作为最佳匹配通道。这与理论情况完全一致，即通道4（50MHz）比通道3（25MHz）的调频带宽更接近

LPI 信号的调频带宽（40MHz）。

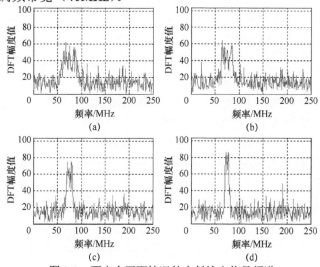

图 3-3　不完全匹配情况的去斜输出信号频谱

（a）通道 1（6.25MHz）数字去斜输出；（b）通道 2（12.5MHz）数字去斜输出；
（c）通道 3（25MHz）数字去斜输出；（d）通道 4（50MHz）数字去斜输出。

（3）相位不同步对系统检测性能的影响。

为了观察相位不同步对系统检测性能的影响，试验将在通道完全匹配的情况下，对不同相位的输入信号进行单个通道的数字去斜仿真。仿真产生 6 个不同相位的 LPI 信号，每个 LPI 信号之间的延迟时间差是 LPI 信号重复周期 T 的二十分之一。仿真结果如图 3-4 所示。

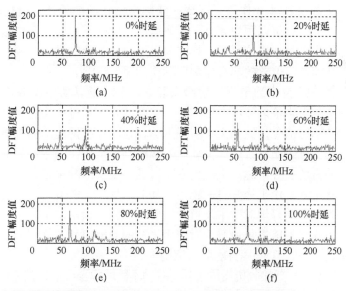

图 3-4　同相位关系下的去斜输出信号频谱

对图 3-4 中的仿真结果进行分析，可以看出：不同相位的 LPI 信号的去斜输出信号频谱的尖峰位置和幅度是不断变化的。完全同步时，仅在载频点上出现单一尖峰，而且此时的幅度也是最大的；不同步时，则以中频为中心在中频两边出现一对尖峰，相位不同两边尖峰的幅度也不同，但两个尖峰的间距始终等于 LPI 信号调频带宽。当通道与 LPI 的延迟时间差刚好为 LPI 信号重复周期的一半（$T/2$）时，两个尖峰的位置则关于载频频率中心对称，且幅度也相等。

上述仿真结果表明，采用多通道数字去斜技术来实现对 LPI 信号的数字截获是完全可行的。采用上述方法不仅能够在噪声背景中检测出有无 LPI 信号，而且还能够从检测结果中分析得出 LPI 信号的特征参数，如载频、调频带宽和重复周期。整个参数的提取过程总结如下。

（1）通过多通道数字去斜技术来判定有无 LPI 信号，并根据通道判决来粗略地估计出 LPI 信号的调频斜率；

（2）根据相位不同步情况下两个尖峰对应的频率间距来粗略地估计出 LPI 信号的调频带宽；

（3）根据调频斜率和调频带宽来计算出 LPI 信号的重复周期；

（4）根据相位同步情况下单个尖峰对应的频率点来估计 LPI 信号的载频。

上述过程只是对 LPI 信号参数进行了一次粗略估计，仍需通过软件对通道参数进行微调，以使通道对 LPI 信号实现精确的匹配，从而最终精确地确定出 LPI 信号的参数。

3.2.3 非合作雷达辐射源优化选择

为确保接收机在非合作信号区域内获得定位目标的最佳非合作辐射源信号，其检测定位系统可以预先建立一个数据库，储存已知的非合作辐射源的有关参数。当接收到非合作信号时，将其与已保存的各参数进行比较，选择具有最佳信号特性和几何位置的非合作辐射源作为照射源[19]。

实战条件下，空中的电磁辐射纷繁复杂，所以通常假定无源接收机是在充满不同种类的电磁辐射环境中工作的。这些非合作辐射可能包括来自地面或机载辐射源的辐射信号，例如空中监视雷达、地面控制雷达；也可能来自用于精确定位运动飞机的跟踪雷达，例如导弹跟踪制导雷达、对空炮瞄雷达，还有在机场附近的机场引导雷达。上述电磁辐射通常由于脉冲重复频率、载频和脉冲宽度而彼此不同。由于这些电磁辐射之间的这种不同的特性，有些辐射源要比其他辐射源提供更好地对空中飞机的照射。例如，通常位于 0.5～20GHz 频率范围内的电磁辐射能提供最好的对空中飞机的照射信号，然而大多数机载和地面监视雷达工作在 0.5～4GHz 频率范围内。

图 3-5 展示了一架接收机飞机在具有多种不同的非合作辐射源环境下的飞行情况。辐射群中的非合作辐射源包括机场监视雷达、地面空中搜索雷达、地面控

制截获雷达、机载截获雷达和无线发射台。接收机飞机的检测定位系统，通过处理来自上述辐射源的非合作信号，来提供目标飞机 a、b 的方位和距离信息。

检测定位系统以非合作辐射源信号特征以及辐射源相对接收机飞机和目标的位置信息为基础，选择那些最适合定位目标飞机 a、b 的非合作辐射源。例如，由于大多数通信系统的信号波形都不能提供足够的目标距离分辨力，因此无线发射台可以被排除。而且，接收机飞机比较满意的目标飞机的位置应该位于自身的前方区域内。因此，位于接收机飞机计划飞行路径附近的非合作辐射源，如地面控制截获雷达或者机载截获雷达，应该作为主要的可选的辐射源。

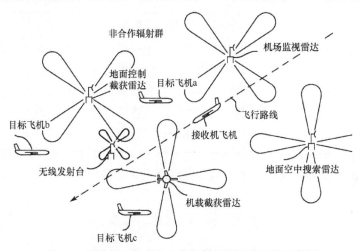

图 3-5　接收机飞机在非合作辐射环境下的飞行示意图

接收机、非合作辐射源和目标三者的相对位置决定了接收机处目标距离和方位分辨力。因此，辐射源位置的选择还要保证接收机处具有良好的目标距离和方位分辨力。图 3-6 采用列线图解法来确定目标、辐射源和接收机的相对位置，进而获得最佳的利用非合作辐射源定位目标的距离和方位分辨力，图 3-7 为解释图 3-6 中列线图解法的图例。双基地雷达的相对分辨力为一个椭圆覆盖的函数，将目标所处的不同位置定义成低、中、高距离与方位分辨力区域。

图 3-6　列线图解法

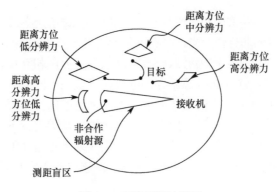

图 3-7　列线图解法图例

在图 3-6 与图 3-7 中，接收机瞬时位于非合作辐射源 3 点钟方向的位置。当目标落在辐射源的 2～4 点钟方向的位置区域时，接收机接收到的反射信号方位与距离分辨力保持良好状态。然而，当目标正好落在基线上时（辐射源与接收机之间），由于目标散射信号路径与直达波信号路径的时差为零，因此无法获得距离分辨力。在图 3-5 中，机载截获雷达相对于目标飞机 a 与接收机的位置具有良好的距离与角度分辨力，而目标飞机 a 正好处在地面控制截获雷达与接收机之间的基线上，因此无法获得距离上的分辨力。

3.3　频率/相位同步

3.3.1　独立频率源实现频率同步

频率同步可以借鉴频率捷变雷达的同步跟踪分系统中的频率跟踪技术[20]。目前很多捷变频雷达数字式频率跟踪系统由主波导定向耦合器取得发射样品信号，由瞬时测频接收机把射频变成二进制数码，再加上一个中频码作为地址码从存储器中取出相应地址的频率码，该数码经 D/A 转换成控制电压，使 VCO 产生比发射频率高一个中频值的本振频率信号送给接收机混频器，完成相应带宽范围内一定跟踪精度的频率跟踪。在非合作工作模式下，频率同步系统将从直达波中提取发射样品信号，从而实现频率同步。

频率同步系统可以有两种方法来确定射频频率：直接从照射源搜索模式的报告中获取信号的射频参数或通过实时测量来自目标区域回波的频率值。如果照射源的射频在几十秒内保持不变，那么照射搜索模式所得到的射频频率值是有效的。此时，频率同步系统的本振就设置在接收所选定的辐射源的发射频率上。如果辐射源的频率在每次相参驻留时间内是变化的，此时就不能采用辐射源搜索模式的射频值，而需要实时测量频率。此时，频率同步系统就在每个相参驻留之间的前两个脉冲重复周期的最初几微秒检测目标区域的射频回波。

运用相参驻留之间的前两个脉冲来测量频率足以循环测出所有可能的射频，然后，在剩下的相参时间内本振就保持在当前的频率信道上。

频率同步系统的射频稳定度极为重要，因此，以下几种射频同步的方法并不适合非合作模式下的频率同步。数字射频存储技术[21,22]不可取，因为即使从照射源天线旁瓣获取直达波信息时，也需要同步信息。这种情况下，接收信号的信噪比很小，如果存储直达波信号作为本振，那么直达波信号的信噪比大小将限制目标的检测。采用脉冲锁相技术[23,24]对照射源的直达波锁相后的信号作为本振的方案也不可行，因为低信噪比和多路径效应等因素会导致直达波信号相位紊乱。因为频率同步系统仅是利用现存的非合作照射源作为辐射源，所以也不能使用与主辐射源共用一个原子钟和其他高精度频率源。

为了进一步提高频率同步的精度，可以采用独立频率源的同步方法。选择超高稳定度、低相噪的晶振作为本振频率源。虽然辐射源有多少射频工作频点，就需要多少个本振频点，但是接收机采用二次混频技术，可以很大程度地减少需要的本振数目，接收机在第一次变频中将射频波段分成多个子波段，然后对第一中频进行下变频。这种独立频率源技术给系统提供高稳定度且频谱纯净的本振，但本振的相位不同于主辐射源。虽然该技术的电子对抗性能和环境适应（信噪比和多径效应）的优势明显，但必须考虑接收机和发射机之间长期的频率漂移和速度差异问题。

3.3.2 数字相位校正实现相位同步

相位同步就是去除发射机和接收机的初始相位，保证接收信号之间保持一定的相位关系。对于独立接收系统来说发射脉冲的相位是不可知的，所以必须提供相参锁定。相参锁定在振荡型（如磁控管）发射机中，先采集发射信号作为磁控管发射时刻的相位值，然后对回波视频输出信号进行与发射相关的相位旋转，从而消除来自磁控管振荡器的随机初相。而本振信号源的抖动相位以及基准信号源的抖动相位，由于两个接收通道共用同一本振源，且中频采样严格同步，在信号处理中作混频处理时相互抵消了，因此仅保留反映目标运动特性的相位信息。

数字相位校正技术是一种较新的局部相参数字实现方法，通过对发射信号和回波信号分别进行混频、鉴相，并对四路鉴相输出信号实施相位旋转，实现系统局部相参。数字相位校正方法工作原理如下。

直达波信号与本振源输出信号混频所产生的直达波中频信号，经鉴相器相位检波后，两路直达波视频输出信号为

$$I_{直达波} = A\cos(\phi - \phi_L + \phi_0) = A\cos\alpha \tag{3-7}$$

$$Q_{直达波} = A\sin(\phi - \phi_L + \phi_0) = A\sin\alpha \tag{3-8}$$

式中：ϕ 为基准信号源初相；ϕ_L 为本振信号源初相；ϕ_0 为发射信号的随机初相。

目标回波信号与本振源输出信号混频所产生的目标回波中频信号，经鉴相器相位检波后，两路目标回波视频输出信号为

$$I_{目标回波} = B\cos(\phi - \phi_L + \phi_0 - \omega_d t_r) = B\cos(\alpha - \omega_d t_r) \qquad (3\text{-}9)$$

$$Q_{目标回波} = B\sin(\phi - \phi_L + \phi_0 - \omega_d t_r) = B\sin(\alpha - \omega_d t_r) \qquad (3\text{-}10)$$

式中

$$\omega_d t_r = \omega_d \cdot \frac{2R(t)}{C} = \frac{2\pi}{\lambda} \cdot 2R(t) = \frac{2\pi}{\lambda} \cdot 2(R - V_r t) \qquad (3\text{-}11)$$

其中：V_r 为目标相对于雷达站的径向速度。

对直达波和目标回波视频输出信号进行数字相位校正运算，可得

$$I = A\cos\alpha \cdot B\cos(\alpha - \omega_d t_r) + A\sin\alpha \cdot B\sin(\alpha - \omega_d t_r) = A \cdot B\cos\omega_d t_r \quad (3\text{-}12)$$

$$Q = A\sin\alpha \cdot B\cos(\alpha - \omega_d t_r) - A\cos\alpha \cdot B\sin(\alpha - \omega_d t_r) = A \cdot B\sin\omega_d t_r \quad (3\text{-}13)$$

数字相位校正技术硬件实现比较简单，其硬件实现原理框图如图 3-8 所示。

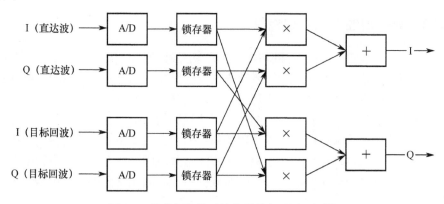

图 3-8　数字相位校正技术硬件实现原理框图

由此可见，对目标回波视频输出信号进行与直达波相关的相位旋转后，来自发射信号的随机初相、本振信号源的抖动相位、基准信号源的抖动相位均完全得到消除，数学合成并用于多普勒处理的正交 I/Q 两路信号仅保留反映目标运动特性的相位信息。采用数字相位校正技术，有效地实现了回波信号的接收相参处理。在此基础上，就可以采用和相参脉冲雷达一样的相参信号处理方法。

3.3.3 频率/相位同步接收处理系统

基于上述独立频率源同步技术和数字相位校正技术，可以设计出非合作脉冲雷达的频率及相位同步接收处理系统，如图3-9所示。

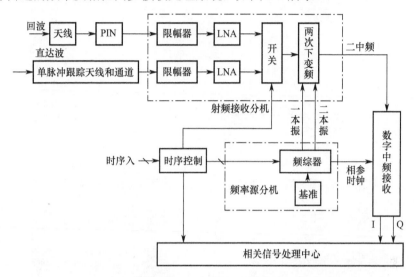

图 3-9　非合作脉冲雷达的频率及相位同步接收处理系统

图 3-9 中，在射频接收机里直达波样本信号和目标回波信号馈入接收机前端，进行二次下变频，将回波载频降到中频。中频数字接收机对中频回波信号进行中频直接采样，然后对采样后的信号进行数字下变频，得到正交的数字零中频信号，相关信号处理中心对直达波和目标回波的 I/Q 信号的相位信息进行相关处理以实现相位同步。频率源是一个直接合成源，它的作用是产生接收机和雷达系统所需的各种频率本振信号和基准时钟信号。

3.4　时间同步

3.4.1　时间同步校正技术

对直达波触发和回波数据的后续非实时处理可以采用时间同步校正技术[25]。首先，为保证回波信号能全部被接收，接收机在发射机照射到感兴趣时段内一直开机工作；同时，接收机在朝向发射机的方向上另外装置一个辅天线接收发射机发射的直达波，并记录每次直达波到达的触发时刻信息，由于直达波延迟、主天线接收到回波的干扰等原因可能造成直达波信号不准确，可以通过对多次（几千次）记录的直达波到达时刻求平均得到估计的 PRT，然后用每个记录时刻间隔与估计得到的 PRT 求差值，进而利用这个差值对接收到的回波数据进行重新对齐校正，消除记录时刻误差引起的距离走动，示意图如图 3-10 所示。

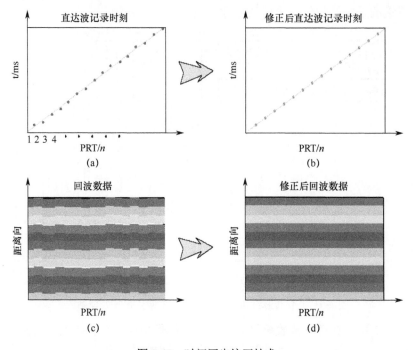

图 3-10　时间同步校正技术

以上分析方法基于的前提是发射信号的 PRT 是固定的，采用上述同步方法同时也校正了运动引起的误差。另外，为了保证接收机记录的时刻信息的准确性以及每个采样间隔的准确性，接收机上必须采用高精度高稳定度频率基准源。

3.4.2　时间同步器与 PRT 估计技术实现时间同步

对直达波触发和回波数据的实时同步处理可以采用时间同步器[26,27]实现。时间同步的目的是从发射机向接收机提供发射脉冲和发射天线波束指向的时间基准。这不仅是任何雷达进行距离测量的根本要求，也是双基地雷达空间同步的必要条件。当发射天线副瓣电平较高时，接收机可以通过微弱直达波接收技术来连续实时获取直达波信号作为时间同步脉冲；当发射天线副瓣电平较弱，接收机无法连续实时获取直达波信号时，接收机可以使用时间同步器，根据发射机主波束扫过接收机时接收到的有限个直达波脉冲样本来估算出发射脉冲重复周期，并由此来另外产生与发射脉冲同步的时间同步脉冲。时间同步器的工作原理如下。

假设接收机定时器 A 测量 n 个直达波脉冲的总时间为 T_n，由此可求出重复周期的粗略值 t_l 为

$$t_l = \frac{T_n}{n-1} \tag{3-14}$$

为了解决精度问题，需要首先测量发射天线的扫描周期 T_N。在理想情况下，T_N 为 t_l 的整数倍。但是实际上由于量化误差、计算机截尾误差、晶振频率漂移等因素的存在，T_N 不一定恰好为 t_l 的整数倍。不过只要误差不超过 $0.5t_l$，就能求出 T_N 期间发射的脉冲总个数 N，即

$$N = \frac{T_N}{t_l} + 1 \text{（四舍五入取整）} \tag{3-15}$$

误差分析表明，对于一个时间量化单元的误差，t_l 只需保留 1 位小数即可求出正确的 N 值。为降低对软件编制的时序要求，t_l 可保留 2 或 3 位小数。

由得到的 N 值，可求出下一个天线扫描周期中尽可能精确的重复周期预测值。

$$t_N = \frac{T_N}{N} \text{（保留足够位小数）} \tag{3-16}$$

设重复周期的时间量化单位为 ΔT，将 t_N 的整数部分 $[t_N] = M\Delta T$ 输入定时器 B 中，使定时器 B 每隔 $[t_N]$ 时间发出一个脉冲，并且每发出一个脉冲就以软件方式确定是否需要补偿，实现的方法是将 t_n 的小数部分 $\Delta t = t_N - [t_N]$ 累加一次，得到 $\Delta t' = 2\Delta t$。若 $\Delta t' \geqslant \Delta T$，要求下周期定时器常数置为 $M+1$ 个量化单位，并使 $\Delta t'' = (\Delta t' - \Delta T)$，若 $\Delta t' < \Delta T$，则下周期定时器 B 的时常数仍为 M 个量化单位，并使 $\Delta t'' = (\Delta t' + \Delta t)$。如此循环下去，直至发射波束再扫过接收机时，重复进行上述全部过程。这样就完成了对发射定时脉冲的时间同步。

上述方法适用于脉冲重复周期不变情况，对于参差跳变重复周期的定时脉冲，需要重新设计时间同步器。以二参差为例，设其参差比为 $(T_r + \Delta T_r) : (T_r - \Delta T_r)$，参差周期为 $T_{r\Delta} = (T_r + \Delta T_r) + (T_r - \Delta T_r)$，参差脉冲串波形如图 3-11 所示。

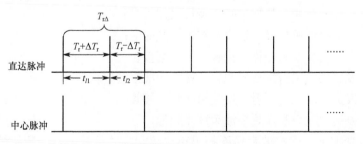

图 3-11　参差脉冲串波形

时间同步器首先应根据直达波脉冲串周期判断参差周期。这是很容易做到的，以判断二参差为例：先判断 t_{l2} 与 t_{l1} 是否相等，不等则为参差信号，再判断 t_{l3} 与 t_{l1} 是否相等，相等则为二参差。多参差信号的判断与此类似。知道参差周期后，就可以把 T_Δ 当作非参差的 T_r 来做前面的处理，即同样需要测量 T_n，计算 t_l，N 和 t_N，只不过式中的 n 是参差周期的个数。

参差量 ΔT_r 可以通过式（3-17）来计算求得

$$\Delta T_r = \frac{|t_{l1} - t_{l2}|}{2} \tag{3-17}$$

参差脉冲的顺序可以根据中心脉冲后的一个参差周期内的情况来获得。依照参差顺序，下一个中心脉冲启动定时器 B 就能输出与发射站参差脉冲顺序一致的定时脉冲。

定时脉冲为参差脉冲时，计算机软件锁相与非参差时略有不同，补偿只对每个参差周期进行。如果把 T_Δ 当作非参差时的定时周期 T_r 来看，补偿的过程就完全与非参差时一致。这里仅需要考虑的是参差周期内脉冲的产生，也就是参差周期时常数 M 的分配情况。如果定时脉冲为 K 参差，则需要将 M 分为与参差脉冲对应的 M_1、M_2、$\cdots$、M_k 个时常数，即满足如下关系

$$M = \sum_{i=1}^{k} M_i \tag{3-18}$$

把 M_i 按参差顺序分别装入定时器 B 就可以产生同步参差脉冲。以二参差为例，取 $M_1 = M/2 + M_\Delta$，$M_2 = M/2 - M_\Delta$，定时器 B 就能输出参差比为 $(T_r + \Delta T_r):(T_r - \Delta T_r)$ 的定时脉冲。

3.5　空间同步

3.5.1　空间同步扫描方式

收、发天线波束之间的空间同步是双基地雷达的关键技术问题。对于双基地雷达，主要有如下几种空间同步扫描方式[28]：

（1）发射窄波束扫描，接收宽波束泛光照射；

（2）发射机窄波束扫描，接收机多波束接收；

（3）发射天线宽波束泛光照射，接收天线窄波束扫描；

（4）发射天线泛光照射，接收机多波束接收；

（5）发射窄波束和接收窄波束同步扫描。

一般情况下，两窄波束协同扫描可以达到等效单基地雷达同样的测量精

度和分辨力，但其扫描规律复杂。若收、发波束不能严格同步（两波束最大值不能同时相交于目标点），回波幅度将有损失。为了在两窄波束情况下得到高的数据率和充分利用发射功率和收、发天线增益，可采用"脉冲追赶"式扫描方法。

脉冲追赶式收、发天线同步扫描，就是以接收波束去追赶发射脉冲在空间传播的位置，从而使可能的目标回波始终落在接收波束之内。其工作过程为：发射脉冲在窄的发射波束内以光速传播，当遇到目标1时产生散射回波，在回波脉冲传播到接收机的一段时间内，接收波束正好指向目标 1。当发射脉冲传播到另一个目标2时又产生目标散射回波，在该回波传至接收机的时刻，接收波束又指向目标2，等等。随着发射脉冲的传播，接收波束要快速转动，一直追赶发射脉冲的空间位置，直至扫描到最大作用距离，即在每一个脉冲重复周期内，接收波束扫描一遍发射波束的全部空间。在发射波束移动到新的方向后，接收波束又要去追赶新的发射脉冲空间位置。从以上工作过程可以看出，在脉冲追赶同步扫描中，发射能量得到了充分利用，目标数据率也仅由发射波束移动的周期决定。所以，采用脉冲追赶式同步扫描，完全可以使用两个窄的收、发波束，达到与单基地雷达同样好的扫描性能，即高的测量精度和分辨力，大的作用范围和很高的数据率。

3.5.2 方位同步器与 DBF 技术实现空间同步

对于非合作双基地雷达系统，接收机通过获取非合作雷达辐射源的波束形状与扫描方式等信息并控制接收机天线波束指向来完成空间同步。接收机可以使用方位同步器[26,27]来提取发射波束指向信息，进而完成与发射波束的空间同步。在通过方位同步器提取发射波束指向信息，并以收发基线为参考实时产生出当前发射机波束指向角后，接收机还必须不断控制接收机天线的扫描位置，来实现与发射波束的空间同步。接收机波束分为宽波束、窄波束和多波束。其中宽波束方向图宽，增益低，抗干扰能力差；通常采用同时多波束或者单波束脉冲追赶式 DBF 技术来实现空域扫描。因此，可以将参考通道的方位同步器方位同步技术与目标通道 DBF 技术相结合，完成对非合作雷达辐射源发射波束的空间同步。

这种与 DBF 技术相结合的非合作双基地雷达系统组成框图如图 3-12 所示，参考通道使用专用参考天线完成非合作双基地雷达系统的时间同步和方位同步，时间同步器和方位同步器分别将发射定时和波束指向信息发送到目标通道的脉冲追赶波束指向控制器，脉冲追赶指向控制器形成与发射波束空间同步所需的数字波束形成（DBF）处理的权系数，来完成波束扫描。

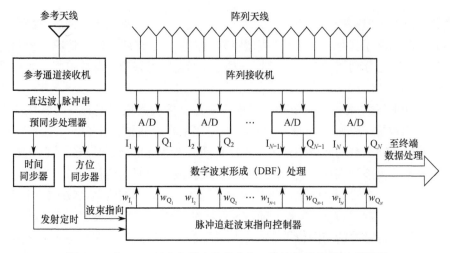

图 3-12　与 DBF 技术相结合的非合作双基地雷达系统组成框图

方位同步器的工作原理如下：在天线扫描的最初几周，将发射波束直达脉冲串送至方位同步器，测出天线扫描的平均值 T_N 作为下一次天线扫描周期的预测值。将 T_N 按需要的指向精度量化为 N 个离散值，便可获得下一个 360°扫描周期以收发基线为参考的 N 个波束指向离散值。这种方法适用于发射站天线匀速转动的情况。为了避免偶然的转动扰动造成方位数据的较大误差，用作预测的周期是前几个扫描周期的加权平均值。即使这样，预测周期还可能与下一个扫描周期存在一定误差，因此还需要用前几周的误差值的加权值来补偿预测周期值。N 值的大小决定波束指向精度，波束指向精度为 $\pm360°/N$。如 N 取 1024，则波束指向精度为 $\pm0.4°$。

3.6　时间同步误差影响分析

3.6.1　时间同步误差描述

在对信号采样过程中，采样频率需要保证信号采样后的频谱不出现混叠，即满足奈奎斯特采样定理的基本要求，但是对于相参脉冲雷达的中频信号采集而言，还要求保证采样后各脉冲信号仍然能够保持原有信号的相参性[29]。一般情况下，脉冲信号的采样过程如图 3-13 所示。为方便表示，定义每个发射脉冲的上升沿为每个 PRF 的起始时刻，图中 δt_i 表示第 i 个脉冲的第一个采样点与触发时刻间的间隔，$0 \leqslant \delta t_i < T_s$。其中 T_s 为采样间隔，δt_1 是由信号传输路径等自身原因造成的采样时钟与雷达脉冲起始时刻间的固定延迟。为了保证后续相参处理的性能，则要求保证 $\delta t_1 = \delta t_2 = \cdots = \delta t_i$，即要求采样频率与脉冲重复频率之间满足整数倍的关系，即 $F_s = pf_r$，$p = 1, 2, 3, \cdots$。

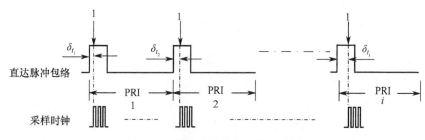

图 3-13 相参脉冲信号采样示意图

然而对于无源相干脉冲雷达系统，需要利用直达波信号来估计其脉冲重复频率。接收系统截获的直达波信号幅度是随着发射天线的扫描呈现周期性起伏，其信噪比将直接影响脉冲重复频率的估计精度，导致不能保证所选取的采样频率与接收信号的脉冲重复频率间精确同步。

在实际非合作双基地接收系统中，利用第一个过阈值的直达波脉冲的上升沿作为采样时钟的触发，则每次距离扫描均包括一系列采样。假设在目标相参驻留时间内，接收系统截获的散射回波脉冲相对采样时刻变化如图 3-14 所示。

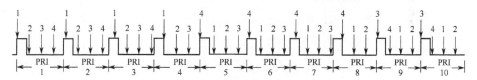

图 3-14 脉冲相对采样时刻变化示意图

从图 3-14 中可以发现，每个脉冲的第一个采样时刻相对于每个脉冲的起始时刻都有漂移。从 PRI 1 到 PRI 4，采样点 1 都是对应 PRI 的第一个采样，即第一个距离门，而从 PRI 5 到 PRI 8，采样点 4 成为脉冲的第一个采样，且采样点 4 相对脉冲的起始时刻与 PRI 1 到 PRI 4 内采样点 1 的相对采样时刻依次相同，在每个脉冲重复周期内的采样点数并不固定。同时还可以看出，对于前 3 个 PRI，每个 PRI 内都有 4 个采样点，而第 4 个 PRI 只有 3 个采样点。而事实上，每隔 4 个 PRI 就会出现少一个采样点的现象。因而采样时间不同步的直接结果就是每个 PRI 内的数据点数出现周期性地变化。如果系统利用 5 个 PRI 的采样点 1 进行脉间相参积累，第 5 个脉冲重复周期的采样点 1 对积累没有任何贡献。因此，如果采样信号无法实现相参重构，对脉冲间相参积累的直接影响就是可利用的脉冲数减少。同时还可以推测，在对任何一个包含有效回波的距离门内进行频谱分析时，不管是直达波、干扰还是目标回波，都会产生由于采样点数周期性变化引起的杂散谱线。

3.6.2 相对采样时刻变化周期的推导

假设非合作脉冲雷达发射信号的脉冲重复间隔 PRI 为 T_r，采样频率 $F_s = 1/T_s$，则在每个 PRI 内的采样点数为 $N_p = T_r/T_s$。如果每个 PRI 内的采样点数 N_p 不是整数，且第 1 个直达脉冲的第 1 个采样点的采样时刻为 δt_1，则第 2 个直达脉冲的第 1 个采样点的采样时刻为 $[\mathrm{int}(N_p+1)]T_s+\delta t_1$，其中 $\mathrm{int}(\cdot)$ 表示取整运算。而在一般情况下，当 $(n-1)N_p$ 为整数时，则第 n 个脉冲的第 1 个采样对应的时刻 $t(n,1)$ 为 $[(n-1)N_p]T_s+\delta t_1$，否则为 $\mathrm{int}[(n-1)N_p+1]T_s+\delta t_1$，即

$$t(n,1) = \begin{cases} [(n-1)N_P]T_s+\delta t_1 & (n-1)N_P\text{为整数} \\ \mathrm{int}[(n-1)N_P+1]T_s+\delta t_1 & \text{其他} \end{cases} \tag{3-19}$$

类似地，可得第 n 个脉冲的第 i 个采样点对应的时刻为

$$t(n,i) = \begin{cases} [(n-1)N_P+(i-1)]T_s+\delta t_1 & (n-1)N_P\text{为整数} \\ [\mathrm{int}((n-1)N_P)+i]T_s+\delta t_1 & \text{其他} \end{cases} \tag{3-20}$$

为了考察每个脉冲的第 1 个采样点的相对采样时刻 δt_i 的变化周期，需要确定采样点相对每个 PRI 的起始时刻 δt_n。通过观察图 3-14 可以确定第 n 个脉冲的第 1 个采样点的相对采样时刻 δt_n 为

$$\delta t_n = \mathrm{mod}\big[\mathrm{mod}(\mathrm{int}[(n-1)N_P+1]T_s+\delta t_1, T_r), T_s\big] \tag{3-21}$$

式中：$\mathrm{mod}(a,b)$ 为 a 对 b 取余运算。

忽略系统自身原因导致的触发延迟的影响，不妨设第一个脉冲的第一个采样在 0 时刻，即 $\delta t_1 = 0$，则第二个脉冲的第一个采样应该在 $4\times T_s$ 时刻。而实际上，由于 0 所对应的 N_p 等于 3.75，则第二个 PRI 的起始时刻是 $3.75\times T_s$，所以 δt_2 的值为 $0.25\times T_s$。也可以假设 $n=2$，利用式（3-21）计算得

$$\delta t_2 = \mathrm{mod}\big[\mathrm{mod}(\mathrm{int}(3.75+1)\times T_s, 3.75\times T_s), T_s\big] = 0.25\times T_s \tag{3-22}$$

同理，可得 $\delta t_3=0.5\times T_s$，$\delta t_4=0.75\times T_s$，$\delta t_5=0.0\times T_s$，$\delta t_6=0.25\times T_s$，即采样时刻分别为 $0.0\times T_s$，$0.25\times T_s$，$0.5\times T_s$，$0.75\times T_s$，$0.0\times T_s$，$0.25\times T_s$，$0.5\times T_s$，$0.75\times T_s$，…。通过观察图 3-14 所示脉冲串信号的一系列采样时刻，就可以得到相对采样时刻的变化周期为 4 个 PRI。

一般情况下，假设由于时间同步误差的影响，每个 PRI 内的采样点数为 $N_p = T_r/T_s$，则可以推断脉冲串中，每个脉冲的相对采样时刻的变化周期（以 PRI 的整数倍来衡量）是 N_p 小数部分绝对值的倒数，而 N_p 的小数部分定义为

$$\overline{\mathrm{frac}}(N_\mathrm{p}) = \begin{cases} \mathrm{frac}(N_\mathrm{p}) & 0.0 \leqslant \mathrm{frac}(N_\mathrm{p}) < 0.5 \\ 1 - \mathrm{frac}(N_\mathrm{p}) & 0.5 \leqslant \mathrm{frac}(N_\mathrm{p}) < 1.0 \end{cases} \tag{3-23}$$

式中：$\mathrm{frac}(\bullet)$ 表示求参数的小数部分的运算。

事实上，设相对采样时刻 δt_i 的最小变化周期为 MT_r，且在 M 个脉冲重复周期内的总采样点数为 L，即 $MT_\mathrm{r} = LT_\mathrm{s}$，$M, L$ 是使等式成立的最小整数，则有

$$L = MN_\mathrm{p} = M(\mathrm{int}(N_\mathrm{p}) + \mathrm{frac}(N_\mathrm{p})) \tag{3-24}$$

显然，$M\,\mathrm{int}(N_\mathrm{p})$ 是整数，则式（3-24）等价于要求

$$\mathrm{frac}(N_\mathrm{p})M = n \qquad n = 1, 2, 3, \cdots \tag{3-25}$$

一般情况下，如果 $\mathrm{mod}(1, \overline{\mathrm{frac}}(N_\mathrm{p})) = 0$，则

$$M = \frac{1}{\overline{\mathrm{frac}}(N_\mathrm{p})} \tag{3-26}$$

若每个 PRI 内的采样点数 N_p 为 10.5，则由于时间不同步引起的相对采样时刻的变化周期为 2，脉冲串间的采样点数变化规律为 10，11，10，11，$\cdots$；如果 N_p 是 10.2，则变化周期为 5 个 PRI，如果 N_p 为 10.9，变化周期就等于 10 个 PRI。进一步分析可知，当 $\mathrm{frac}(N_\mathrm{p} = T_\mathrm{p}/T_\mathrm{s}) < 0.5$ 时，则每个隔 M 个脉冲，一个 PRI 内就将周期性地出现多一个采样点；而 $\mathrm{frac}(N_\mathrm{p} = T_\mathrm{p}/T_\mathrm{s}) > 0.5$ 时，每个隔 M 个脉冲，一个 PRI 内就将出现少一个采样点的现象。而当 $\mathrm{mod}(1, \overline{\mathrm{frac}}(N_\mathrm{p})) \neq 0$ 时，相对采样时刻的变化周期就不能以 PRI 的整数倍来表示。如 $\overline{\mathrm{frac}}(N_\mathrm{p}) = 0.3$ 时，其对应的相对采样时刻变化周期为 3.3 PRIs，此时可以考虑利用采样间隔来表示。

令 $N = kM + n$，其中，$N = 0, 1, 2, 3, \cdots$，$k = 0, 1, 2, 3, \cdots$，$n = 0, 1, 2, \cdots$，$M - 1$，则类似于式（3-20），可以写出第 N 个脉冲的第 i 个采样点对应的采样时刻 $t(N, i)$ 为

$$t(N, i) = \begin{cases} \left[(n-1)N_\mathrm{p} + (i-1)\right]T_\mathrm{s} + kMT_\mathrm{r} + \delta t_1 & (n-1)N_\mathrm{p}\text{为整数} \\ \left[\mathrm{int}((n-1)N_\mathrm{p}) + i\right]T_\mathrm{s} + kMT_\mathrm{r} + \delta t_1 & \text{其他} \end{cases} \tag{3-27}$$

事实上，如果利用 δt_n 来表示 $t(N, i)$，则可以进一步表示为

$$t(N, i) = kMT_\mathrm{r} + (n-1)T_\mathrm{r} + \delta t_n + (i-1)T_\mathrm{s} \tag{3-28}$$

设目标通道中第 N 个中频脉冲信号的第 i 个采样，经中频正交处理后的输

出可以表示为

$$e_{\text{IF}}(N,i) = A_s \tilde{s}_T(t(N,i)) \exp\left[2\pi(f_{\text{IF}} + f_d)t(N,i)\right]$$
$$= A_s \tilde{s}_T(t(N,i)) \exp \quad\quad\quad\quad\quad (3\text{-}29)$$
$$\left[2\pi(f_{\text{IF}} + f_d)(kMT_r + (n-1)T_r + \delta t_n + (i-1)T_s)\right]$$

式中：A_s 为散射路径对信号的衰减；$\tilde{s}_T(t)$ 为脉冲的复包络；f_d 为目标的双基地多普勒频率；$1 \leq i \leq T/T_s$。因为本章主要讨论的是时间同步误差对相参处理的影响，所以在此忽略回波信号中的噪声项。类似地，直达信号通道中第 N 个脉冲信号的第 i 个采样点经中频正交处理的输出可表示为

$$d_{\text{IF}}(N,i) = A_d \tilde{s}_T(t(N,i) + \tau) \exp\left[2\pi f_{\text{IF}}(t(N,i) + \tau)\right]$$
$$= A_d \tilde{s}_T(t(N,i) + \tau) \exp \quad\quad\quad\quad\quad (3\text{-}30)$$
$$\left[2\pi f_{\text{IF}}(kMT_r + (n-1)T_r + \delta t_n + (i-1)T_s + \tau)\right]$$

式中：A_d 为直达路径对信号的衰减；τ 为目标通道信号相对直达信号通道的延时，且 $0 < \tau < T_r$，即假设目标无距离模糊。

由文献[30]可知，无源双基地雷达的经典相参检测方法就是计算基于目标信号与参考信号的距离——多普勒两维互相关函数，其离散形式可以表示为

$$\left|\psi(\tau, f_d)\right| = \left|\sum_{n=0}^{N-1} e(n) d^*(n-\tau) \exp(\text{j}2\pi f_d n/N)\right| \quad\quad (3\text{-}31)$$

简单地说，实现相参处理的过程就是对每一个感兴趣的距离单元，计算 $e(n)d^*(n-\tau)$ 的离散傅里叶变换。若对 $d(n)$ 的延时处理后恰好与目标所在的距离单元相对应，则 $e(n)d^*(n-\tau)$ 的输出信号可以表示为

$$x(N,i) = A_d A_s \tilde{s}_T^2(t(N,i)) \exp \quad\quad\quad\quad\quad (3\text{-}32)$$
$$\{\text{j}2\pi f_d(kMT_r + (n-1)T_r + \delta t_n + (i-1)T_s)\}$$

为了去除直达波信号幅度起伏对相参积累的影响，将利用直达波信号的幅度对式（3-32）进行归一化处理，可得

$$\tilde{x}(N,i) = A_s \tilde{s}_T(t(N,i)) \exp \quad\quad\quad\quad\quad (3\text{-}33)$$
$$\{\text{j}2\pi f_d(kMT_r + (n-1)T_r + \delta t_n + (i-1)T_s)\}$$

一般情况下，对 $\tilde{x}(N,i)$ 的输出信号进行脉冲间相参积累时，认为采样过程满足同步的要求，利用每个脉冲的第 i 个采样点对应的输出 $\tilde{x}(N,i)$ 进行离散傅里叶变换，可得[31]

$$X(f,i) = \sum_{N=0}^{+\infty} \tilde{x}(N,i) \exp\left[-j2\pi f(NT_r + iT_s)\right]$$

$$= A_s \frac{1}{T_r} \sum_{l=-\infty}^{+\infty} A(l)S\left(f - f_d - \frac{lf_r}{M}\right) \exp\left(-j2\pi \frac{l}{MT_r}(iT_s)\right) \tag{3-34}$$

式中：$A(l) = \sum_{n=0}^{M-1} \frac{1}{M} \exp(j2\pi f_d \delta t_n) \exp\left[-j2\pi \frac{l}{M}n\right]$；$S(f) = \mathrm{FT}(\tilde{s}_T(t))$，表示 $\tilde{s}_T(t)$ 的傅里叶变换。

理论上，$A(l)$ 可理解为序列 $M^{-1}\exp(j2\pi f_d \delta t_n)$ 的离散傅里叶变换，周期为 M，对应地，$X(f,i)$ 的频谱是以 f_r 为周期，且每个周期包含 M 根谱线，谱线间距为 f_r/M。$X(f,i)$ 的最大峰值对应的是目标信号的多普勒频率 f_d，幅度为 $|A(0)|$，而第 l 阶频率分量 $f_d + lf_r/M$ 对应的幅度为 $|A(l)|$。这些频率分量分布在目标多普勒频率的邻近单元，将影响它们所在的频率单元的目标检测，可能产生虚警，因此在此认为这些频率分量是干扰。M 越大，受干扰的频率单元越多。

由帕萨瓦尔定理，可知

$$\sum_{n=0}^{M-1} \left| \frac{1}{M} \exp(j2\pi f_d \delta t_n) \right|^2 = \frac{1}{M} \sum_{l=0}^{M-1} |A(l)|^2 \tag{3-35}$$

则有 $\sum_{l=0}^{M-1} |A(l)|^2 = 1$，这表明采样时间不同步将导致目标信号频率 f_d 的部分能量泄漏到了频率分量 $f_d + \dfrac{lf_r}{M}$。而当采样时间精确同步时，有 $\delta t_n = 0$，则

$$A(l) = \begin{cases} 1 & l = 0, M, 2M, \cdots \\ 0 & \text{其他} \end{cases}$$

，谱线间距为 f_r，表明信号能量集中在多普勒频率分量处。

3.6.3　TSE 对相参处理输出的影响

首先对时间同步误差（Time Synchronization Error，TSE）产生的多个干扰频率进行量化分析。为了评估时间同步误差的统计平均效果，借鉴文献[32] 和文献[33]的定义方法，在此定义归一化干扰功率（NIP）如下

$$\mathrm{NIP} = \frac{\sum_{l=1}^{M-1} \mathrm{E}\left[A(l)A^*(l)\right]}{\mathrm{E}\left[A(0)A^*(0)\right]} \tag{3-36}$$

式中：$E[g]$ 表示求期望；上标*表示复共轭。

事实上，如果 δt_n 是周期性变化的未知确定量（如图 3-15 所示的情况），则由式（3-35）可将式（3-36）表示为

$$\text{NIP}_d = \frac{\displaystyle\sum_{l=1}^{M-1}|A(l)|^2}{|A(0)|^2} = \frac{1-|A(0)|^2}{|A(0)|^2} \qquad (3\text{-}37)$$

式中：NIP_d 的下标 d 表示误差是确定量。

对应地，可以求出 $|A(0)|^2$ 为

$$\begin{aligned}
|A(0)|^2 &= A(0)A^*(0) \\
&= \sum_{n=0}^{M-1}\frac{1}{M}\exp(\text{j}2\pi f_d\delta t_n)\sum_{m=0}^{M-1}\frac{1}{M}\exp(-\text{j}2\pi f_d\delta t_m) \qquad (3\text{-}38)\\
&= \frac{1}{M} + \frac{1}{M^2}\sum_{\substack{n=0 \\ m\neq n}}^{M-1}\sum_{m=0}^{M-1}\exp\big[\text{j}2\pi f_d(\delta t_n - \delta t_m)\big]
\end{aligned}$$

设 $\Delta = \delta t_{m+1} - \delta t_m$，则式（3-38）可以简化为

$$|A(0)|^2 = \frac{1}{M} + \frac{2}{M^2}\sum_{n=1}^{M-1}(M-n)\cos(2\pi f_d n\Delta) \qquad (3\text{-}39)$$

当 $\Delta = 0$ 时，则 $|A(0)|^2 = 1$，即表明时间同步采样是不同步采样的特例。而实际系统工作时，所采用的非合作雷达辐射源是时间基准要求不是非常高的非相参雷达（如气象雷达或者航空交通管制雷达），其与双基地接收系统的定时时钟是相互独立的，使得脉冲重复周期 T_r 和采样时钟的随机抖动误差不能忽略，因此定义

$$\Delta_{nm} = \delta t_n - \delta t_m \qquad (3\text{-}40)$$

则 Δ_{nm} 为服从某种分布的独立随机变量。此时式（3-37）仍然成立，但式（3-37）表示的是平稳随机信号的一个样本函数与其傅里叶变换的关系。下面讨论 Δ 服从两种典型分布情况下，相参处理输出后的归一化干扰功率。

（1）设 Δ 为在 $(-T_s, T_s)$ 间服从均匀分布的随机变量，即有 $\Delta \sim U(-T_s, T_s)$，则概率密度函数为 $p(\Delta) = \dfrac{1}{2T_s}$，利用其特征函数为[34] $\Phi(t) = E\big[\text{e}^{\text{j}t\Delta}\big] = \text{sinc}(T_s t)$，可以很容易求出 $E\big[|A(0)|^2\big]$ 为

$$\mathrm{E}\left[|A(0)|^2\right] = \mathrm{E}\left[A(0)A^*(0)\right]$$

$$= \frac{1}{M^2}\sum_{n=0}^{M-1}\sum_{m=0}^{M-1}\mathrm{E}\left\{\exp\left[-\mathrm{j}2\pi f_{\mathrm{d}}(\delta t_n - \delta t_m)\right]\right\}$$

$$= \frac{1}{M} + \frac{1}{M^2}\sum_{n=0}^{M-1}\sum_{\substack{m=0 \\ m\neq n}}^{M-1}\mathrm{E}\left[\exp(-\mathrm{j}2\pi f_{\mathrm{d}}\varDelta_{nm})\right] \tag{3-41}$$

$$= \frac{1}{M} + \left(1-\frac{1}{M}\right)\mathrm{sinc}(2\pi f_{\mathrm{d}}T_{\mathrm{s}})$$

将式（3-41）代入式（3-37），可得归一化干扰功率为

$$\mathrm{NIP_U} = \frac{(M-1)\left[1-\mathrm{sinc}(2\pi f_{\mathrm{d}}T_{\mathrm{s}})\right]}{(M-1)\mathrm{sinc}(2\pi f_{\mathrm{d}}T_{\mathrm{s}})+1} \tag{3-42}$$

式中：下标 U 表示均匀分布。

（2）如果 $\varDelta$ 是服从均值为零，方差为 T_{s}^2 高斯分布的随机变量，即有 $\varDelta \sim N(0,T_{\mathrm{s}}^2)$，则其特征函数为[34] $\varPhi(t) = \mathrm{E}\left[\mathrm{e}^{\mathrm{j}t\varDelta}\right] = \exp\left[-\dfrac{T_{\mathrm{s}}^2 t^2}{2}\right]$。类似地，有

$$\mathrm{E}\left[|A(0)|^2\right] = \frac{1}{M} + \left(1-\frac{1}{M}\right)\exp\left[-2(\pi f_{\mathrm{d}}T_{\mathrm{s}})^2\right] \tag{3-43}$$

同理，将式（3-43）代入式（3-37），可得归一化干扰功率为

$$\mathrm{NIP_G} = \frac{(M-1)\left[1-\exp\left[-2(\pi f_{\mathrm{d}}T_{\mathrm{s}})^2\right]\right]}{(M-1)\exp\left[-2(\pi f_{\mathrm{d}}T_{\mathrm{s}})^2\right]+1} \tag{3-44}$$

式中：$\mathrm{NIP_G}$ 的下标 G 表示高斯分布。

当 $f_{\mathrm{d}} = 5\mathrm{kHz}$，$T_{\mathrm{s}} = 10\mu\mathrm{s}$，采样不同步时的归一化干扰功率结果如图 3-15 所示。由图 3-15 可以看出，当采样偏差的标准差逐渐增大时，归一化干扰功率迅速增大。由于采样偏差标准差的增大，意味着 $2\pi f_{\mathrm{d}}\delta t_n$ 取值的随机性也增大，导致脉冲间的相参性变差，信号能量泄漏严重。当采样偏差标准差增大到一定值时，$\mathrm{sinc}(2\pi f_{\mathrm{d}}T_{\mathrm{s}})$ 和 $\exp\left[-2(\pi f_{\mathrm{d}}T_{\mathrm{s}})^2\right]$ 均渐近趋向于 0，NIP 输出近似等于 $M-1$。因为此时信号采样在脉冲间不再相参，导致频率分量 $f_{\mathrm{d}} + lf_{\mathrm{r}}/M$ 的幅度与信号分量的幅度接近。而当相对采样时刻的标准差接近于 0 时，NIP 近似等

于零，即表明此时脉冲间采样的相参性好。因为理论上，当 f_dT_s 趋近于零时，

$\mathrm{sinc}(2\pi f_dT_s)$ 和 $\exp\left[-2(\pi f_dT_s)^2\right]$ 均接近于 1，则式（3-42）与式（3-44）的取值与 M 近似无关，NIP 接近于零。因此

$$0 < \mathrm{NIP} < M - 1 \qquad\qquad (3\text{-}45)$$

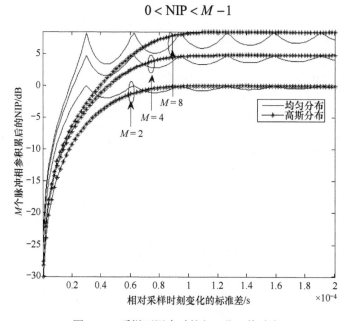

图 3-15 采样不同步时的归一化干扰功率

从图 3-15 还可以看出，M 取值一定的情况下，当 f_dT_s 较小时，脉冲间的相参性比较好，均匀分布假设下的归一化干扰功率较大。这是因为均匀分布是最差的一种分布，也是一种最保守的假设，没有利用任何先验信息。而当 f_dT_s 较大时，由于信号失去了脉冲间的相参性，故在两种假设下相参积累对输出性能都没有任何改善，归一化干扰功率近似为常数。

事实上，因为时间同步误差使得信号能量泄漏，信号能量降低的同时还抬高了噪声电平，归一化干扰功率还可理解为存在时间同步误差时相参积累输出信噪比的恶化，因此将其作为衡量相参积累输出的性能指标之一是合理的。

3.6.4 TSE 对多普勒频率估计的影响

在理想同步采样情况下，每个脉冲的第 1 个采样经中频正交处理后的输出可以表示为 $A_s \exp(\mathrm{j}2\pi f_d nT_r)$，其中 n 为脉冲的序数。如果利用 M 个脉冲进行 FFT 分析，则对应的多普勒频率分辨单元大小为 $1/(MT_r)$。忽略量化误差的

影响，并假设输入多普勒频率准确落入单元 k 的中心，即 $f_d = k/(MT_r)$，则输入采样信号可表示为 $A_s \exp(j2\pi(k/(MT_r))nT_r)$。

而实际中，由于时间同步误差的影响，相邻脉冲间对应采样点的实际采样间隔为 $T_r' = T_r + \Delta T_r$，则第 n 个脉冲的第 1 个采样点经中频正交处理后的输出可以表示为

$$A_s \exp\left(j2\pi \left(\frac{k}{MT_r} \right) n(T_r + \Delta T_r) \right) = A_s \exp\left(j2\pi \frac{k}{MT_r} \left(\frac{T_r + \Delta T_r}{T_r} \right) nT_r \right) \quad (3\text{-}46)$$

由此，估计得到多普勒频率 f' 为

$$f' = f + \Delta f = \frac{k}{MT_r} \left(\frac{T_r + \Delta T_r}{T_r} \right) \quad (3\text{-}47)$$

表明估计的多普勒频率有误差，误差大小为 $\Delta f = \frac{k}{MT_r} \cdot \frac{\Delta T_r}{T_r}$。

假设第 M 个脉冲的第 1 个采样点相对第 1 个脉冲的第 1 个采样点的采样时刻漂移了一个脉冲宽度 T 或一个采样间隔 T_s，即 M 为相对采样时刻的变化周期，相参处理时间内的 M 个脉冲采样如图 3-16 所示。

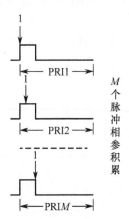

图 3-16 相参处理时间内的 M 个脉冲采样

则有

$$\Delta T_r = \frac{\min(T, T_s)}{M} \quad (3\text{-}48)$$

对应的多普勒频率误差为

$$\Delta f = k \frac{\min(T, T_s)}{(MT_r)^2} \quad (3\text{-}49)$$

一般情况下，为了满足采样定理的基本要求，采样间隔 T_s 小于脉冲宽度，又由 $MT_r = NT_s$，重新整理式（3-49），可得

$$\Delta f = \frac{1}{MT_r} \cdot \frac{kT_s}{MT_r} = \frac{1}{MT_r} \cdot \frac{k}{N} \qquad (3\text{-}50)$$

式中：$1/MT_r$ 为多普勒频率分辨单元的大小。当 $kT_s \ll MT_r$ 时，第二项是非常小的量，此时多普勒频率误差只占多普勒分辨单元的很小一部分；而当 $k = T_r/T_s = N_p$ 时

$$\Delta f = \frac{1}{MT_r} \cdot \frac{1}{M} \qquad (3\text{-}51)$$

多普勒频率误差将取决于多普勒分辨单元的大小 $1/MT_r$ 和相对采样时刻变化周期 M。

图 3-17 给出了 PRF 为 1000Hz，积累脉冲数分别为 5、8、16、32 时的多普勒频率误差；图 3-18 对应的是 PRF 为 2200Hz，积累脉冲数分别为 5、8、16、32 时的多普勒频率误差。

从以上理论分析和仿真结果可以看出：

（1）相对采样时刻变化周期一定时，信号多普勒频率越高，多普勒偏差越大；

（2）M 较大时，多普勒频率估计误差相对较小，如图 3-17 与图 3-18 所示情形的多普勒频率误差基本可以忽略。

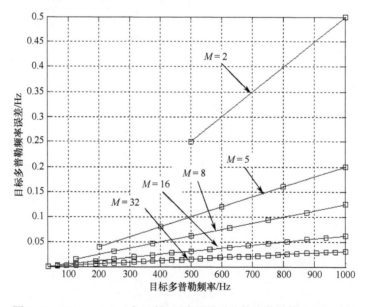

图 3-17　PRF=1000Hz 时，时间同步误差导致的多普勒频率估计误差

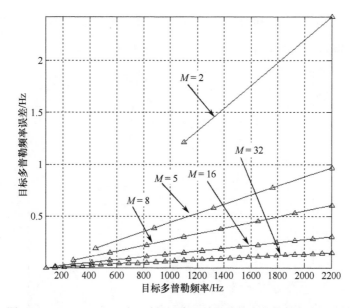

图 3-18　PRF=2200Hz 时，时间同步误差导致的多普勒频率估计误差

下面仿真分析多普勒频率不同时的频率估计误差。假设理想信号的脉冲重复频率为 1000Hz，占空比为 0.5，系统采样频率为 40kHz。图 3-19 所示为 $f_d=400$Hz，$M=10$ 时的多普勒频率估计结果。当 $N_p=40.1$ 和 $N_p=40.9$ 时，相对采样时刻变化周期均为 10，此时的多普勒分辨单元的大小相同，但是脉冲串的采样点 N 不同，相比较而言，$N_p=40.9$ 时的采样点数较多，由式（3-51）可知，其对应的估计误差较小，如图 3-19 所示。

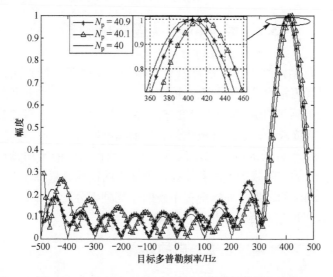

图 3-19　f_d=400Hz，M=10 时的多普勒频率估计结果

图 3-20 所示为 $f_d = 100\text{Hz}$，$M = 10$ 时的多普勒频率估计结果，N_p 分别为 40、40.1、40.9，利用 20 个脉冲进行相参积累的仿真结果。

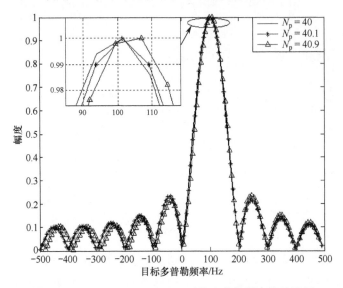

图 3-20 $f_d = 100\text{Hz}$，$M = 10$ 时的多普勒频率估计结果

当相参积累脉冲串内总的采样点 N 相同时，即 N_p 相同时，通过比较图 3-19 和图 3-20 可以发现，多普勒频率较大时，多普勒频率估计误差较大，因为其所对应的多普勒频率单元 k 也较大，与直接利用式（3-51）得到的结论相同。

3.7 频率同步误差影响分析

在脉冲多普勒雷达中，依据目前数字中频正交器所能达到的设计精度，一般将忽略因其幅相不平衡而引入的镜像频率。然而，由于中频正交器的幅相不平衡度是关于频率的函数，在 FSE 较大时，相对于标称的理论设计值，实际的幅相不平衡度较差，这将导致镜频分量的幅度增大。

由于收、发平台间的频率同步误差，非合作接收机的工作频率可能没有调谐在发射信号的实际载频上，各接收通道输出的镜频分量幅度较大，使得广义互相关处理输出的模糊平面出现多个新的干扰频率分量。本节将从理论上分析 FSE 对模糊平面内目标检测性能的影响。

3.7.1 FSE 对 PBR 中频正交输出的影响

无源双基地雷达接收机（PBR）的主要任务是把截获的射频信号下变频到

基带。典型的数字中频正交处理的原理框图如图 3-21 所示，输入的中频信号经 A/D 采样后分别与正交本振混频、经 FIR 低通滤波、放大处理后输出到信号处理机。

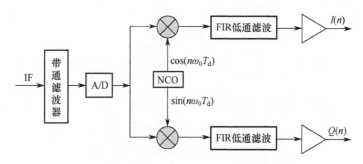

图 3-21　中频正交处理原理框图

假设输入基带接收机的数字中频信号为 $\tilde{s}(n)\cos((\omega+\omega_0)n+\phi(n))$，其中 $\tilde{s}(n)$ 为信号幅度，ω_0 为信号的中心频率，ω 为 FSE 的大小，即由于对发射信号频率估计不准确而引入的频偏，且 $\omega<\omega_0$，$\phi(n)$ 为信号的相位。不妨设正交处理后 I、Q 两路输出的信号序列可以表示为

$$\begin{aligned}
I(n) &= \tilde{s}(n)\cos(\omega n+\phi(n)) \\
Q(n) &= \tilde{s}(n)(1-\varepsilon)\sin(\omega n+\phi(n)+\delta)
\end{aligned}$$
（3-52）

式中：ε、δ 分别为 I、Q 两路间的幅度不平衡度和相位不平衡度。

若不考虑频率同步误差和中频正交的幅相不平衡度，则理想的正交处理后的输出序列可表示为

$$\begin{aligned}
I(n) &= \tilde{s}(n)\cos\phi(n) \\
Q(n) &= \tilde{s}(n)\sin\phi(n)
\end{aligned}$$
（3-53）

令 $A(n)=\tilde{s}(n)$，$B(n)=\tilde{s}(n)(1-\varepsilon)$，则式（3-53）可以表示为

$$\begin{aligned}
I(n) &= A(n)\cos(\omega n+\phi(n)) \\
Q(n) &= B(n)\sin(\omega n+\phi(n))\cos\delta+B(n)\cos(\omega n+\phi(n))\sin\delta
\end{aligned}$$
（3-54）

则

$$\begin{aligned}
Z(n) &= I(n)+\mathrm{j}Q(n) \\
&= \frac{A(n)+\mathrm{j}B(n)\sin\delta+B(n)\cos\delta}{2}\mathrm{e}^{\mathrm{j}(\omega n+\phi(n))}+ \\
&\quad \frac{A(n)+\mathrm{j}B(n)\sin\delta-B(n)\cos\delta}{2}\mathrm{e}^{-\mathrm{j}(\omega n+\phi(n))}
\end{aligned}$$
（3-55）

类似地，若不考虑频率同步误差和幅相不平衡度，中频正交处理后的输出序列 $Z(n)$ 可以表示为

$$Z(n) = \tilde{s}(n)\mathrm{e}^{\mathrm{j}\phi(n)} \tag{3-56}$$

则有用信号的功率损耗为

$$L = \cfrac{\left|\cfrac{A(n) + \mathrm{j}B(n)\sin\delta + B(n)\cos\delta}{2}\right|^2}{|\tilde{s}(n)|^2} = \frac{1}{2}(1-\varepsilon)(1+\cos\delta) + \frac{\varepsilon^2}{4} \tag{3-57}$$

对应地，镜频干扰与有用信号的功率之比为

$$r = \frac{2(1-\varepsilon)(1-\cos\delta) + \varepsilon^2}{2(1-\varepsilon)(1-\cos\delta) + \varepsilon^2} \tag{3-58}$$

对比式（3-53）和式（3-55）可以看出，中频正交处理后的信号频谱并不是出现在零频附近，而是出现在信号剩余载频分量 ω 及其镜频分量 $-\omega$ 的附近。事实上，FSE 的存在使得静止的杂波的频谱可能不是出现在零多普勒单元上，目标回波的频谱也不是出现在其实际多普勒频率处。由式（3-57）和式（3-58）似乎还可以看出，功率损耗和镜频分量的大小仅与幅相不平衡度有关，与 FSE 的大小 ω 无关。然而，由于幅相不平衡度是频率的函数，FSE 的增大将使幅相不平衡度恶化，使得镜频幅度增大，功率损耗也增大。例如，当 $\varepsilon = 0$，$\delta \approx 90°$ 时，$L \approx -3\mathrm{dB}$，即镜频干扰的功率等于有用信号的功率。当然，在全相参脉冲多普勒雷达中，目前所能达到的设计精度能够使其镜频输出分量的功率比有用信号的功率低 35～40dB，因而可以忽略镜频的干扰及其引入的功率损耗。

3.7.2 FSE 对 PBR 相参检测的影响

在实际无源双基地雷达系统中，信号处理器仅能利用在空间同步期间所截获的少数几个脉冲进行相参积累，处理增益可能比较小。而一般情况下，系统将借助互相关算法，利用直达波信号的初相对目标回波信号的相位进行补偿，来自发射信号的随机初相、本振相位的抖动、基准信号源的相位抖动均可完全抵消，输出的用于多普勒处理的 I/Q 正交两路信号仅保留了反映目标运动特性的相位信息，从而实现对目标回波信号的相参处理。

对所截获的直达波和目标回波信号进行相参处理后，希望可以将目标信号与杂波分开，并且能够在强杂波干扰环境下尽最大可能地检测到小目标。如果系统工作在强杂波干扰区域，则互相关输出的最大峰值对应的频率分量可能就是杂波干扰。如图 3-22 所示，由于镜频干扰的影响，在对目标回波信号与直达波进行互相关处理后，输出频谱中除了目标回波信号的多普勒频率分量外，还将出现多个其他频率分量，导致系统在对应频率单元及其邻近单元的杂波可见度降低。

下面将定性分析与目标多普勒频率无关的频率分量是如何产生的。虽然互相关检测是在中频信号数字采样之后进行，但为了便于表示，下面将利用信号的模拟形式进行推导。

不妨设直达波接收机输出的参考信号 $\tilde{X}_{\mathrm{T}}(t)$ 为

$$\tilde{X}_{\mathrm{T}}(t) = G\mathrm{e}^{\mathrm{j}\omega t} + G_{\varepsilon}\mathrm{e}^{-\mathrm{j}\omega t} \tag{3-59}$$

式中：ω 为 FSE 引入的剩余载频；G 为幅度；G_{ε} 为镜频分量 $-\omega$ 的幅度。类似地，假设在相同时刻，系统所监视的空域内只包含一个多普勒频率为 ω_{d} 的目标，则其回波信号 $\tilde{X}_{\mathrm{R}}(t)$ 可以表示为

$$\tilde{X}_{\mathrm{R}}(t) = J\mathrm{e}^{\mathrm{j}(\omega+\omega_{\mathrm{d}})(t-t_{\mathrm{d}})} + J_{\varepsilon}\mathrm{e}^{-\mathrm{j}(\omega+\omega_{\mathrm{d}})(t-t_{\mathrm{d}})} + H\mathrm{e}^{\mathrm{j}\omega(t-t_{\mathrm{d}})} + H_{\varepsilon}\mathrm{e}^{-\mathrm{j}\omega(t-t_{\mathrm{d}})} \tag{3-60}$$

式中：$\omega+\omega_{\mathrm{d}}$ 为目标回波信号对应的实际频率；ω 为杂波分量的频率；t_{d} 为双基地路径时延；J 为目标信号幅度；J_{ε} 为其镜像频率的幅度；H 为目标通道静止杂波的幅度；H_{ε} 为其镜像频率分量的幅度。

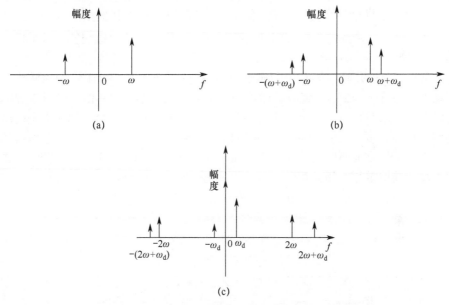

图 3-22 存在 FSE 时，双基地雷达互相关处理前后对应信号频谱的示意图

（a）直达波频谱；（b）目标回波频谱；（c）相参处理输出的频谱。

由文献[32]和文献[33]可知，非合作双基地雷达的目标检测和参数估计的经典方法就是计算基于目标信号与直达波参考信号的广义互相关，定义式为

$$y(t_{\mathrm{d}}, \omega_{\mathrm{d}}) = \int_0^{t_i} \tilde{X}_{\mathrm{T}}^{*}(t-t_{\mathrm{d}}) \tilde{X}_{\mathrm{R}}(t)\mathrm{e}^{-\mathrm{j}\omega_{\mathrm{d}}t}\,\mathrm{d}t \tag{3-61}$$

式中：t_i 为相参积累时间；上标 $*$ 为取共轭。

令

$$\tilde{y}(t_\mathrm{d}) = \tilde{X}_\mathrm{T}^*(t - t_\mathrm{d})\tilde{X}_\mathrm{R}(t) \tag{3-62}$$

将式（3-59）和式（3-60）代入式（3-62），有

$$\begin{aligned}
\tilde{y}(t_\mathrm{d}) &= \left(G^* \mathrm{e}^{-\mathrm{j}\omega(t-t_\mathrm{d})} + G_\varepsilon^* \mathrm{e}^{\mathrm{j}\omega(t-t_\mathrm{d})} \right) \\
&\quad \left(J \mathrm{e}^{\mathrm{j}(\omega+\omega_\mathrm{d})(t-t_\mathrm{d})} + J_\varepsilon \mathrm{e}^{-\mathrm{j}(\omega+\omega_\mathrm{d})(t-t_\mathrm{d})} + H \mathrm{e}^{\mathrm{j}\omega(t-t_\mathrm{d})} + H_\varepsilon \mathrm{e}^{-\mathrm{j}\omega(t-t_\mathrm{d})} \right)
\end{aligned} \tag{3-63}$$

展开式（3-63），整理可得

$$\begin{aligned}
\tilde{y}(t_\mathrm{d}) &= G^* \left(J \mathrm{e}^{\mathrm{j}\omega_\mathrm{d}(t-t_\mathrm{d})} + J_\varepsilon \mathrm{e}^{-\mathrm{j}(2\omega+\omega_\mathrm{d})(t-t_\mathrm{d})} + H + H_\varepsilon \mathrm{e}^{-\mathrm{j}2\omega(t-t_\mathrm{d})} \right) + \\
&\quad G_\varepsilon^* \left(J \mathrm{e}^{\mathrm{j}(2\omega+\omega_\mathrm{d})(t-t_\mathrm{d})} + J_\varepsilon \mathrm{e}^{-\mathrm{j}\omega_\mathrm{d}(t-t_\mathrm{d})} + H \mathrm{e}^{\mathrm{j}2\omega(t-t_\mathrm{d})} + H_\varepsilon \right)
\end{aligned} \tag{3-64}$$

则在相参积累时间 t_i 内，式（3-64）的傅里叶变换输出频谱含有七个频率分量，而不仅仅是目标所对应的多普勒频率分量 ω_d，其中一个为互相关处理而产生的零频分量，如图 3-22 所示。从图 3-22（c）可以看出，互相关处理后的输出频谱除了目标信号的多普勒频率 ω_d 之外，还有多个其他频率分量。当杂波功率很强时，由此产生的任何一个干扰频率分量都可能导致虚警，甚至掩盖其附近单元的弱小目标。

如图 3-23 所示，在频率准确同步时，相位不平衡度 δ 为 1°，只要幅度不平衡度 ε 略小于−12dB，镜频的幅度将比期望信号幅度小 30dB，则可以忽略镜频干扰带来的影响。对于一般全相参雷达，其数字中频正交的幅相不平衡度均能够达到该要求，因而可以忽略幅相不平衡度的影响。在无源双基地雷达中，由于 FSE 的影响，幅相不平衡度将变差，导致镜像干扰增大。因此，FSE 对无源双基地雷达互相关相参处理输出的信杂比的影响还需进一步讨论。

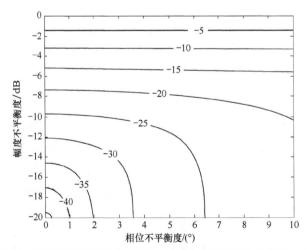

图 3-23 频率同步时的镜频干扰与有用信号的功率比（单位：dB）

为了分析 FSE 的影响，借鉴文献[32]和文献[33]的分析方法，在此定义频率引入的归一化干扰功率，即

$$NIP_f = \frac{1}{P(\omega_d)}(P(-\omega_d) + P(-2\omega) + P(-(2\omega+\omega_d)) + P(2\omega+\omega_d) + P(2\omega) + P(0))$$

$$= \frac{1}{(G^*J)^2}\left[(G_\varepsilon^*J_\varepsilon)^2 + (G^*H_\varepsilon)^2 + (G^*J_\varepsilon)^2 + (G_\varepsilon^*H)^2 + (G_\varepsilon^*J)^2 + (G^*H)^2 + (G_\varepsilon^*H_\varepsilon)^2\right]$$

$$(3-65)$$

式中：上标*为复共轭。

令 $r_G = (G_\varepsilon/G)^2$，$r_J = (J_\varepsilon/J)^2$，$r_H = (H_\varepsilon/H)^2$，在本系统中，在目标通道内有 $r_J = r_H$，因此，式（3-65）可以简化为

$$NIP_f = r_G r_J + r_J + r_G + (r_G + 1)(1 + r_J)\frac{1}{SCR} \qquad (3-66)$$

式中：$SCR = (J/H)^2$，表示目标通道的信号杂波功率比。

为了考察 FSE 的影响，假设直达波通道与目标信号通道中频正交处理的幅相平衡度随频率的变化关系相同，即 $r_J = r_G = r$，可得

$$NIP_f = r^2 + 2r + (r+1)^2\frac{1}{SCR} \qquad (3-67)$$

因此，依据式（3-67），可以给出目标通道信噪比分别为 $SCR = 20dB$、$SCR = 10dB$、$SCR = 0dB$，$SCR = -10dB$ 时归一化干扰功为率的等高线，如图 3-24～图 3-27 所示。

事实上，由于 FSE 的影响，目标信号能量降低的同时还提高了噪声电平，因而归一化干扰功率还可理解为存在 FSE 时，相对频率精确同步时相参积累输出 SCR 的恶化，因此，将其作为衡量相参积累输出的运动目标检测性能指标之一是合理的。

当 $SCR = 20dB$ 时，归一化干扰功率的等高线如图 3-24 所示，$SCR = 10dB$ 时归一化干扰功率的等高线如图 3-25 所示，$SCR = 0dB$ 时归一化干扰功率的等高线如图 3-26 所示，$SCR = -10dB$ 时归一化干扰功率的等高线如图 3-27 所示。通过观察图 3-24～图 3-27，可以发现幅度不平衡度的较小增加将引起归一化干扰功率的较快增大，且随着相位不平衡度的恶化逐渐增大。幅度不平衡度的较小改变将使得归一化干扰功率快速变化。随着目标输入通道的 SCR 的降低，归一化干扰功率逐渐增大，使得动目标检测时的杂波可见度减小。

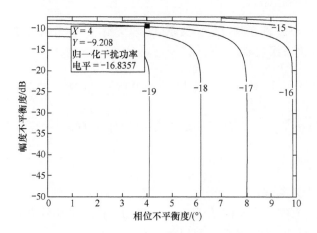

图 3-24 SCR = 20dB 时归一化干扰功率的等高线（单位：dB）

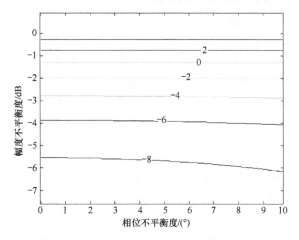

图 3-25 SCR = 10dB 时归一化干扰功率的等高线（单位：dB）

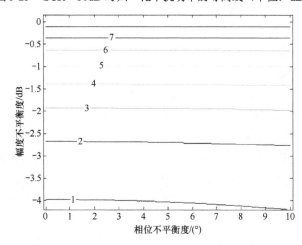

图 3-26 SCR = 0dB 时归一化干扰功率的等高线（单位：dB）

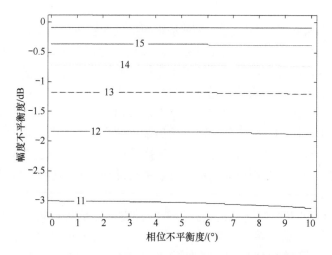

图 3-27　SCR = −10dB 时归一化干扰功率的等高线（单位：dB）

由图 3-25 可以看出，当相位不平衡度小于 0.5°，幅度不平衡度小于 −15dB 时，$\text{NIP}_f \approx -20\text{dB}$，表明接收机中频正交处理器的性能近似理想的情况下，杂波干扰的影响将掩盖 FSE 带来的影响，但此时互相关处理并没有获得实质性的增益。

然而，当由于 FSE 的影响，系统的相位不平衡度恶化为 4°，幅度不平衡度恶化为−9dB 时，$\text{NIP}_f \approx -16\text{dB}$。而在相同条件下，由图 3-24 可以看出，在单基地全相参雷达中对应的镜频干扰比有用信号低约为−25dB，相比较而言，在无源双基地雷达中，由 FSE 而引入的信杂比恶化约为 9dB，此时若要保证检测概率不变，则目标的虚警概率增大。

3.8　小结

本章首先讨论了非合作雷达辐射源搜索、截获与参数估计以及辐射源优化选择问题。搜索和截获非合作信号区域内一切可能的非合作辐射源，并选择具有最佳信号特性和几何位置的非合作辐射源作为照射源。在此基础上，着重研究了非合作双基地雷达系统的频率/相位同步、时间同步和空间同步问题。针对频率捷变辐射源，可以采用独立频率源同步技术与数字相位校正技术来实现频率/相位同步；当来自发射天线副瓣信号较弱时，接收机获取直达波比较困难，要实现时间同步，可以使用时间同步器估算出发射脉冲重复周期，并产生与发射脉冲同步的时间同步脉冲；接收机可以使用方位同步器来提取发射波束指向信息，来完成与发射波束的空间同步。

完成了存在时间同步误差时，非合作双基地雷达信号采集过程的建模，推导出了脉冲间相对采样时刻的变化周期与时间同步误差的关系，然后通过归一化干扰功率研究了时间同步误差对系统相参处理输出的影响，并且在此基础上，推导出了脉冲间的相对采样时刻的差服从均匀分布和高斯分布时，归一化干扰功率的解析表达式，同时还推导了存在时间同步误差时多普勒频率估计的理论误差，并给出了仿真分析结果。同时针对频率同步误差 FSE 对该系统互相关相参检测的影响进行了详细分析，然后给出了接收信号频率没有精确同步时，无源双基地接收系统中频正交处理后输出信号的频谱及其信号功率损耗，定性分析结果表明，由于 FSE 引入的干扰频率将可能导致无源双基地雷达互相关输出的多个目标检测单元出现虚警，并可能掩盖其临近单元的弱小目标。主要得到以下结论：

（1）时间同步误差将导致无源相干脉冲雷达相参处理输出的检测区间出现 $M-1$ 个新的干扰分量，可能产生虚警并影响目标邻近多普勒单元的检测；

（2）相对采样时刻差的标准偏差逐渐增加时，归一化干扰功率迅速增大，导致相参处理的增益降低，直至积累无效，表明时间同步误差将直接影响无源相干脉冲雷达的相参检测的性能；

（3）理论和仿真分析均表明，时间同步误差对多普勒频率估计的直接影响较小；

（4）系统相参处理输出的多个干扰频率分量将导致动目标检测时的杂波可见度减小，高精度的频率同步系统是无源双基地雷达系统实现目标相参检测的前提；

（5）这些结论对非合作双基地脉冲雷达的相参处理具有一定的参考价值和指导意义。

参考文献

[1] Houghman C B. Wideband ESM receiving systems[J]. Microwave Journal. 1980, 23(9): 24-34.

[2] 李国华. ESM 系统对扩谱雷达信号的侦收[J]. 舰船电子对抗. 2005, 28(3): 35-37.

[3] 李忠良. 采集处理搜索雷达信号的探讨[J]. 电子对抗. 1996, 10(1): 14-22.

[4] 李忠良. 雷达侦察系统的信号采集[J]. 上海航天. 1999, 12(4): 47-53.

[5] 李忠良. 雷达侦察设备截获的扫描波束分析[J]. 舰船电子对抗. 2000, 18(1): 1-7.

[6] Qi R, Coakley F. P, Evans B G. Practical consideration for band-pass sampling[J]. IEE Electronics Letters. 1996, 32(20): 1861-1862.

[7] 马博韬, 范红旗, 付强, 等. 相参脉冲雷达中频采样条件研究[J]. 数据采集与处理.2009, 24(1): 114-118.

[8] 祝依龙, 范红旗, 马博韬, 等. 相参脉冲雷达中频信号通用采集系统设计[J]. 系统工程与电子技术. 2009, 31(3): 489-496.

[9] Wang W Q, Ding C B, Liang X D. Time and phase synchronization via direct-path signal for

bistatic synthetic aperture radar systems[J]. IET Radar, Sonar & Navigation. 2008, 2(1): 1-11.

[10] Jenq Y C. Digital spectra of Non-uniformly sampled signals: fundamentals and high-speed waveform digitizers[J]. IEEE Transactions on Instrumentation and Measurement. 1988, 37(2): 245-251.

[11] Jenq Y C. Digital spectra of non-uniformly sampled signals: digital look-up tunable sinusoidal oscillators[J]. IEEE Transactions on Instrumentation and Measurement. 1988, 37(3): 78-83.

[12] Tarczynski A, Valimaki V, Cain G D. FIR filtering of non-uniformly sampled signals. IEEE International Conference on Acoustic, Speech, and Signal Processing[C]. Munich, Germany, 1997: 3:2237-2240.

[13] Jenq Y C. Perfect reconstruction of digital spectrum from non-uniformly sampled signals. IEEE Instrumentation and Measurement Technology Conference[C]. Ottawa, Canada, 1997: 524-528.

[14] 陶薇薇, 张建秋. 非同步采样信号频谱插值校正分析法[J]. 复旦学报. 2008, 47(6): 703-709.

[15] Thompson E Craig. Bistatic radar noncooperative illumination synchronization techniques. IEEE Radar Conference[C]. California, USA, 1989: 29-34.

[16] 黄春琳. 基于循环平稳特性的低截获概率信号的截获技术研究[D]. 博士论文, 国防科技大学, 长沙: 2001.

[17] 李英萍. 低截获概率信号非平稳处理技术研究[D]. 博士论文, 电子科技大学, 成都: 2002.

[18] Ong P G, Teng H K. Digital LPI radar detector[R]. ADA389889, 2001.

[19] Lightfoot Fred M. Apparatus and methods for locating a target utilizing signals generated from a non-cooperative source[P]. 474692 , USA, 1985.

[20] 解训传. 频率捷变脉冲雷达系统的快捕锁相环[J]. 火控雷达技术. 1985, 52(1): 35-43.

[21] 林象平. 雷达对抗原理[M]. 西安: 西北电讯工程学院出版社, 1985:28-36.

[22] 殷兆伟, 戴国宪. 数字储频器相干性分析[J]. 电子对抗技术. 2002, 17(3): 17-20.

[23] 傅建军. 脉冲雷达载波提取[D]. 硕士论文, 西安电子科技大学, 西安: 2003.

[24] 彭金强, 傅建军. 脉冲调制雷达信号载波频率的存储方法研究[J]. 电子对抗技术. 2003, 18(4): 19-22.

[25] 雷婷. 双基地 SAR 同步技术和基线测量技术研究[D]. 硕士论文, 北京理工大学, 北京: 2006.

[26] 耿富录, 王建军, 王云山. 独立双基地雷达接收系统[J]. 西安电子科技大学学报. 1991, 18(4): 38-44.

[27] 王云山. 非相参独立双基地雷达同步系统的研究与技术实现[D]. 硕士论文, 西安电子科技大学, 西安: 1990.

[28] 廖良锋. 双基地雷达测量理论及其仿真研究[D]. 硕士论文, 南京理工大学, 南京: 2004.

[29] Saini R, Cherniakov M. DTV signal ambiguity function analysis for radar application[J]. IEE Proceedings Radar, Sonar and Navigation. 2005, 152(3): 133-142.

[30] Griffiths H D, Baker C J. Passive coherent location radar systems. Part1 performance prediction[J]. IEE Radar Sonar and Navigation. 2005, 152(3): 153-159.

[31] 张财生. 基于非合作雷达辐射源的双基地探测系统研究[D]. 博士论文, 海军航空大学, 烟台: 2011.

[32] Choi Y S, Voltz P J, Casara F A. On channel estimation and detection for multicarrier signals in fast and selective Rayleigh fading channels[J]. IEEE Transactions on Communication. 2001, 49(8): 1375-1387.

[33] 束锋, 程时昕, 李重仪, 等. OFDM 无线通信系统的时间和频率同步误差分析[J]. 中国科学 E 辑信息科学. 2005, 35(2): 135-149.

[34] 陆大绘. 随机过程及其应用[M]. 北京: 清华大学出版社, 2007.

第4章　直达波参考信号复包络估计技术

4.1　引言

非合作双基地雷达系统信号处理的核心在于目标通道和直达波通道之间的相关处理。相关（模糊）函数主要是对带有时延和多普勒频移的信号的匹配程度进行度量[1, 2]。为实现相关函数功能，有必要保存发射信号波形作为信号处理的参考信号。实际上，当脉冲之间相位和频率发生变化（可能有意，可能无意）时，人们希望获得每一个发射脉冲的副本，来使处理性能达到最佳。

对于非合作双基地雷达系统，发射波形是不能直接获得的，因此，就必须从接收机截获的直达波信号中估计出发射信号的复包络。非合作双基地雷达传输信道非常复杂，其特性变化也非常剧烈，既具有时间弥散性也具有频率弥散性。信号在传输过程中会被热噪声污染，此外还可能受多路径、杂波或其他传播效应的影响。尤其是在非合作双基地雷达系统的基线附近时，影响更为严重。如果对雷达直达波的这些干扰不能有效去除，将会使非合作双基地雷达系统的性能显著下降。故在基于非合作雷达系统中能否从直达波信号中恢复原始的发射信号对该系统有重要的意义。

4.2　噪声和传输干扰对直达波的影响

4.2.1　问题描述与数学模型

非合作双基地雷达中常见的一个问题就是直达波信号经常会受到噪声、地杂波和多路径干扰的影响。直达波的失真往往会对非合作双基地雷达性能造成损失。为便于分析，接收到的杂波干扰可建模为复包络为 $\tilde{s}_{\mathrm{T}}(t)$ 的发射信号在复信道冲击响应为 $\tilde{c}(t)$ 的线性时不变系统中的输出，则直达波信号复包络 $\tilde{s}_{\mathrm{D}}(t)$ 可表示为[1]

$$\tilde{s}_{\mathrm{D}}(t) = \tilde{k}_{\mathrm{D}} \left[\tilde{s}_{\mathrm{T}}(t) + \int_{-\infty}^{\infty} \tilde{s}_{\mathrm{T}}(t-\mu)\tilde{c}(\mu)\mathrm{d}\mu \right] + \tilde{n}_{\mathrm{D}}(t) \qquad （4-1）$$

式中：$\tilde{n}_{\mathrm{D}}(t)$ 为直达波通道声的复包络；$\tilde{k}_{\mathrm{D}}$ 为直达波通道传输衰减系数。

为了研究问题方便，式（4-1）中忽略了发射信号 $\tilde{s}_{\mathrm{T}}(t)$ 到参考通道接收机的传输延迟时间。

假设发射信号为 LFM 脉冲信号，且在相参积累时间 T 内始终存在，相参积累时间 T 内包含 M 个脉冲重复周期为 T_{r} 的相同脉冲，则发射信号复包络 $\tilde{s}_{\mathrm{T}}(t)$ 可以表示为

$$\tilde{s}_{\mathrm{T}}(t) = \sum_{m=0}^{M-1} \mathrm{rect}\left(\frac{t - mT_{\mathrm{r}}}{t_{\mathrm{p}}}\right) \mathrm{e}^{\mathrm{j}\pi kt^2} \tag{4-2}$$

式中：t_{p} 为脉冲宽度；k 为 LFM 脉冲信号的调频斜率。

若使用受到干扰的直达波作为匹配滤波器的参考信号，则匹配滤波器的冲击响应 $\tilde{h}_{\mathrm{c}}(\tau)$ 可表示为

$$
\begin{aligned}
\tilde{h}_{\mathrm{c}}(\tau) = \tilde{s}_{\mathrm{D}}^*(T-\tau) = \tilde{k}_{\mathrm{D}}^*[\tilde{s}_{\mathrm{T}}^*(T-\tau) + \\
\int_{-\infty}^{\infty} \tilde{s}_{\mathrm{T}}^*(T-\tau-\mu)\tilde{c}^*(\mu)\mathrm{d}\mu] + \tilde{n}_{\mathrm{D}}^*(T-\tau)
\end{aligned}
\tag{4-3}
$$

同样，目标接收通道信号复包络 $\tilde{s}_{\mathrm{R}}(t)$ 可表示为

$$\tilde{s}_{\mathrm{R}}(t) = \tilde{k}_{\mathrm{R}}\tilde{s}_{\mathrm{T}}(t) + \tilde{n}_{\mathrm{R}}(t) \tag{4-4}$$

式中：$\tilde{n}_{\mathrm{R}}(t)$ 为目标接收通道噪声的复包络；$\tilde{k}_{\mathrm{R}}$ 为目标接收通道传输衰减系数。

同样，为了研究问题方便，式（4-4）中忽略了发射信号 $\tilde{s}_{\mathrm{T}}(t)$ 到目标通道接收机的传输延迟时间，因为延迟时间仅影响卷积积分上下限和造成输出最大峰值延迟，但并不影响输出信噪比。因此，目标接收通道信号 $\tilde{s}_{\mathrm{R}}(t)$ 经过以直达波为参考信号的匹配滤波器的输出信号 $\tilde{y}(t)$ 可表示为

$$\tilde{y}(t) = \int_{-\infty}^{\infty} \tilde{h}_{\mathrm{c}}(\tau)\tilde{s}_{\mathrm{R}}(t-\tau)\mathrm{d}\tau \tag{4-5}$$

由匹配滤波理论可得，匹配滤波器的输出信号 $\tilde{y}(t)$ 在 $t = T$ 时刻产生最大值，匹配滤波输出信噪比 $(\mathrm{SNR})_{\mathrm{o}}$ 可定义为[3, 4]

$$(\mathrm{SNR})_{\mathrm{o}} = \frac{\left|\mathrm{E}_{\mathrm{s}}[\tilde{y}(T)] - \mathrm{E}_{\mathrm{ns}}[\tilde{y}(T)]\right|^2}{\mathrm{var}_{\mathrm{s}}[\tilde{y}(T)]} \tag{4-6}$$

式中：$\mathrm{E}[\cdot]$ 为期望均值；$\mathrm{var}[\cdot]$ 为方差；下标 s 和 ns 分别为信号存在和信号不存在两种情况。

将式（4-3）、式（4-4）代入式（4-5），可得 $t = T$ 时刻匹配滤波器的输出 $\tilde{y}(T)$ 为

$$\tilde{y}(T) = \int_{-\infty}^{\infty} \tilde{h}_c(\tau)\tilde{s}_R(T-\tau)\mathrm{d}\tau$$

$$= \int_0^T \left\{ \tilde{k}_D^* \left[\tilde{s}_T^*(T-\tau) + \int_{-\infty}^{\infty} \tilde{s}_T^*(T-\tau-\mu)\tilde{c}^*(\mu)\mathrm{d}\mu \right] + \tilde{n}_D^*(T-\tau) \right\} \quad (4\text{-}7)$$

$$\left\{ \tilde{k}_R \tilde{s}_T(T-t) + \tilde{n}_R(T-t) \right\}\mathrm{d}\tau$$

由式（4-7）可得

$$E_s[\tilde{y}(T)] = \tilde{k}_D^* \tilde{k}_R \left[\int_{-\infty}^{\infty} \left| \tilde{s}_T(t) \right|^2 \mathrm{d}t + \int_0^T \tilde{s}_T^*(t-\mu)\tilde{s}_T(t)\,\mathrm{d}t\,\tilde{c}(\mu)\mathrm{d}\mu \right] \quad (4\text{-}8)$$

$$E_{ns}[\tilde{y}(T)] = 0 \quad (4\text{-}9)$$

$$\mathrm{var}_s[\tilde{y}(T)] = E\left\{ \left| \tilde{y}(T) - E_s[\tilde{y}(T)] \right|^2 \right\}$$

$$= E\left\{ \left| \int_0^T \tilde{k}_D^* s_T^*(T-\tau)\mathrm{d}\tau + \int_0^T \tilde{k}_D^* \int_{-\infty}^{\infty} \tilde{s}_T^*(T-\tau-\mu)\tilde{c}^*(\mu)\,\mathrm{d}\mu \tilde{n}_R(T-\tau)\mathrm{d}\tau + \right.\right.$$

$$\left.\left. \int_0^T \tilde{n}_D^*(T-\tau)\tilde{k}_R \tilde{s}_T(T-\tau)\mathrm{d}\tau + \int_0^T \tilde{n}_D^*(T-\tau)\tilde{n}_R(T-\tau)\mathrm{d}\tau \right|^2 \right\}$$

$$(4\text{-}10)$$

理想情况下，人们希望直达波参考信号越纯净越好。但是直达波参考信号在传输过程中经常会受到接收机噪声、传输损耗、多路径、杂波以及干扰的损坏。非纯净的参考信号将会引起信号处理损失，因此，直达波在作为相参处理的参考信号前必须进行直达波恢复处理。不同的杂波干扰对直达波造成的影响程度不同，杂波干扰引起的信号处理损失主要取决于杂波干扰冲击响应的具体形式。

4.2.2　仿真结果

在下面的仿真试验中，重点分析噪声和传输干扰对直达波信号波形的影响，以及对直达波参考信号相关函数的影响。仿真参数如下：发射信号为雷达线性调频脉冲信号，脉冲幅度归一化后为 1，脉冲重复周期为$100\mu s$，脉宽为$50\mu s$，调频带宽为$10\mathrm{MHz}$，采样频率为$20\mathrm{MHz}$。图 4-1、图 4-2 为条件 1（信噪比为10dB、传输信道冲激响应为$[0.1,-0.1+\mathrm{i},-0.3,1+0.1\mathrm{i},-0.1]$）下的纯净直达波、仅受噪声干扰直达波、仅受传输干扰直达波、受噪声和传输干扰直达波的复包络（分为实部和虚部）波形比较；图 4-3、图 4-4 为条件 2（信噪比为5dB，传输信道冲激响应为$[0.8,-0.4-0.4\mathrm{i},-0.8,0.4\mathrm{i},-0.8]$）下的纯净直达波、仅受噪声干扰直达波、仅受传输干扰直达波、受噪声和传输干扰直达波的复包络（分为实部和虚部）波形比较。

从图 4-3 和图 4-4 中可以看出，噪声和传输干扰对直达波复包络都造成了不同程度的失真。其中，噪声的影响程度取决于信噪比，信噪比越低，失真程度越大；传输干扰的影响程度取决于传输信道特性，条件 2 与条件 1 下的传输干扰相比，不仅造成了直达波复包络的幅度失真，而且造成了直达波复包络的相位失真。

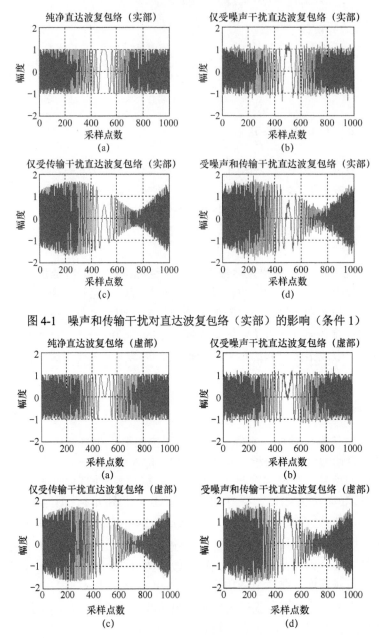

图 4-1　噪声和传输干扰对直达波复包络（实部）的影响（条件 1）

图 4-2　噪声和传输干扰对直达波复包络（虚部）的影响（条件 1）

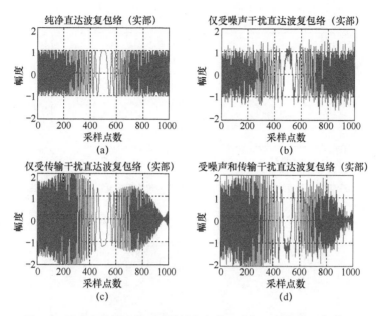

图 4-3　噪声和传输干扰对直达波复包络（实部）的影响（条件 2）

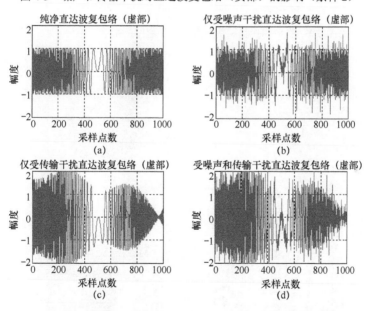

图 4-4　噪声和传输干扰对直达波复包络（虚部）的影响（条件 2）

　　图 4-5 为条件 1 下的纯净直达波、仅受噪声干扰直达波、仅受传输干扰直达波、受噪声和传输干扰直达波的复包络星座图比较；图 4-6 为条件 2 下的纯净直达波、仅受噪声干扰直达波、仅受传输干扰直达波、受噪声和传输干扰直达波的复包络星座图比较。

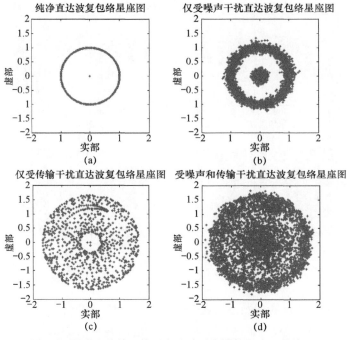

图 4-5　噪声和传输干扰对直达波星座图的影响（条件 1）

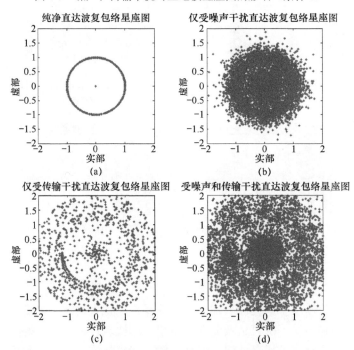

图 4-6　噪声和传输干扰对直达波星座图的影响（条件 2）

从图 4-5、图 4-6 中可以看出，纯净直达波的星座图分布在半径为 1 的圆和圆心处，半径为 1 的圆上的点对应直达波脉冲持续期间所有模值为 1 的点，圆心处的点对应直达波脉冲间歇期内模值为 0 的点。当受到噪声和传输干扰的污染时，直达波的星座图开始发散。条件 2 与条件 1 下的直达波的星座图相比，直达波失真更为严重。

图 4-7、图 4-8 分别为条件 1 和条件 2 下的纯净直达波、仅受噪声干扰直达波、仅受传输干扰直达波、受噪声和传输干扰直达波的自相关函数比较，图 4-9、图 4-10 分别为图 4-7、图 4-8 的局部放大效果图。从图 4-7～图 4-10 中可以看出，噪声主要影响直达波自相关函数的输出信噪比，对直达波相关峰的宽度影响较小；而传输干扰主要影响直达波相关峰的宽度，使直达波的相关峰发生展宽。条件 2 与条件 1 相比，直达波信噪比更低、传输干扰更严重，因此直达波自相关函数的输出信噪比更低、相关峰宽度更宽。

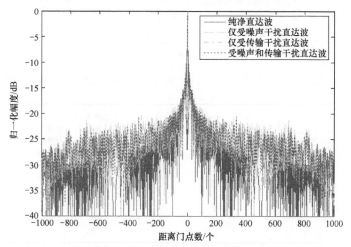

图 4-7　噪声和传输干扰对直达波自相关函数的影响（条件 1）

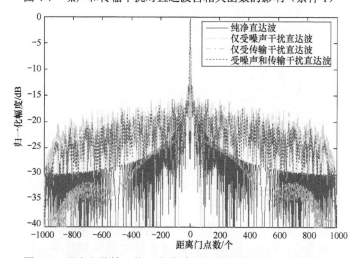

图 4-8　噪声和传输干扰对直达波自相关函数的影响（条件 2）

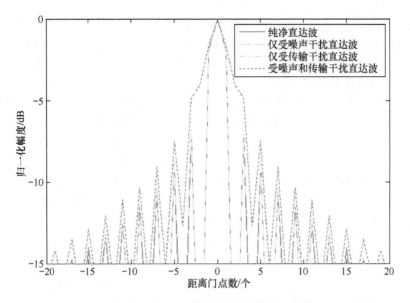

图 4-9　噪声和传输干扰对直达波自相关函数的影响（条件 1，局部放大）

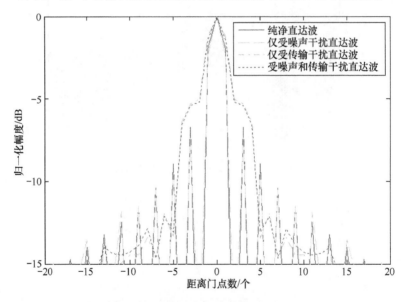

图 4-10　噪声和传输干扰对直达波自相关函数的影响（条件 2，局部放大）

　　图 4-11、图 4-12 分别为条件 1 和条件 2 下以纯净直达波、仅受噪声干扰直达波、仅受传输干扰直达波、受噪声和传输干扰直达波为参考的互相关函数比较，图 4-13、图 4-14 分别为图 4-11、图 4-12 的局部放大效果图。从图 4-11～图 4-14 中可以看出，噪声主要影响互相关函数的输出信噪比，对互相关函数尖峰的宽度影响较小；而传输干扰主要影响互相关函数尖峰的宽

度，使互相关函数尖峰发生展宽，同时由于传输干扰对直达波复包络的相位破坏，还导致了互相关函数尖峰位置的偏移，对互相关时延估计造成误差。在条件 2 下与条件 1 下相比，直达波信噪比更低、传输干扰更严重，因此，以直达波为参考的互相关函数的输出信噪比更低、尖峰宽度更宽，同时尖峰的位置偏差更大。

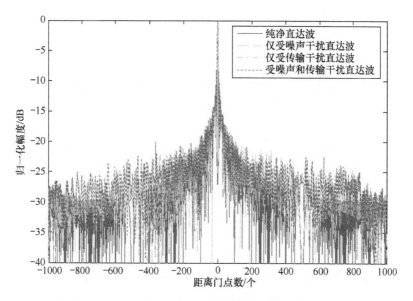

图 4-11　噪声和传输干扰对互相关函数的影响（条件 1）

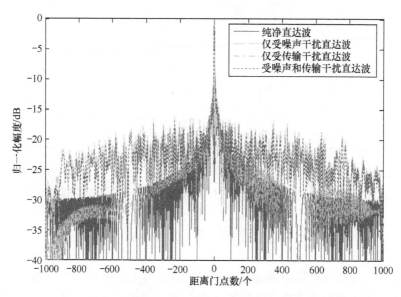

图 4-12　噪声和传输干扰对互相关函数的影响（条件 2）

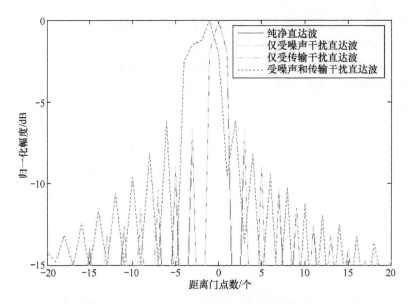

图 4-13　噪声和传输干扰对互相关函数的影响（条件 1，局部放大）

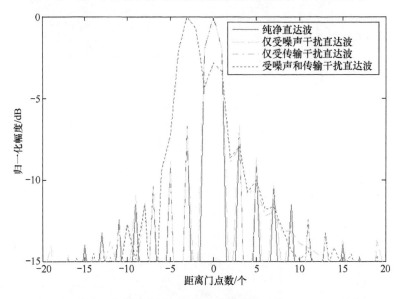

图 4-14　噪声和传输干扰对互相关函数的影响（条件 2，局部放大）

4.3　时谱技术重构直达波信号

为了尽可能地消除由于杂波而引起的双基地雷达性能下降，设计时非常希望能将直达波信号从杂波中分离出来。人们知道，在某些环境下，时谱分析能够非常有效地完成盲解卷积[5-8]，例如，只要知道线性系统的输出，就可以确定出输入信号和系统脉冲响应。在双基地雷达情况下，可以认为发射雷达脉冲是输入信号，传输路径是具有某些脉冲响应的线性系统，而接收到的直达波信号是通过这个系统的输出。这是合理的，因为杂波回波只是对带有幅度和相位偏移的直达波进行了时间延迟。为了简便分析，这里假设杂波"通道"为线性时不变系统。然而，通常由于内部噪声运动和照射源天线的旋转，使得杂波并不是时不变的。实际杂波模型的研究是十分重要也十分繁琐的，本节不做讨论。

下面重点讨论在什么条件下可以使用时谱分析来解卷积，时谱分析能否从杂波中分离出直达波。复时谱处理过程框图如图 4-15 所示。图 4-15 中 D_* 表示产生复时谱，复时谱 D_* 和逆复时谱 D_*^{-1} 的计算原理框图如图 4-16 和图 4-17 所示。

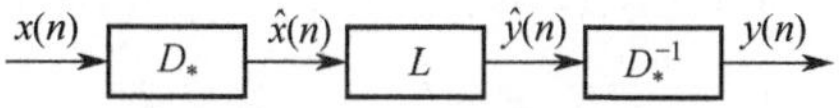

图 4-15　复时谱处理过程

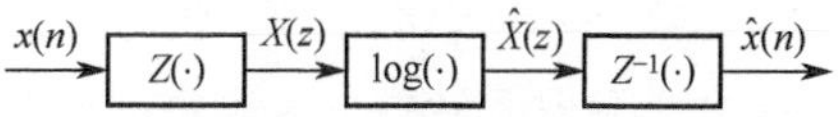

图 4-16　复时谱计算原理框图

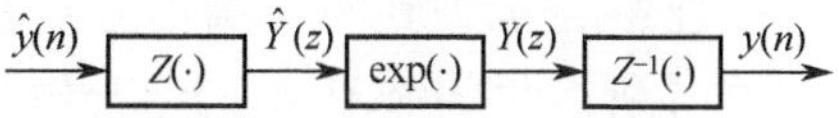

图 4-17　逆复时谱计算原理框图

如果输入到复时谱的信号为两个信号的卷积，则输出为两个信号的复时谱之和。假设输入 $x(n) = x_1(n) * x_2(n)$，则复时谱计算过程如下

$$\Rightarrow X(z) = X_1(z)X_2(z)$$
$$\Rightarrow \hat{X}(z) = \lg[X(z)] = \lg[X_1(z)] + \lg[X_2(z)] = \hat{X}_1(z) + \hat{X}_2(z) \quad (4\text{-}11)$$
$$\Rightarrow \hat{x}(n) = \hat{x}_1(n) + \hat{x}_2(n)$$

图 4-15 中，L 为用户自定义线性系统，这里称为线性抑制系统，输入为 $\hat{x}(n)$ 时，则输出为

$$\hat{y}(n) = l(n)\hat{x}(n) = l(n)\hat{x}_1(n) + l(n)\hat{x}_2(n) \quad (4\text{-}12)$$

注意，L 并不是通常意义下的线性系统，$l(n)$ 不是脉冲响应，而是一个窗函数。对 $\hat{y}(n)$ 进行逆复时谱计算，过程如下

$$\Rightarrow \hat{Y}(z) = L(z) * \hat{X}_1(z) + L(z) * \hat{X}_2(z)$$
$$\Rightarrow Y(z) = \exp[L(z) * \hat{X}_1(z)]\exp[L(z) * \hat{X}_2(z)] \quad (4\text{-}13)$$
$$\Rightarrow y(n) = Z^{-1}\{\exp[L(z) * \hat{X}_1(z)]\exp[L(z) * \hat{X}_2(z)]\}$$

接下来就是要确定在什么条件下上述处理过程能用来对两个信号进行解卷积。换句话说，就是如何选取 $l(n)$ 以使得输出 $y(n)$ 等于 $x_1(n)$。从式（4-13）可以看出，要使输出 $y(n)$ 等于 $x_1(n)$，则必须有以下等式成立

$$L(z) * \hat{X}_1(z) = \hat{X}_1(z)$$
$$L(z) * \hat{X}_2(z) = 0 \tag{4-14}$$

即

$$l(n)\hat{x}_1(n) = \hat{x}_1(n)$$
$$l(n)\hat{x}_2(n) = 0 \tag{4-15}$$

此时，可得

$$y(n) = Z^{-1}\{\exp[\hat{X}_1(z)]\exp[0]\} = Z^{-1}\{\exp[\hat{X}_1(z)]\} = x_1(n) \tag{4-16}$$

要满足式（4-15），则意味着两个信号的复时谱在复时谱"时"域上是分离的，以至于当在某些时刻出现了不希望的杂波分量，可通过在这些时刻选择 $l(n) = 0$ 来使杂波复时谱为零。如果 $\hat{x}_1(n)$ 在这些时刻也为零，则恢复的 $x_1(n)$ 就不会发生失真。这种从两个卷积信号中恢复其中的一个信号的技术又称为同态解卷积技术。

卷积性组合是信号处理中经常碰到的一种信号形式。在多径或混响环境中的通信、录音、定位时所产生的失真效应可看作是一种干扰与所需信号的卷积。在语音处理中，经常需要分离开声道冲击响应和激励的影响，可以认为语音信号是由两者卷积形成的；在地震信号处理中，地震信号是由爆炸产生的地震能量脉冲通过地层传播时形成的，可认为是能量脉冲和一个包含地层构造信息的冲击响应的卷积。卷积性组合信号可用同态滤波系统来处理。

举一个简单的例子，将一个信号输入到一个多路径通道中，这些多路径回波的延迟时间都大于信号的持续时间，那么在复时谱"时"域中，卷积组合信号中的多径回波部分会在整数倍的延迟间隔上产生尖峰，这些尖峰在复时谱的时间轴上与信号是分离的。此时，在线性抑制系统中就可以采用梳齿型滤波器滤除多径干扰信号，再利用逆复时谱恢复出原始信号。

然而，在双基地雷达情况下，杂波往往具有和发射波形十分近似的脉冲响应，而且杂波脉冲通常的复时谱并不是一串有规律等间隔的离散尖峰，而可能是连续的并且从零时刻就出现了。这种情况下，杂波和信号的复时谱往往重叠在一起而很难在复时谱的时间轴上可靠地将它们分离开。因此，可以认为：复时谱分析方法对于从杂波中分离出直达波信号不太有效。

4.4　自适应均衡技术重构直达波信号

如果将传输信道视为一个线性非时变系统，且其脉冲响应是一个非零均值的平稳随机过程，则接收机接收到的直达波信号可以看成为发射端原始发射信号与传输信道脉冲响应相卷积的结果，时谱技术可以很好地解决这类问题，并且已经在通信中得到了广泛的应用，但这类应用必须是基于某些特定的条件，比如说，直达波与地面杂波的复时谱不能重叠。然而，实际的非合作双基地雷达传输信道脉冲响应的复时谱与直达波的复时谱有可能非常相似，使得单纯地依靠时谱技术无法将它们可靠地分离。但如果能够利用非合作雷达信号本身的一些特性，并采用信道自适应均衡技术，从而可达到信号分离的目的。

采用自适应均衡技术来实现直达波恢复的参考通道接收机结构如图 4-18 所示。接收机完成 FFT 计算后，被抽头系数可调的滤波器进行加权处理，调节算法采用自适应均衡技术[9-13]。

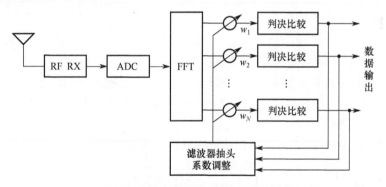

图 4-18　采用自适应均衡技术的参考通道接收机结构图

当 $s(n)$ 通过一线性系统 $h(n)$ 和加性白噪声 $v(n)$ 作用后，接收到的信号 $x(n)$ 可表示为

$$x(n) = s(n) * h(n) + v(n) \qquad (4\text{-}17)$$

式中：*表示卷积。

式（4-17）的频域表示为

$$X(k) = S(k)H(k) + V(k) \qquad (4\text{-}18)$$

为此，可引入频域自适应均衡滤波器来补偿信道对信号频谱造成的损伤。如图 4-19 所示。自适应均衡滤波器主要受到两个因素的影响：一是由于信道中的加性噪声会影响自适应均衡滤波器的输入 $X(k)$，从而使其输出 $Y(k)$ 受到噪声的影响，进而影响到误差信号 $e(k)$，致使无法趋近于 0，因此，自适

自适应均衡滤波器在实现传输信道的逆过程的同时，还必须要设法消除噪声的影响，这样才能使其工作在最佳状态；另外一个因素是尽管传输信道可能是因果的，但其却不定是最小相移，因此，该信道的逆过程既可能是非因果的，也可能甚至是发散的。

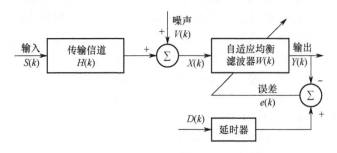

图 4-19　频域自适应均衡滤波器结构图

需要注意的是，在上述自适应均衡滤波器中，还要求提供一个期望信号 $D(k)$，用来与输出 $Y(k)$ 进行比较形成误差信号 $e(k)$，去控制自适应均衡滤波器的权系数。在基于非合作雷达信号的双基地雷达系统中，为得到期望信号 $D(k)$，需要事先知道非合作雷达照射源的频谱特征，这些信息既可以作为先验数据库信息已知，也可以由 ESM 接收机分析得出，通常比较容易获得。在接收机的后续处理中，只关心直达波的频率和相位信息，而对载波上面加载的其他信息并不感兴趣。因此，可以首先对接收到的直达波信号进行归一化处理，然后利用事先获得的非合作雷达照射源的载频和带宽等信息形成期望信号 $D(k)$。

采用横向结构的自适应均衡滤波器结构如图 4-20 所示。

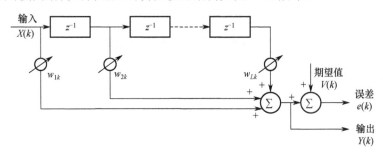

图 4-20　横向结构的自适应均衡滤波器结构图

图 4-20 中，定义误差 $e(k)$ 为自适应均衡滤波器输出 $Y(k)$ 与期望值 $D(k)$ 之差，即

$$e(k) = D(k) - Y(k) \qquad (4-19)$$

输出 $Y(k)$ 是输入 $X(k)$ 不同延时的加权和，用矩阵形式可表示为

$$Y(k) = \boldsymbol{W}^{\mathrm{H}}(k)\boldsymbol{X}(k) = \boldsymbol{W}^{\mathrm{H}}(k)\boldsymbol{S}(k)\boldsymbol{H}(k) + \boldsymbol{W}^{\mathrm{H}}(k)\boldsymbol{V}(k) \qquad (4\text{-}20)$$

式中：$\boldsymbol{X}(k) = \{x(k), x(k-1), x(k-2), \cdots, x[k-(L-1)]\}^{\mathrm{T}}$，为自适应均衡滤波器输入信号的 L 个延时的采样，上标 T 表示矩阵转置；$\boldsymbol{W}(k) = \{w_{1k}, w_{2k}, w_{3k}, \cdots, w_{Lk}\}^{\mathrm{T}}$，为 k 时刻自适应均衡滤波器系数，共有 L 个抽头；上标 H 表示矩阵的共轭转置。

  自适应均衡滤波器的目的在于寻求最佳 $\boldsymbol{W}^*(k)$，使得 $Y(k)$ 与 $S(k)$ 尽可能相等或接近。为此，定义代价函数 J 为误差样本模的平方的均方值，即

$$J = \mathrm{E}|e(k)|^2 \qquad (4\text{-}21)$$

  将式（4-19）代入式（4-21），得

$$J = |D(k)|^2 - \boldsymbol{W}^{\mathrm{H}}(k)\boldsymbol{P}(k) - \boldsymbol{P}^{\mathrm{H}}(k)\boldsymbol{W}(k) + \boldsymbol{W}^{\mathrm{H}}(k)\boldsymbol{R}(k)\boldsymbol{W}(k) \qquad (4\text{-}22)$$

式中：$\boldsymbol{P}(k) = \mathrm{E}[\boldsymbol{X}(k)\boldsymbol{D}(k)^*]$，为 $\boldsymbol{X}(k)$ 与 $\boldsymbol{D}(k)$ 的互相关函数；$\boldsymbol{R}(k) = \mathrm{E}[\boldsymbol{X}(k)\boldsymbol{X}^{\mathrm{H}}(k)^*]$ 为 $\boldsymbol{X}(k)$ 的自相关函数。

  实现自适应均衡滤波器的关键是按照代价函数 J 及 $\boldsymbol{X}(k)$，通过某种算法寻找 $J_{\min}$，从而可以达到自适应调节 $\boldsymbol{W}(k)$。

  在自适应理论中，有很多方法可以求出此最小值。如果采用简单而有效的 LMS 算法，则 LMS 算法的迭代方程为

$$\boldsymbol{W}(j+1) = \boldsymbol{W}(k) + \mu \boldsymbol{X}(k)e^*(k)$$
$$e^*(k) = D^*(k) - \boldsymbol{X}^{\mathrm{H}}(k)\boldsymbol{W}(j) \qquad (4\text{-}23)$$

式中：μ 值选取得好坏将直接影响到该式的收敛，建议 μ 值的选取范围为

$$0 < \mu < \frac{1}{\displaystyle\sum_{i=1}^{N} \mathrm{E}[X_i^2]} \qquad (4\text{-}24)$$

4.5 盲均衡技术重构直达波信号

  普通的自适应均衡滤波器需要训练和跟踪两个阶段。在训练阶段，需要已知信号的一些特性参数来训练自适应均衡滤波器，或者直接周期地发送训练序列。另外，在跟踪阶段，不发送训练序列，如果信道特性是快速变化的，自适应均衡滤波器的性能将迅速恶化。盲均衡技术能够不借助训练序列，而仅仅利用所接收到的信号序列即可对信道进行均衡，且能使自适应均衡滤波器的输出与要恢复的输入信号相等。盲均衡技术从根本上避免了训练序列的使用，收敛范围大，应用范围广，克服了传统自适应均衡滤波器的缺点。因此，盲均衡

技术现已越来越受到重视，并在数字通信系统中得到广泛应用。

最早的盲均衡算法是 1975 年由日本学者 Sato 提出的，被称为 Sato 算法。自 Sato 算法出现后，人们对盲均衡算法和理论进行了广泛的研究，到目前为止，盲均衡算法可分为如下四大类[14-26]。

（1）Bussgang 类算法。

Bussgang 算法的基本思想是通过极小化（或极大化）某个代价函数来达到盲辨识或盲均衡的目的。这类算法的一般格式是，先建立一个代价函数，使理想系统对应于代价函数的极小值点，然后采用某种自适应算法寻找代价函数的极值点，当代价函数达到极值点后，系统也就成为期望的理想系统。

（2）高阶统计量法。

高阶统计量法的特点是直接从高阶统计量的估计中获得信道参数，高阶统计量中包含系统的相位特性，因此，非常适合于解决非最小相位系统的盲解卷积问题。由于这种方法以解方程的方式获得信道参数，一般都能保证算法的全局收敛性，但算法要求的采样数据较多，计算量大。

（3）盲序列估计法。

盲序列估计法是将信号检测理论应用于盲均衡算法，利用最大似然估计、贝叶斯估计等方法对输入信号进行最优估计，或对信道及输入序列进行联合估计。这类算法具有较好的抗噪声性能，但计算复杂度高，实时实现比较困难。

（4）神经网络法。

由于神经网络能够充分逼近任意复杂的非线性系统，能够学习适应不确定性系统的动态特性，具有很强的鲁棒性和容错性，采用并行分布处理方法使得快速进行大量运算成为可能，人们已开始应用神经网络来设计新型的盲均衡算法。

现有的盲均衡算法大多都针对通信系统中的独立同分布（IID）数字调制的连续波信号。而本书涉及的非合作雷达直达波信号，它是模拟信号调制的脉冲信号，在满足采样定理的前提下采样数据是相关的，并且脉冲数据是周期性间断的。直达波信号的上述特点导致许多盲均衡算法失效，使得盲均衡算法抑制多径信道变得更加困难。由于 Bussgang 算法对信源信号的独立同分布特性没有要求，针对直达波信号的脉冲持续期间恒定发射包络特性，本书选择 Bussgang 算法中的恒模算法（Constant Modulus Algorithm, CMA）作为重点研究算法，考虑到脉冲间歇期内信号模值为零，引入一种多模算法（Multi-Modulus Algorithm, MMA）并对其进行修改，提出一种改进的双模式（CMA+MMA）算法。

4.5.1 CMA

Bussgang 性质盲均衡器是在传统自适应均衡技术的基础上发展起来的，它是盲均衡技术的一个分支，其特点是不增加计算复杂度，物理概念清楚，易于实现。不同 Bussgang 性质盲均衡器具有不同的无记忆非线性函数，其原理如图 4-21 所示。

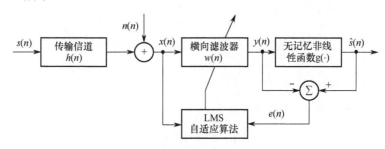

图 4-21　Bussgang 性质盲均衡器原理

为了从接收端接收到的受到传输信道 $h(n)$ 和噪声 $s(n)$ 干扰的信号 $x(n)$ 中恢复出发送端发送的信号 $s(n)$，Bussgang 算法采用一个无记忆非线性估计函数 $g(\cdot)$，使估计值 $\hat{s}(n) = g[y(n)]$，并利用盲均衡器输出信号 $y(n)$ 相对于估计值 $\hat{s}(n)$ 的误差 $e(n)$（$e(n) = \hat{s}(n) - y(n)$）来控制盲均衡器的权系数 $w(n)$。当算法收敛时，随着权系数 $w(n)$ 的迭代更新，误差将不断减小，最后误差 $e(n) \to 0$，此时 $y(n) \to \hat{s}(n)$。$\hat{s}(n)$ 为利用 $s(n)$ 某些先验信息的估计（即无记忆非线性函数 $g(\cdot)$ 需要利用发送信号 $s(n)$ 的某些先验信息来构造），例如对于常模为 R 的信号，可以通过反复判断 $y(n)$ 的模值是否等于 R 来使 $\hat{s}(n)$ 不断逼近 $s(n)$，最终使得 $y(n) \to \hat{s}(n) \to s(n)$。

根据所选择的无记忆非线性估计函数 $g(\cdot)$ 的不同，Bussgang 算法有许多特殊形式[27, 28]，如面向判决算法、Sato 算法和 Godard 算法，具体情况如表 4-1 所示。

表 4-1　Bussgang 算法特例

算法	无记忆非线性估计函数 $g(\cdot)$	参数定义
面向判决算法	$\mathrm{sgn}(\cdot)$	无
Sato 算法	$\gamma\,\mathrm{sgn}(\cdot)$	$\gamma = \dfrac{\mathrm{E}[\lvert s(n)\rvert^2]}{\mathrm{E}[\lvert s(n)\rvert^1]}$
Godard 算法	$\dfrac{y(n)}{\lvert y(n)\rvert}\left(\lvert y(n)\rvert + R_p\,\lvert y(n)\rvert^{p-1} - \lvert y(n)\rvert^{2p-1}\right)$	$R_p = \dfrac{\mathrm{E}[\lvert s(n)\rvert^{2p}]}{\mathrm{E}[\lvert s(n)\rvert^{p}]}$

表 4-1 中的 Godard 算法被认为是 Bussgang 类盲均衡算法中较为成功的一种算法。就载波相位补偿而言，Godard 算法比其他 Bussgang 算法具有更好的鲁棒性；在稳态条件下，Godard 算法比其他 Bussgang 算法具有更小的均方误差[29]。CMA 就是当参数 $P=2$ 时的 Godard 算法，由 Treichler 和 Agee 命名[30]，它可用于常数包络信号的盲均衡，具有计算复杂度低、易于实时实现、收敛性能好等优点，是目前研究最多、应用最广泛的盲均衡算法之一。

CMA 的无记忆非线性估计函数 $g(\cdot)$ 为

$$g(y(n)) = \frac{y(n)}{|y(n)|}(|y(n)| + R_2|y(n)| - |y(n)|^3) = y(n)(1 + R_2 - |y(n)|^2) \quad (4\text{-}25)$$

式中：$R_2 = \mathrm{E}[|s(n)|^4]/\mathrm{E}[|s(n)|^2]$ 为常数。

CMA 的代价函数 $J(n)$ 为

$$J(n) = \frac{1}{4}\mathrm{E}[(|y(n)|^2 - R_2)^2] \quad (4\text{-}26)$$

盲均衡器的输出为

$$y(n) = w(n) * x(n) = \sum_i w_i(n)x(n-i) = \boldsymbol{W}^{\mathrm{T}}(n)\boldsymbol{X}(n) = \boldsymbol{X}^{\mathrm{T}}(n)\boldsymbol{W}(n) \quad (4\text{-}27)$$

按照最陡下降法，得到 CMA 的权系数向量迭代公式

$$\boldsymbol{W}(n+1) = \boldsymbol{W}(n) - \mu_{\mathrm{C}}\frac{\partial J(n)}{\partial \boldsymbol{W}(n)} \quad (4\text{-}28)$$

式中：μ_{C} 为 CMA 算法的迭代步长。

由 $J(n)$ 对 $\boldsymbol{W}(n)$ 求偏导，可得

$$
\begin{aligned}
\frac{\partial J(n)}{\partial \boldsymbol{W}(n)} &= \frac{1}{2}\mathrm{E}\left\{(|y(n)|^2 - R_2)\frac{\partial |y(n)|^2}{\partial \boldsymbol{W}(n)}\right\} \\
&= \frac{1}{2}\mathrm{E}\left\{(|y(n)|^2 - R_2)\frac{\partial [\boldsymbol{W}^{\mathrm{T}}(n)\boldsymbol{X}(n)(\boldsymbol{W}^{\mathrm{T}}(n)\boldsymbol{X}(n))^*]}{\partial \boldsymbol{W}(n)}\right\} \quad (4\text{-}29) \\
&= \mathrm{E}\{(|y(n)|^2 - R_2)\boldsymbol{X}^*(n)\boldsymbol{X}^{\mathrm{T}}(n)\boldsymbol{W}(n)\} \\
&= \mathrm{E}\{(|y(n)|^2 - R_2)\boldsymbol{X}^*(n)y(n)\}
\end{aligned}
$$

实际应用中常用瞬时梯度代替梯度的期望值，得到 CMA 的迭代公式

$$\boldsymbol{W}(n+1) = \boldsymbol{W}(n) - \mu_{\mathrm{C}}y(n)(|y(n)|^2 - R_2)\boldsymbol{X}^*(n) \quad (4\text{-}30)$$

CMA 非常适用于具有恒模特性的信号，如通信系统中的相移键控（PSK）信号，算法收敛后的稳态误差很小；而对于非常模信号，如通信系统中的正交幅度调制（QAM）信号以及本书所涉及的非合作雷达直达波信号，

由于信号分布在几个不同半径的圆上，但 CMA 都是以同一模值为参数对信号进行均衡，CMA 误差函数始终不为零，因此，CMA 虽可稳定收敛，但收敛速度慢，稳态误差大。

4.5.2　MMA 及改进的 CMA+MMA

针对直达波信号脉冲持续期间模值恒定、脉冲间歇期内模值为零的多模特性，考虑采用一种基于数据可靠性的 MMA[31,32]，如果盲均衡器输出数据可靠性高，则调整抽头系数使盲均衡器收敛；如果盲均衡器输出数据可靠性差，则不调整抽头系数以防止盲均衡器发散。数据可靠性需要通过对盲均衡器输出 $y(n)$ 的位置进行判断来决定。MMA 的迭代公式如下

$$\begin{cases} W(n+1) = W(n) - \mu_{\mathrm{M}} y(n)(|y(n)|^2 - R(n))X^*(n), \left\| |y(n)|^2 - R(n) \right\| \leqslant d \\ W(n+1) = W(n), \left\| |y(n)|^2 - R(n) \right\| > d \end{cases} \tag{4-31}$$

式中：$R(n)$ 为第 n 时刻盲均衡器输出 $y(n)$ 的星座图中离 $y(n)$ 最近的圆的半径的平方；d 为 $y(n)$ 与 $R(n)$ 判决距离；μ_{M} 为 MMA 的迭代步长。

设直达波信号分布在已知半径的 N 个圆上（对于脉冲雷达信号而言，脉冲间歇期内信号模值为零，因此 N 通常等于 2），$R_i (i = 1, \cdots, N)$ 表示第 i 个圆的半径的平方，则 $R(n)$ 满足如下关系式

$$\left\| |y(n)|^2 - R(n) \right\| = \min_i \left\{ \left\| |y(n)|^2 - R_i \right\| \right\} \tag{4-32}$$

判决距离 d 的最佳取值会随着信道的不同而不同，在此只能给出它的一个取值范围。在不考虑噪声的情况下，判决距离 d 的取值范围为 $0 < d < D/2$，D 为信号模值的最小间距。在考虑噪声的情况下，设信噪比 SNR 为

$$\mathrm{SNR} = 10 \lg \frac{\mathrm{E}[a^2]}{\sigma^2} \tag{4-33}$$

式中：$\mathrm{E}[a^2]$ 为信号功率；σ^2 为噪声方差。

由式（4-23）可得噪声标准差为

$$\sigma = \sqrt{\frac{\mathrm{E}[a^2]}{10^{\mathrm{SNR}/10}}} \leqslant \frac{r_{\max}}{\sqrt{10^{\mathrm{SNR}/10}}} \tag{4-34}$$

式中：$r_{\max}$ 为信号星座最外层星座点所在圆的半径，对于直达波脉冲信号而言，$r_{\max}$ 等于脉冲持续期间发射包络的模值，即非合作雷达直达波信号的脉冲幅度。

取式（4-34）中噪声标准差 σ 的上限作为判决距离 d 的下限，可得判决距离 d 的取值范围为

$$\frac{r_{\max}}{\sqrt{10^{\text{SNR}/10}}} < d < D/2 \qquad (4\text{-}35)$$

上述 MMA 使盲均衡器输出收敛于多个不同的模，可以减小算法收敛后的稳态误差，但该算法只强调了较小的稳态误差，剔除了大量可用于抽头系数迭代的数据，从而降低了收敛速度。为充分利用算法未收敛时盲均衡器的输出信息，对落于判决区域外的信号可采用性能稳健的 CMA 进行均衡，对落入判决区域内的信号则采用 MMA 进行均衡。

同时注意到，在均衡的初始阶段，由于输入信号受到噪声和传输干扰的影响，会有一部分迭代符合使用 MMA 的判决条件，但是此时判决错误的概率相当大，使用 MMA 来更新盲均衡器抽头系数是很不可靠的。为克服这个问题，可以在初始的一段迭代次数 K 中，即 $n \leqslant K$ 时，仅使用性能稳健的 CMA 来有效地降低判决信号的误码率。只有当判决信号的误码率降低到一定程度，即 $n \geqslant K$ 时，才启用 CMA+MMA[33-36]。目前，尚未见文献研究 K 取值准则问题，K 值的确定参考了文献[36]中的选取范围，实际中 K 值的确定需要根据直达波受噪声和多径干扰影响的具体情况多次试验来设定。改进的 CMA+MMA 的迭代公式如下

$$\begin{cases} W(n+1) = W(n) - \mu_{\text{C}}\, y(n)(|y(n)|^2 - R_2)X^*(n), & \left||y(n)|^2 - R(n)\right| > d \text{ 或 } n < K \\ W(n+1) = W(n) - \mu_{\text{M}}\, y(n)(|y(n)|^2 - R(n))X^*(n), & \left||y(n)|^2 - R(n)\right| \leqslant d \end{cases}$$

$$(4\text{-}36)$$

式中：K 为初始迭代阈值；μ_{C} 和 μ_{M} 分别为 CMA 和 MMA 的迭代步长。

由于通常 CMA 比 MMA 的剩余误差大，所以通常 μ_{M} 比 μ_{C} 的取值要大。

4.5.3　仿真结果

下面的仿真试验中，重点对 CMA 和改进的 CMA+MMA 性能进行仿真比较。仿真条件如下：系统采样频率为 20MHz，发射信号为雷达线性调频脉冲信号，线性调频脉冲信号信噪比为 10dB，脉冲幅度归一化后为 1，脉冲个数为 5，脉冲重复周期为 100μs，脉宽为 50μs，调频带宽为 10MHz，发射信号传输信道的冲激响应为 [0.1,−0.1+i,−0.3,1+0.1i,−0.1]，信号在此信道中传输失真情况较严重。盲均衡器抽头数为 5，盲均衡器中心抽头初始化为 0.1+0j，其他的为 0+0j，迭代步长 μ_{C} 和 μ_{M} 分别为 0.01 和 0.04，MMA 的判决距离 d 取值为 0.3，改进算法的初始迭代阈值 K 取值为 500，即 500 次迭代以前都使用性能稳健的 CMA，只有当迭代次数大于 500 时，CMA+MMA 才正式启用。对 CMA 和改进的 CMA+MMA 各进行 10 次 Monte Carlo 仿真，结果如图 4-22、图 4-23 所示。

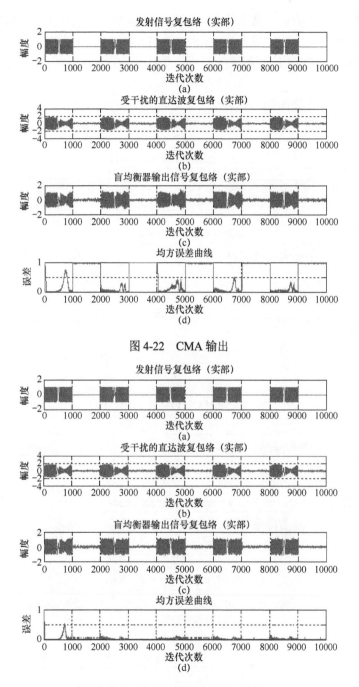

图 4-22　CMA 输出

图 4-23　改进的 CMA+MMA 输出

图 4-22、图 4-23 分别为利用 CMA 和改进的 CMA+MMA 对直达波进行盲均衡后的输出结果，图 4-24、图 4-25 分别为经过 CMA 和改进的

CMA+MMA 盲均衡后的第 5 个脉冲局部放大观察的输出结果。从仿真结果可以看出，两种算法都可以对直达波起到盲均衡的效果，然而改进的 CMA+MMA 比 CMA 的收敛速度更快，同时保持了收敛后更小的剩余误差。

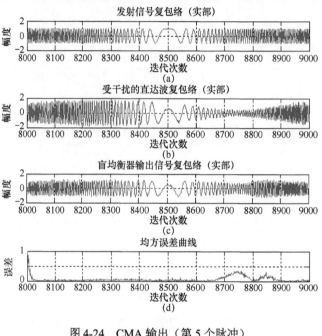

图 4-24　CMA 输出（第 5 个脉冲）

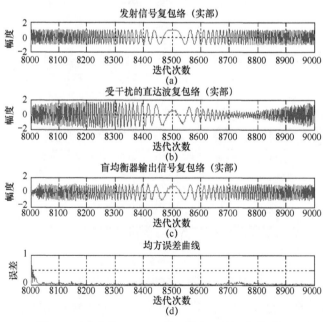

图 4-25　改进的 CMA+MMA 输出（第 5 个脉冲）

图 4-26、图 4-27 分别为 CMA 和改进的 CMA+MMA 收敛后，盲均衡器输出的星座图。从图 4-26 和图 4-27 中可看出，改进的 CMA+MMA 盲均衡器输出星座图比 CMA 更加紧凑，也说明改进的 CMA+MMA 剩余误差比 CMA 小。所以，虽然改进的 CMA+MMA 的结构比 CMA 稍微复杂，但却具有更好的盲均衡特性。

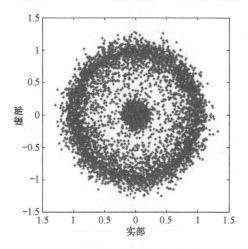

图 4-26　CMA 盲均衡器输出信号星座图

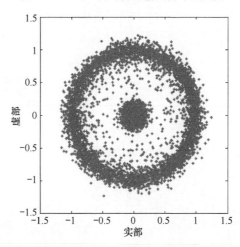

图 4-27　改进的 CMA+MMA 盲均衡器输出信号星座图

图 4-28、图 4-29 分别为 CMA 和改进的 CMA+MMA 盲均衡前后的直达波自相关函数，图 4-30、图 4-31 分别为图 4-28、4-29 的局部放大效果图。从图 4-28～图 4-31 中可以看出，盲均衡前的直达波由于受到传输信道的传输干扰，自相关函数的相关峰发生展宽；两种算法盲均衡后信号的相关峰变窄，验证了两种算法盲均衡的有效性，然而改进的 CMA+MMA 比 CMA 盲均衡后信号的相关峰更窄，盲均衡效果更好。

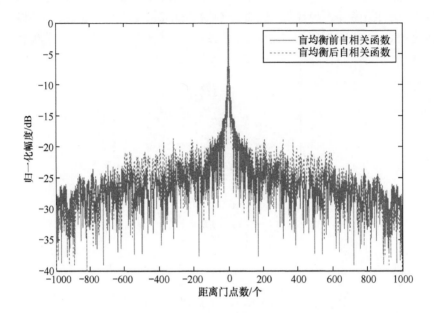

图 4-28　CMA 盲均衡前后直达波自相关函数

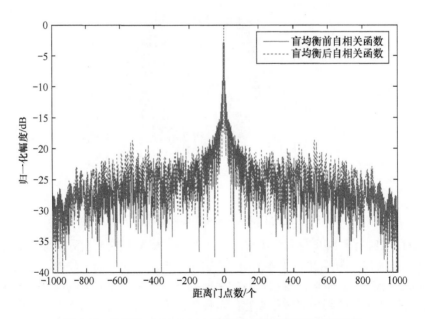

图 4-29　改进的 CMA+MMA 盲均衡前后直达波自相关函数

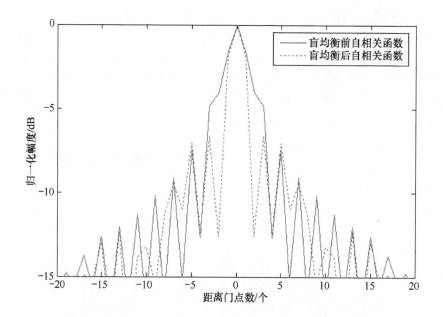

图 4-30　CMA 盲均衡前后直达波自相关函数（局部放大）

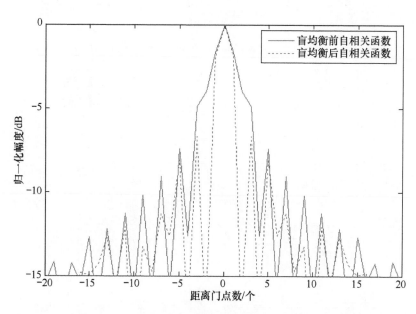

图 4-31　改进的 CMA+MMA 盲均衡前后直达波自相关函数（局部放大）

图 4-32、图 4-33 分别为 CMA 盲均衡和改进的 CMA+MMA 盲均衡前后以直达波为参考的互相关函数，图 4-34、图 4-35 分别为图 4-32、图 4-33 的局部放大效果图。从图 4-32～图 4-35 中可以看出，盲均衡前的直达波信号由于受到传输信道的传输干扰，因此，互相关函数尖峰发生展宽，同时由于传输干扰对直达波复包络的相位破坏，还导致了互相关函数尖峰位置的偏移；两种算法盲均衡后互相关函数尖峰变窄，同时互相关函数尖峰位置偏移得到了修正，验证了两种算法盲均衡的有效性，然而改进的 CMA+MMA 比 CMA 盲均衡后互相关函数尖峰更窄，盲均衡效果更好。

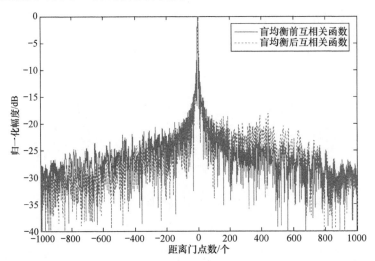

图 4-32　CMA 盲均衡前后的互相关函数

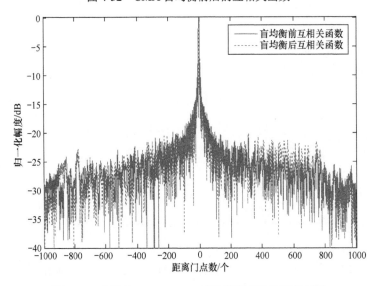

图 4-33　改进的 CMA+MMA 盲均衡前后的互相关函数

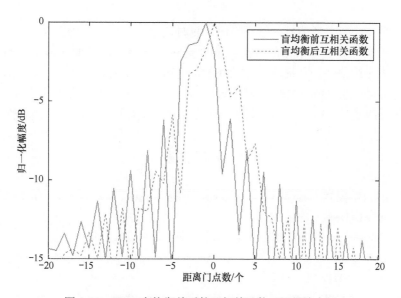

图 4-34　CMA 盲均衡前后的互相关函数（局部放大）

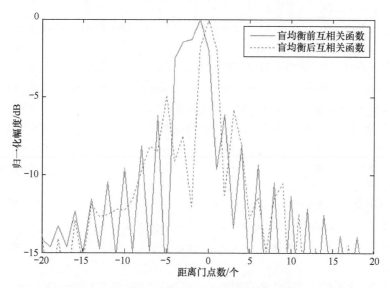

图 4-35　改进的 CMA+MMA 盲均衡前后的互相关函数（局部放大）

4.6　小结

本章首先分析了噪声和传输干扰对直达波的影响，在非合作接收条件下，辅通道天线接收到的直达波参考信号不可避免地受到多径传播的影响，因此，为进一步提高参考信号自相关函数的冲激特性以及改善抑制地杂波的效果，有必要均衡参考信号。继而给出了复时谱技术、自适应均衡技术、盲均衡技术重构直达波参考信号的方法。依据实际系统特点，详细讨论了 CMA 和 MMA 的应用条件，并提出改进的 CMA+MMA。试验结果表明，均衡在一定的条件下可以有效地改善自模糊函数图和地杂波抑制效果，进而改善目标检测的性能，改进的 CMA+MMA 能进一步提高 CMA 对直达波脉冲的均衡性能。

参考文献

[1] Thomas Daniel D. Synchronization of noncooperative bistatic radar receivers[D]. PhD thesis, Syracuse University, USA: 1999.

[2] 林茂庸, 柯有安. 雷达信号理论[M]. 北京: 国防工业出版社, 1984.

[3] Turin G L. An introduction to digital matched filters[J]. Procedings of the IEEE. 1976, 64(10): 1092-1112.

[4] Widrow, Bernard, Stearn Samuel D. Adaptive signal processing[M]. Prentice Hall, Inc., Englewood Cliffs, N J, 1985.

[5] Oppenheim, Alan V, Ronald W Schafer. Discrete time signal processing[M]. Prentice Hall, Inc., Englewood Cliffs, N J, 1989.

[6] 姚天任, 孙洪. 现代数字信号处理[M]. 武汉: 华中科技大学出版社, 1999.

[7] Kemerait R C, Childers D G. Signal detection and extraction by cepstrum techniques[J]. IEEE Transaction on Information Theory. 1972, 18 (6): 745-759.

[8] 张颖, 应小凡, 田斌. 一种基于倒谱分析的抗多经衰落的算法[J]. 信号处理. 2003, 19(1): 55-58.

[9] Haykin Simon. Adaptive filter theory. 2nd Ed.[M]. Prentice Hall, Inc., Englewood Cliffs, N J, 1991.

[10] 张贤达, 保铮. 通信信号处理[M]. 北京: 国防工业出版社, 2002.

[11] 张贤达. 现代信号处理[M]. 北京: 清华大学出版社, 2002.

[12] Haykin S. 自适应滤波器原理(第四版)[M]. 郑宝玉, 等译. 北京: 电子工业出版社, 2003.

[13] 皇甫堪, 陈建文, 楼生强. 现代数字信号处理[M]. 北京: 电子工业出版社, 2003.

[14] Jelonnek B, Boss D, Kammeyer K. Generalized eigenvector algorithm for blind equalization [J]. Elsevier signal Processing. 1997, 61(3): 237-264.

[15] Tong L, Xu G, Hassibi B. Blind ideniification and equalization based on second-order statistics: a time-domain approach[J]. IEEE Transactions on Inofrmation Theory. 1994, 40(5): 340-349.

[16] Pan R C, Nikias L. The complex cepsturm of higher order cumulants and nonminimum phase identification[J]. IEEE Transactions on ASSP. 1988, 36(10): 186-205.

[17] Fior S, Uncini A, Piazza F. Blind deconvolution by modified Bussgang algorithm. Processing

of the 1999 IEEE Int. Symposium on Circuits and System[C]. 1999: 1-4.

[18] Shalvi O, Weinstein E. New criteria for blind deconvolution of nonminimum phase systems(chnanels) [J]. IEEE Transactions on Information Theory. 1990, 36(5): 312-321.

[19] 冯燧, 廖桂生. 恒模算法: 进展与展望[J]. 信号处理. 2003, 19(5): 70-75.

[20] 庄建东. 适用于多电平数字通信系统的盲均衡算法[J]. 电子学报. 1992, 20(7): 95-98.

[21] 徐金标, 葛建华, 王新梅. 一种新的盲均衡算法[J]. 通信学报. 1995, 16(3): 65-68.

[22] 贾建华, 孙桐升. 一种新的常系数 Blind 自适应数字均衡器[J]. 通信学报. 2000, 2 (4): 28-32.

[23] 张晓琴. 基于高阶谱理论盲均衡算法的研究[D]. 硕士论文, 太原理工大学, 太原: 2003.

[24] 何晓薇, 樊龙飞, 查光明. 基于二阶、四阶累积量的盲解卷积准则[J]. 电子科技大学学报. 1998, 27(4): 55-58.

[25] 樊龙飞, 查光明, 黄顺吉. 基于二阶、四阶的 QAM 系统盲均衡准则[J]. 电子科学学刊. 1999, 21(2): 82-86.

[26] 赵成林, 刘泽民, 周正. 一种应用三阶倒谱的忙均衡新算法[J]. 北京邮电大学学报. 1996, 19(2): 44-48.

[27] 张雄. 基于 Bussgang 技术盲均衡算法的研究[D]. 硕士论文, 太原理工大学, 太原: 2003.

[28] 张立毅, 张雄, 王华奎. 基于 Bussgang 技术的盲均衡算法分析[J]. 计算机工程与应用. 2003, 19(1): 55-58.

[29] 赵洪立. 基于调频广播的无源雷达系统中微弱目标检测技术的研究[D]. 博士论文, 西安电子科技大学, 西安: 2006.

[30] Treichler J R, Agee B G. A new approach to multipath correction of constant modulus signals[J]. IEEE Trans on ASSP. 1983, 31(2): 459-472.

[31] 郑应强, 李平, 张振仁. 基于多模特性的自参数调整 CMA(1,2)盲均衡算法研究[J]. 现代通信技术. 2003, 19(4): 5-8.

[32] 刘琚, 代凌云. 一种新的基于多模误差切换的盲均衡算法[J]. 数据采集与处理. 2004, 19(2): 167-170.

[33] Weerackody V, Kassam S A. Dual-mode type algorithm for blind equalization[J]. IEEE Transactions on Communication. 1994, 42(1): 22-28.

[34] 潘立军, 刘泽民. 一种双模式盲均衡算法[J]. 北京邮电大学学报. 2005, 28(3): 49-51.

[35] 徐金标, 葛建华, 王育民. 基于 CMA 算法的双模式盲均衡算法[J]. 通信学报. 1997,18 (2): 65-69.

[36] 朱行涛, 赵翔, 刘郁林. 基于 DD-LMS 和 MCMA 的盲判决反馈均衡算法研究[J]. 微波学报. 2007, 23(2): 67-70.

第5章 直达波干扰与杂波抑制技术

5.1 引言

直达波抑制是外辐射源雷达系统中所面临的一个关键性技术问题，它直接影响到目标检测结果的好坏。由于信号要经过目标反射后才能接收，这样接收机接收到的只是很微弱的一部分能量，而直达波信号的强度要比目标回波信号的强度大得多，要在如此强大的直达波干扰背景下检测出目标无疑是极其困难的，因此必须对直达波干扰进行抑制处理。在实际的基于脉冲雷达辐射源的非合作双基地雷达系统中，脉冲信号的时域分离特点使得直达波干扰问题并没有基于广播、电视等连续波信号的非合作双基地雷达那么严重。当目标离收发天线较远或者脉冲信号的脉宽较窄（如常规脉冲信号）时，直达波与目标散射信号在时间上是可以分离的，因而可采用时间窗技术将两者分离[1,2]。当目标离收发天线较近或者脉冲信号的脉宽较宽（如大时宽带宽积信号，即脉冲压缩信号）时，散射信号将会与直达波混叠在一起，应用时间窗就无法分开直达波与散射波，因此，想要从接收信号中直观地看出散射信号的位置、幅度和形状是不可能的。为此，必须对接收到的混叠信号进行处理，将散射信号提取出来。通常关于散射信号和直达波的先验知识知道的很少，可以使用具有相应延迟抽头的直达波对消横向滤波器，对在一定范围内的直达波、多径信号和地杂波一并进行对消和滤波。

双基地杂波问题也是基于脉冲雷达辐射源的非合作双基地雷达系统中的关键问题之一，双基地杂波包括固定的地物杂波和运动的海杂波、云雨等气象杂波，这些杂波严重影响着雷达系统的目标检测能力。在一定的同步技术条件下，基于脉冲雷达辐射源的非合作双基地雷达系统可以和普通脉冲雷达一样，利用隔周期回波信号相减来达到反地物杂波干扰的目的，同时还可以采用自适应杂波抑制算法来滤除运动杂波，实现自适应动目标显示（AMTI）功能。

5.2 直达波干扰对目标检测的影响

5.2.1 问题描述与数学模型

非合作辐射源发射脉冲雷达信号，参考接收机天线指向非合作辐射源区域，接收到很强的直达波信号，作为参考信号，目标接收机天线指向目标，接收目标反射信号，同时直达波从副瓣进入目标接收机，虽然从副瓣进入，但是相对于反射信号而言直达波信号仍然很强，形成直达波干扰。

假设非合作辐射源信号为 $x(t)$，参考通道接收机接收的信号为 $x_1(t)$，目标通道接收机接收的信号为 $x_2(t)$。若研究区域只有一个目标，则接收到的信号可表示为

$$x_1(t) = \alpha_1 x(t) + \beta_1 x(t-\tau_d) e^{j2\pi f_d(t-\tau_d)} \tag{5-1}$$

$$x_2(t) = \alpha_2 x(t) + \beta_2 x(t-\tau_d) e^{j2\pi f_d(t-\tau_d)} \tag{5-2}$$

式（5-1）和式（5-2）中：τ_d、f_d 分别为由目标的位置与速度而引起的时间延迟与多普勒频移；α_1 为参考接收机天线对发射信号的衰减系数，由于信号是从参考接收机天线的主波束方向进入，所以衰减很小，一般可以取为 $\alpha_1 = 1$；β_1 为参考接收机天线对目标散射信号的衰减系数，因为信号经过散射并且从参考接收机天线的旁瓣方向进入，因此衰减非常大，一般取 $\beta_1 = 0$；α_2 为目标接收机天线对发射信号的衰减系数，主要取决于非合作照射源与目标接收机之间的距离和直达波干扰进入目标接收机的方向；β_2 为目标接收机天线对目标散射信号的衰减系数，主要取决于目标的 RCS 和非合作照射源到目标再到目标接收机的距离。

将目标接收机天线接收到的信号为 $x_2(t)$ 和参考接收机天线接收的信号 $x_1(t)$ 做时间—频率二维相关积累处理（相当于利用参考天线接收的信号为 $x_1(t)$ 对目标天线接接收的信号为 $x_2(t)$ 进行匹配接收），此过程的输出可以表示为[3]

$$
\begin{aligned}
M(\tau,f) &= \int_{-\infty}^{+\infty} x_2(t) x_1^*(t-\tau) e^{-j2\pi ft} dt \\
&= \int_{-\infty}^{+\infty} [\alpha_2 x(t) + \beta_2 x(t-\tau_d) e^{j2\pi f_d(t-\tau_d)}] x^*(t-\tau) e^{-j2\pi ft} dt \\
&= \alpha_2 \int_{-\infty}^{+\infty} x(t) x^*(t-\tau) e^{-j2\pi ft} dt + \beta_2 \int_{-\infty}^{+\infty} x(t-\tau_d) e^{j2\pi f_d(t-\tau_d)} x^*(t-\tau) e^{-j2\pi ft} dt \\
&= \alpha_2 \int_{-\infty}^{+\infty} x(t) x^*(t-\tau) e^{-j2\pi ft} dt + \beta_2 e^{-j2\pi f\tau_d} \int_{-\infty}^{+\infty} x(t) x^*[t-(\tau-\tau_d)] e^{-j2\pi(f-f_d)t} dt \\
&= \alpha_2 \chi(\tau,f) + \beta_2 e^{-j2\pi f\tau_d} \chi(\tau-\tau_d, f-f_d)
\end{aligned}
$$

$$\tag{5-3}$$

式中：$\chi(\tau,f)$ 为信号 $x(t)$ 的模糊函数。

由模糊函数的性质可知：$|\chi(\tau,f)|$ 在 $(0,0)$ 位置处出现峰值，$|\chi(\tau-\tau_d, f-f_d)|$ 在 (τ_d,f_d) 位置处出现峰值。因此，$|M(\tau,f)|$ 在 $(0,0)$ 和 (τ_d,f_d) 位置处出现双峰值，其中 (τ_d,f_d) 位置处的峰值由目标回波产生，通过该峰值的检测可以确定目标的时延与频移；而 $(0,0)$ 位置处的峰值由目标天线信号中的直达波干扰引起，由于目标回波的功率与直达波干扰信号相比很小，造成直达波干扰信号二维相关结果中的旁瓣的高度比目标回波相关结果中主瓣的高度还要大，加上噪声和地物杂波的影响，很容易将有用的目标回波信号淹没，影响正常的目标检测。

5.2.2 仿真结果

首先分析静止目标情况。仿真条件如下：系统采样频率为 10MHz，发射信号为雷达线性调频脉冲信号，脉冲重复周期为 1000μs，脉宽为 100μs，调频带宽为 5MHz，参考通道直达波信噪比为 20dB，目标回波信号相对参考信号的时延为 50μs，目标回波信噪比为 0dB。仿真比较不同 SDR（目标回波功率与直达波干扰功率之比）条件下对目标回波进行相关处理的归一化输出结果，如图 5-1 所示。

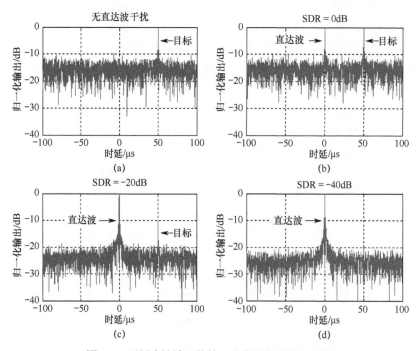

图 5-1 不同直达波干扰情况下的互相关输出比较

从图 5-1 中可以看出，在无直达波干扰情况下，互相关输出在 τ=50μs 处有一个明显的相关尖峰，与仿真条件给出的目标所对应的时延相符；在有直达波干扰情况下，互相关输出在 $\tau=0\mu s$ 处出现一个很高的相关尖峰，此尖峰是由于直达波干扰的存在而产生的。随着目标回波功率与直达波干扰功率之比 SDR 的减小，目标回波信号输出信噪比减小，目标检测性能变差。当 SDR 低到一定程度时，目标回波将会完全被直达波干扰的副瓣所淹没。

下面分析运动目标情况。仿真条件如下：系统采样频率为 10MHz，发射信号为雷达线性调频脉冲信号，脉冲重复周期为 1000μs，脉宽为 100μs，调频带宽为 5MHz，参考通道直达波信噪比为 20dB，目标回波信号相对参考信号的时延为 50μs，频移为 250Hz，目标回波信噪比为 0dB，积累脉冲个数为 32。仿真比较不同 SDR 条件下对目标回波进行二维相关处理的归一化输出结果，如图 5-2 所示。

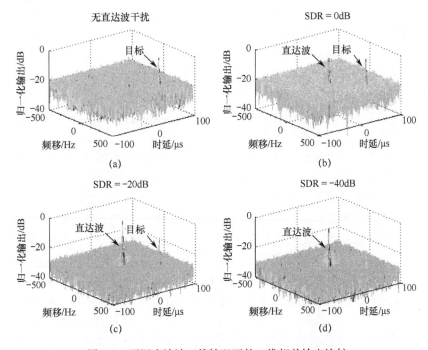

图 5-2 不同直达波干扰情况下的二维相关输出比较

从图 5-2 中可以看出，在无直达波干扰情况下，二维相关输出在（ $\tau=50\mu s$，$f=250Hz$）处有一个明显的相关尖峰，与仿真条件给出的目标所对应的时延和频移相符；在有直达波干扰情况下，二维相关输出在（ $\tau=0\mu s$，$f=0Hz$）处出现一个很高的相关尖峰，此尖峰是由于直达波干扰的存在而产生的。随着目标回波功率与直达波干扰功率之比 SDR 的减小，目标回波信号输出信噪比减小，目标检测性能变差。本应在（ $\tau=50\mu s$，$f=250Hz$）处有一个对应目标回波信号的谱峰存在，但是由于直达波干扰远远强于目标回波信号，以至于目标回波信号的谱峰被直达波干扰信号相关峰的旁瓣基底电平淹没。如果不对直达波干扰进行有效的抑制，是不能够提取到目标的时延和多普勒频移的。

5.3 直达波干扰自适应对消技术

根据目标离收发天线的位置和脉冲信号的脉宽的不同，可以将直达波干扰分为两种情况，一种是直达波干扰和目标回波信号时域不交叠的情况，另一种则是时域交叠的情况。在第一种情况下，直达波干扰与目标回波信号波形没有交叠，也就是说目标回波信号的时延要大于非合作照射源辐射脉冲信号的脉冲宽度。此时，直达波与目标回波信号在时间上是可以分离的，因而可采用时间窗技术将两者分离，即首先利用参考通道数据完成时间同步并提取出时间同步脉冲，当时间同步脉冲到来时，开启一个与辐射源脉冲宽度相等的时间窗，通过对时间窗内的信号消隐可以很容易实现对直达波干扰的抑制。在第二种情况下，直达波干扰与目标回波信号波形发生交叠，应用时间窗无法分开直达波与目标回波，由于直达波干扰功率远远强于目标信号功率，这将给后续的目标检测造成很大的影响，目标回波信号将可能被直达波干扰淹没而无法被检测到，因此，在进行目标检测之前必须对直达波干扰进行抑制。本节将重点研究第二种情况下的直达波抑制问题。

由于参考天线接收到的直达波信号与目标天线接收到的信号中的直达波干扰来自同一辐射源，两者之间存在相关性，所以可以考虑使用对消技术抑制直达波。如果把两路信号将直达波对齐后直接相减也可以去除直达波干扰，但是由于采样起始点的漂移以及天线所带来的相位误差，直接相减会抵消目标回波信号，并且剩余干扰会很大。因此，考虑使用自适应对消技术抑制直达波。

自适应滤波器可以采用不同的自适应算法，这些算法的作用都是根据输入信号和输出误差信号来调整滤波器的权重，使得滤波器输出信号最接近干扰信号，通过相减器的对消，即完成了自适应干扰对消的过程。根据采用的自适应算法不同，自适应滤波器可以分为最小均方（LMS）滤波器、最小二乘（RLS）滤波器等等；根据滤波器的结构不同，自适应滤波器可以分为 FIR 横向滤波器、格型滤波器、IIR 滤波器等。由于 LMS 算法和 FIR 横向滤波器具有计算量小、易于实现等优点，因此本节重点研究基于 LMS 算法和 FIR 横向滤波器结构的自适应对消系统及其在直达波干扰抑制中的应用，在分析传统LMS 算法[4-6]、归一化 LMS 算法[7-11]、变步长 LMS 算法[12-18]的基础上，提出了一种新的变步长归一化 LMS 算法，并对上述方法进行了理论分析和仿真比较。

5.3.1 传统 LMS 算法

基于 LMS 算法和 FIR 横向滤波器结构的直达波干扰自适应对消系统组成

框图如图 5-3 所示。$x_1(n)$ 为参考通道接收信号即为直达波信号，$x_2(n)$ 为目标通道接收信号。由于 $x_1(n)$ 中的直达波信号与 $x_2(n)$ 中的直达波干扰来自同一辐射源，两者之间具有很强的相关性，而 $x_1(n)$ 中的直达波信号虽与 $x_2(n)$ 中的目标回波信号也存在一定的相关性，但是 $x_2(n)$ 中的直达波干扰功率远远强于 $x_2(n)$ 中的目标回波信号，因此，自适应滤波器的权值主要被 $x_1(n)$ 和 $x_2(n)$ 中的直达波所控制，当收敛之后，滤波器的输出 $y(n)$ 与 $x_2(n)$ 中的直达波干扰几乎完全匹配，此时直达波干扰被抵消，自适应对消器输出信号 $e(n)$ 即为有用的目标回波信号。

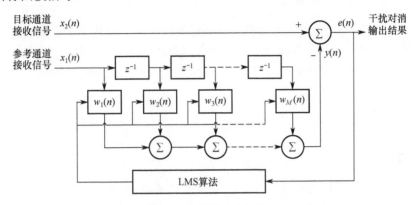

图 5-3　直达波干扰自适应对消系统组成框图

由图 5-3 可知，自适应对消器的参考输入为 $x_1(n)$，期望信号为 $x_2(n)$，设滤波器阶数为 M，则横向自适应滤波器的输出 $y(n)$ 可以表示为

$$y(n) = w(n) * x_1(n) = \sum_{i=1}^{M} w_i(n)x_1(n-i+1) = \boldsymbol{W}^{\mathrm{T}}(n)\boldsymbol{X}(n) \qquad (5\text{-}4)$$

式中：　$\boldsymbol{X}(n) = [x_1(n), x_1(n-1), \cdots, x_1(n-M+1)]^{\mathrm{T}}$ 为输入矢量；　$\boldsymbol{W}(n) = [w_1(n), w_2(n), \cdots, w_M(n)]^{\mathrm{T}}$ 为权系数矢量。

$y(n)$ 相对于期望信号 $x_2(n)$ 的误差 $e(n)$，即系统输出为

$$e(n) = x_2(n) - y(n) = x_2(n) - \boldsymbol{W}^{\mathrm{T}}(n)\boldsymbol{X}(n) \qquad (5\text{-}5)$$

取代价函数 $J(n)$ 为

$$J(n) = \mathrm{E}[e^2(n)] \qquad (5\text{-}6)$$

求代价函数梯度，可以得到最陡下降法的权值迭代公式，即

$$\boldsymbol{W}(n+1) = \boldsymbol{W}(n) - \mu\frac{\partial J(n)}{\partial \boldsymbol{W}(n)} = \boldsymbol{W}(n) + 2\mu e(n)\boldsymbol{X}(n) \qquad (5\text{-}7)$$

式中：μ 为迭代步长。算法收敛的条件为：$0 < \mu < 1/\lambda_{\max}$，$\lambda_{\max}$ 是输入信号

自相关矩阵的最大特征值。

传统固定步长因子 μ 的 LMS 算法在初始收敛速度、时变系统跟踪能力及稳态误差这三者之间的要求是相互矛盾的。大的步长因子 μ 使算法具有较好的初始收敛速度和时变系统跟踪能力，同时加大了稳态误差；小的步长因子 μ 使算法具有较小的稳态误差，但是同时使算法的收敛速度慢，时变系统跟踪能力差。收敛速率、跟踪速率和稳态误差特性不能同时得到满足，其性能由步长来控制。

5.3.2 归一化 LMS 算法

LMS 算法的稳定性、收敛性和稳态性能均与自适应均衡器权系数矢量的系数和输入信号的功率直接相关。归一化 LMS（NLMS）算法对收敛因子 μ 进行归一化，来确保自适应均衡算法的收敛的稳定性。这种算法的归一化收敛因子表示为

$$\mu(n) = \frac{\mu}{\sigma_x^2} \tag{5-8}$$

式中：σ_x^2 为输入信号 $x_1(n)$ 的方差。

通常用时间平均来代替式（5-8）中的统计方差，公式如下

$$\hat{\sigma}_x^2(n) = \sum_{i=1}^{M} x_1^2(n-i+1) = \boldsymbol{X}^{\mathrm{T}}(n)\boldsymbol{X}(n) \tag{5-9}$$

式中：$\hat{\sigma}_x^2(n)$ 为在时刻 n 对信号方差 σ_x^2 的估值。

对于平稳随机输入信号 $x_1(n)$ 来说，$\hat{\sigma}_x^2(n)$ 是 σ_x^2 的无偏一致估计。将归一化收敛因子带入 LMS 算法，有

$$\boldsymbol{W}(n+1) = \boldsymbol{W}(n) + 2\frac{\mu}{\boldsymbol{X}^{\mathrm{T}}(n)\boldsymbol{X}(n)}e(n)\boldsymbol{X}(n) \tag{5-10}$$

为了避免式（5-10）中分式的分母为 0，通常在分母上加上一个小的正常数 c，这样，NLMS 算法的迭代公式变为

$$\boldsymbol{W}(n+1) = \boldsymbol{W}(n) + 2\frac{\mu}{c + \boldsymbol{X}^{\mathrm{T}}(n)\boldsymbol{X}(n)}e(n)\boldsymbol{X}(n) \tag{5-11}$$

这样，只要保证收敛条件 $0 < \mu < 1$，就能保证经过足够大的 n 次迭代，算法能够稳定收敛。

NLMS 是步长归一化的 LMS 算法，它使得算法在输入信号较大的情况下避免梯度噪声放大的干扰，因而具有更好的收敛性能。但是，与 LMS 一样，它的收敛速度和稳态误差也要受到步长的控制，步长大则收敛速度较快而稳态误差较大，步长小则收敛速度较慢而稳态误差较小。

5.3.3 变步长 LMS 算法

自适应均衡滤波器的收敛速率在很大程度上取决于步长因子 μ，当步长参数较大时，自适应均衡滤波器收敛速率快，当步长较小时，收敛速率慢。但同时均方误差的稳态值随着步长因子 μ 的变大而增大，这是一对需要权衡的矛盾。很容易想到采用变步长 LMS 算法，在开始阶段使用较大的步长因子加快收敛速度，随着迭代次数的增加当自适应均衡滤波器系数接近最优值时使得步长因子随之减小，减小稳态均方误差。考虑到稳态误差 MSE 的大小也是在收敛条件下随迭代次数的增加而减小，可以通过 MSE 对步长因子的控制达到变步长算法的要求。均方误差 $\text{MSE} = \text{E}\{e^2(n)\}$ 可用瞬时平方误差 $e^2(n)$ 来代替，则基于 MSE 的变步长 LMS（VSSLMS）算法的权系数迭代公式为

$$W(n+1) = W(n) + \mu(n)e(n)X(n) \tag{5-12}$$

式中：$\mu(n)$ 为步长系数，它的更新表达式为

$$\mu(n+1) = \alpha\mu(n) + \gamma e^2(n) \tag{5-13}$$

其中：$0 < \alpha < 1$；$\gamma > 0$，γ 用来控制算法的失调和收敛时间。

当 $\mu(n+1) < \mu_{\min}$，则 $\mu(n+1) = \mu_{\min}$；当 $\mu(n+1) > \mu_{\max}$，则 $\mu(n+1) = \mu_{\max}$。$\mu_{\max}$ 的选择应保证均方误差在允许范围内，通常选 $\mu_{\max}$ 为固定步长 LMS 不稳定的临界步长值。$\mu_{\min}$ 应根据稳态条件下的失调和收敛速度的要求做出合适的选择，以保证较小的稳态误差。

采用式（5-13）而不是直接采用剩余误差与因子的乘积主要是因为开始时刻稳态误差比较大，为了保证算法收敛，稳态误差所乘因子相对就很小，这样步长因子就会随迭代次数快速变小而不能起到加快收敛速度的作用。而采用式（5-13）的变步长 LMS 算法，可以通过因子 α 来控制步长的变化速率，使步长因子在某种程度上始终在最佳步长附近变化，不会因独立噪声的干扰而产生较大幅度的变化，并且若中间信道有变化使得稳态误差增大，同样能够增大步长因子，对加快收敛做出贡献。

在 VSSLMS 算法中，控制步长更新的是误差 $e(n)$，而实际系统中 $e(n)$ 是被噪声污染的，加之 LMS 算法缺少平均操作的固有缺陷，这样当接近最佳权时，权值仍有较大的波动，因此有较大的失调。为了克服上述缺点，可以利用当前误差与上一步误差的自相关估计来控制步长更新。这样做的好处是在更新步长时，消除了不相关噪声的干扰。改进的变步长 LMS（MVSSLMS）算法的步长更新公式为

$$p(n) = \beta p(n-1) + (1-\beta)e(n)e(n-1) \tag{5-14}$$

$$\mu(n+1) = \alpha\mu(n) + \gamma p^2(n) \tag{5-15}$$

式中：$0 < \alpha, \beta < 1$；$\gamma > 0$；β 用来控制收敛时间。

令 $u(0) = u_{\max}$，$p(0) = u(0)$，这样可以保证在自适应初始阶段有较快的收敛速率。VSSLMS 算法的基本思想是：将 $e(n)$ 的自相关估计与自适应步长 $\mu(n)$ 的变化联系起来，使得在自适应初始阶段，自相关估计误差 $p^2(n)$ 较大，导致步长 $\mu(n)$ 较大，使得收敛速度加快；当权系数接近最佳值时，自相关误差 $p^2(n)$ 接近于 0，导致步长 $\mu(n)$ 减小，使得在最佳权系数附近产生较小的失调。

VSSLMS 算法和 MVSSLMS 算法都能同时获得较快的初始收敛速度、时变系统跟踪能力以及较小的稳态误差。其中，MVSSLMS 算法比 VSSLMS 算法的抗输入端噪声干扰的能力要强。上述两种变步长 LMS 算法主要还是针对无间断的连续波信号，对于脉冲信号而言，在脉冲间歇期内无有用信号，但由于因子 α 的影响，使得步长系数 $\mu(n)$ 在脉冲间歇期内仍然继续减小，结果导致在下一个有用脉冲信号到来时刻，步长系数 $\mu(n)$ 变得太小，不能起到快速收敛的作用。

为克服上述问题，可以采用基于 Sigmoid 函数变步长最小均方算法（SVSLMS），变步长公式为

$$\mu(n) = \beta[1 / (1 + \exp(-\alpha |e(n)|)) - 0.5] \tag{5-16}$$

SVSLMS 算法可以保证步长系数 $\mu(n)$ 在脉冲信号持续期间内跟踪误差 $e(n)$ 的变化而起到变步长的作用。然而，该 Sigmoid 函数较为复杂，且在误差 $e(n)$ 接近零处变化太大，不具有缓慢变化的特性，使得 SVSLMS 算法在自适应稳态阶段仍有较大的步长变化。因此，还可以采用另一种改进的 Sigmoid 函数变步长最小均方算法（MSVSLMS），其变步长公式为

$$\mu(n) = \beta[1 - \exp(-\alpha |e(n)|^2)] \tag{5-17}$$

式中：参数 $\alpha > 0$ 控制函数的形状；参数 $\beta > 0$ 控制函数的取值范围。

改进的 Sigmoid 函数比 Sigmoid 函数简单，且在误差 $e(n)$ 接近零处具有缓慢变化的特性，克服了 Sigmoid 函数在自适应稳态阶段步长调整过程中的不足。

5.3.4　一种新的变步长归一化 LMS 算法

通过前面对传统 LMS 算法、归一化 LMS 算法、变步长 LMS 算法的分析，可以看出：传统 LMS 算法虽然算法简单，易于实现，但是由于其步长恒定，收敛速度比较慢，到达稳态后失调系数也比较大；归一化 LMS 算法能有效地减小传统 LMS 算法在收敛过程中对梯度噪声的放大作用，但它的收敛速度和稳态误差也要受到固定步长的控制，在滤波算法稳定后不能达到一个小的

步长，影响了稳态精度；变步长 LMS 算法大都采用建立步长因子与误差信号的函数关系的方法，以提高算法的收敛速度和跟踪性能，但由于未考虑输入信号对算法性能的影响，使得当输入信号功率发生变化后，稳态误差明显增大。因此，针对上述问题，在现有算法的基础上，提出了一种新的变步长归一化 LMS（新 VSSNLMS）算法。其权系数迭代公式为

$$W(n+1) = W(n) + 2\frac{\mu(n)}{c + X^{\mathrm{T}}(n)X(n)}e(n)X(n) \tag{5-18}$$

式中：$\mu(n)$ 为步长系数；c 为一个小的正常数。

变步长公式为

$$\mu(n) = \beta[1 - \exp(-\alpha|e(n)e(n-1)|)] \tag{5-19}$$

式中：参数 $\alpha > 0$ 控制函数的形状；参数 $\beta > 0$ 控制函数的取值范围。

不直接采用信号误差的平方 $|e(n)|^2$ 来调节步长而是利用当前误差 $e(n)$ 与上一步误差 $e(n-1)$ 的自相关估计来调节步长，降低了干扰对算法的影响，从而使得算法具有较好的抗干扰性能。下面分析一下噪声干扰 $v(n)$ 对 $\mathrm{E}[e(n)e(n-1)]$ 和 $\mathrm{E}[e^2(n)]$ 的影响情况。

由式（5-5）可得

$$e(n) = x_2(n) - W^{\mathrm{T}}(n)X(n) = x_2(n) - X^{\mathrm{T}}(n)W(n) \tag{5-20}$$

式中：误差信号 $e(n)$ 与输入信号 $X(n)$ 有关；$W(n)$ 并不是最优权值矢量。

当 $W(n)$ 收敛于最优权值矢量即维纳解时，可得

$$v(n) = x_2(n) - X^{\mathrm{T}}(n)W_{\mathrm{opt}}(n) \tag{5-21}$$

式中：$v(n)$ 为均值为零的干扰信号，与输入信号 $X(n)$ 不相关；$W_{\mathrm{opt}}(n)$ 为最优权值向量。

将式（5-21）代入式（5-20）得

$$e(n) = v(n) + X^{\mathrm{T}}(n)W_{\mathrm{opt}}(n) - X^{\mathrm{T}}(n)W(n) \tag{5-22}$$

令 $C(n) = W_{\mathrm{opt}}(n) - W(n)$，式（5-22）化简为

$$e(n) = v(n) + X^{\mathrm{T}}(n)C(n) \tag{5-23}$$

由此可得

$$\begin{aligned}e(n)e(n-1) = {}& v(n)v(n-1) + v(n)X^{\mathrm{T}}(n-1)C(n) + \\ & C^{\mathrm{T}}(n)X(n)v(n-1) + C^{\mathrm{T}}(n)X(n)X^{\mathrm{T}}(n-1)C(n)\end{aligned} \tag{5-24}$$

$$e^2(n) = v^2(n) + v(n)X^{\mathrm{T}}(n)C(n) + C^{\mathrm{T}}(n)X(n)v(n) + C^{\mathrm{T}}(n)X(n)X^{\mathrm{T}}(n)C(n)$$

$$\tag{5-25}$$

由于 $v(n)$ 是零均值的噪声，$v(n)$ 与 $\boldsymbol{X}(n)$ 无关，且 $v(n)$ 本身不相关，$v(n)v(n-1)$ 对 $\mu(n)$ 的贡献很小，可忽略，故有

$$\mathrm{E}[e(n)e(n-1)] = \mathrm{E}[\boldsymbol{C}^{\mathrm{T}}(n)\boldsymbol{X}(n)\boldsymbol{X}^{\mathrm{T}}(n-1)\boldsymbol{C}(n)] \tag{5-26}$$

$$\mathrm{E}[e^2(n)] = \mathrm{E}[\boldsymbol{C}^{\mathrm{T}}(n)\boldsymbol{X}(n)\boldsymbol{X}^{\mathrm{T}}(n)\boldsymbol{C}(n)] + \mathrm{E}[v^2(n)] \tag{5-27}$$

比较式（5-26）与式（5-27）可以看出，当采用式（5-17）的变步长公式对步长因子 $\mu(n)$ 进行调整时，由于 $\mathrm{E}[v^2(n)]$ 项的存在，使得 $\mu(n)$ 受干扰信号 $v(n)$ 的影响非常大，当主输入端存在较大干扰，信干比较低时，自适应滤波算法很难收敛到维纳解，这样将产生较大的稳态误差；而当采用式（5-19）的变步长公式对步长因子 $\mu(n)$ 进行调整时，$\mathrm{E}[e(n)e(n-1)]$ 与 $v(n)$ 无关，只与输入信号 $\boldsymbol{X}(n)$ 有关，因此在主输入端存在较大干扰，信干比较低时，仍能保持较好的性能。

通过上面的分析可知，用误差的相关值 $e(n)e(n-1)$ 去调节步长，则步长只与输入信号有关，从而降低了变步长 LMS 算法对噪声的敏感性。新 VSSNLMS 算法在自适应初始阶段，由于误差 $e(n)$ 较大，相应的自相关误差估计也较大，导致步长增加，收敛速度加快；随着自适应过程的进行，误差 $e(n)$ 逐渐变小，相应的自相关误差估计也减小，导致步长减小，故可在最佳权系数附近产生较小的失调。同时，由于步长因子调整过程中加入了 $\boldsymbol{X}^{\mathrm{T}}(n)\boldsymbol{X}(n)$ 因子，使之能根据滤波器的输入信号功率改变步长，当输入信号功率发生变化时，很好地跟踪并获得较小的稳态误差。

5.3.5 仿真结果

首先分析比较各种 LMS 算法的收敛性能。仿真条件如下：参考输入信号 $x(n)$ 为高斯白噪声，均值为零，方差 $\sigma_x^2 = 1$；未知信道的系数矢量 $h = [1, 0.3, -0.3, 0.1, -0.1]^{\mathrm{T}}$；$v(n)$ 为与 $x(n)$ 不相关的高斯白噪声，均值为零，方差 $\sigma_v^2 = 0.1$，经过信道后的信号再叠加噪声 $v(n)$ 作为自适应滤波器的输入；自适应滤波器的阶数 $L=5$。选取 LMS、NLMS、MSVSLMS 算法和新 VSSNLMS 算法进行比较，在获得相同的较小稳态误差情况下，各种算法的取值分别为：$\mu_{\text{LMS}} = 0.01$、$\mu_{\text{NLMS}} = 0.1$、$c_{\text{NLMS}} = 0.001$、$\alpha_{\text{MSVSLMS}} = 10$、$\beta_{\text{MSVSLMS}} = 0.06$、$\alpha_{\text{新VSSNLMS}} = 10$、$\beta_{\text{新VSSNLMS}} = 0.4$、$c_{\text{新VSSNLMS}} = 0.001$。分别做 200 次独立的仿真，采样点数为 1000，以瞬时误差 $e^2(n)$ 作为均方误差（MSE）的简单估计，然后求其统计平均，得出学习曲线，如图 5-4 所示。由图 5-4 可见，在相同的稳态误差情况下，新 VSSNLMS 算法和 MSVSLMS 算法具有较快的收敛性能，两者收敛速度接近，NLMS 算法比前面两种算法收敛速度要慢些，它们的性能均比传统 LMS 算法优越。

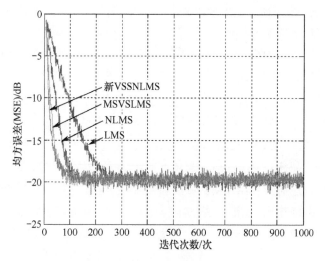

图 5-4 各算法的 MSE 收敛曲线比较（$\sigma_x^2 = 1$）

图 5-5 为将参考输入信号 $x(n)$ 的方差改为 $\sigma_x^2 = 0.5$，即改变输入信号的功率后的四种算法的性能对比曲线。由图 5-5 可见，在其他参数取值相同的条件下，LMS 和 MSVSLMS 算法受输入信号功率变化的影响，收敛速度变慢，而NLMS 和新 VSSNLMS 算法不受输入信号功率变化的影响，收敛速度不变。综上所述，四种算法中新 VSSNLMS 算法收敛速度要比传统 LMS 算法、NLMS 算法快很多，同时又克服了 MSVSLMS 算法易受输入信号功率变化影响和对输入噪声较为敏感的缺点，性能优势较为明显。

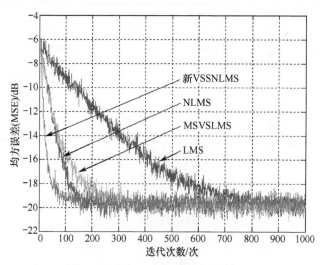

图 5-5 各算法的 MSE 收敛曲线比较（$\sigma_x^2 = 0.5$）

下面分析比较各种 LMS 算法对直达波干扰的自适应对消性能。仿真条件如下：系统采样频率为10MHz，发射信号为雷达线性调频脉冲信号，脉冲重复周期为100μs，脉宽为50μs，调频带宽为5MHz，中频频率为7.5MHz，参考通道直达波信噪比为40dB，目标回波信号相对参考信号的时延为25μs，目标回波信噪比为20dB，目标回波功率与直达波干扰功率之比SDR=-10dB，发射信号到目标通道的传输信道冲激响应为$[1,0.3,-0.3,0.1,-0.1]$，自适应滤波器的阶数L=5。选取 LMS 和新 VSSNLMS 算法进行对比，两种算法的取值分别为：$\mu_{\mathrm{LMS}}=0.004$，$\alpha_{\text{新VSSNLMS}}=10$、$\beta_{\text{新VSSNLMS}}=0.1$、$c_{\text{新VSSNLMS}}=0.001$。图 5-6、图 5-7 分别为利用 LMS 算法和新 VSSNLMS 算法对直达波干扰进行自适应对消后的输出结果，图 5-8、图 5-9 分别为经过 LMS 算法和新 VSSNLMS 算法对直达波干扰进行自适应对消后的第 5 个脉冲局部放大观察的输出结果。

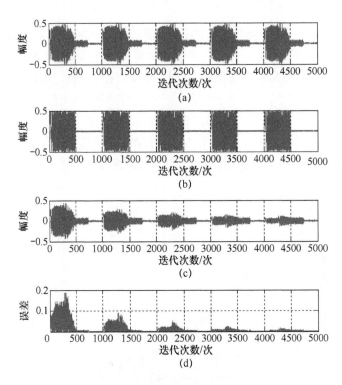

图 5-6 LMS 算法对消输出结果

（a）目标通道输入信号；（b）参考通道输入信号；

（c）自适应相消后输出信号；（d）均方误差曲线。

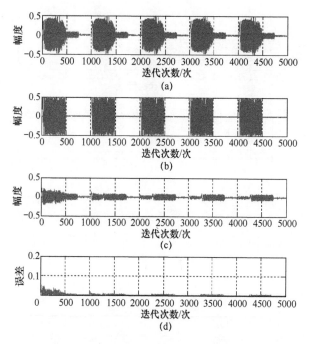

图 5-7 新 VSSNLMS 算法对消输出结果

（a）目标通道输入信号；（b）参考通道输入信号；（c）自适应相消后输出信号；（d）均方误差曲线。

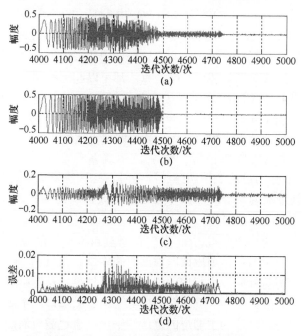

图 5-8 LMS 算法对消输出（第 5 个脉冲）

（a）目标通道输入信号；（b）参考通道输入信号；（c）自适应相消后输出信号；（d）均方误差曲线。

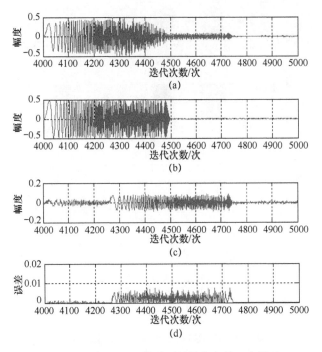

图 5-9 新 VSSNLMS 算法对消输出（第 5 个脉冲）

（a）目标通道输入信号；（b）参考通道输入信号；（c）自适应相消后输出信号；（d）均方误差曲线。

从仿真结果可以看出，自适应对消前，目标通道的目标回波信号与直达波干扰波形发生时域交叠，目标回波信号受直达波干扰较为严重，影响正常目标检测，经过自适应对消处理后，两种算法都可以起到抑制目标通道中直达波干扰的作用，然而新 VSSNLMS 算法比 LMS 算法的收敛速度更快，同时保持了收敛后更小的剩余误差。

下面重点分析利用新 VSSNLMS 算法抑制直达波干扰后对目标相干检测的改善效果。首先分析静止目标情况。仿真条件如下：系统采样频率为10MHz，发射信号为雷达线性调频脉冲信号，脉冲重复周期为1000μs，脉宽为100μs，调频带宽为5MHz，参考通道直达波信噪比为20dB，目标回波信号相对参考信号的时延为50μs，目标回波信噪比为0dB，目标回波功率与直达波干扰功率之比SDR为-40dB，发射信号到目标通道的传输信道冲激响应为[1,0.3,-0.3,0.1,-0.1]，自适应滤波器的阶数 L=5。图 5-10 和图 5-11 给出了自适应对消前后对目标回波进行相关检测的输出结果，从图中可以看出：直达波对消前，相关检测输出在 τ=0μs 处出现最大值，这是由于未进行直达波对消而引入的强虚警点，对应为主通道的直达波干扰；直达波对消后，相关检测输出在 τ=50μs 处出现最大值，目标的真实时延信息被有效检测。

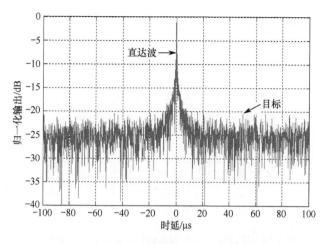

图 5-10 自适应对消前的目标相关检测结果

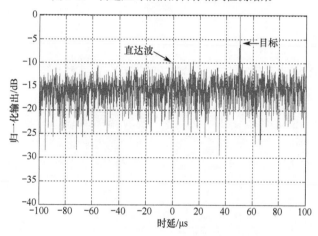

图 5-11 自适应对消后的目标相关检测结果

　　考虑目标为运动目标情况。假设目标回波信号相对参考信号的频移为 250Hz，积累脉冲个数为 32，其他仿真条件和静止目标情况相同。图 5-12 和图 5-13 给出了自适应对消处理前后对目标回波进行二维相关检测的输出结果，从图中可以看出：直达波对消前，二维相关检测输出在（$\tau=0\mu s$，$f=0Hz$）处出现最大值，这是由于未进行直达波对消而引入的强虚警点，对应为主通道的直达波干扰；直达波对消后，二维相关检测输出在（$\tau=50\mu s$，$f=250Hz$）处出现最大值，目标的真实时延和频移信息被有效检测。仿真结果表明，新 VSSNLMS 算法可以有效抑制直达波干扰，降低二维检测平面旁瓣区的残余功率，改善动目标回波与该残余功率的信杂比，保证正确的目标检测。

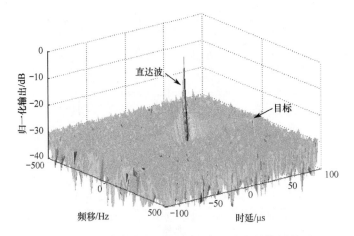

图 5-12　自适应对消前的运动目标二维相关检测结果

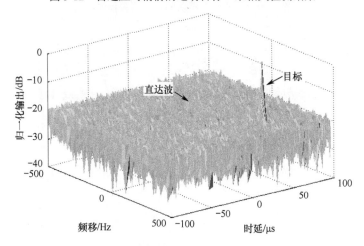

图 5-13　自适应对消后的运动目标二维相关检测结果

5.4　双模杂波抑制技术

　　双基地雷达收、发分置，它们对地物的几何结构比单基地雷达情况要复杂许多。所以，对双基地雷达的杂波问题尚需进行深入的研究，尤其是需要进行大量的基础性实际测量工作。从 20 世纪 60 年代以来已有许多科学家测量了双基地雷达的地杂波情况。测量数据表明双基地雷达地杂波散射系数随地面性质、入射角、反射角以及双基地角不同而变化，对同样的地面情况，双基地雷达的地杂波散射系数通常小于单基地雷达的地杂波散射系数。

　　在强杂波情况下，双基地雷达也应采用动目标处理设备来检测低空或海上的小目标。在单基地雷达中成功应用的动目标处理技术，同样可应用于双基地雷达，只是需要做某些改进。在双基地雷达系统中，地杂波通常较单基地雷达小，这有利于双基地雷达实现动目标处理。由于双基地雷达的发、收基地和目标构成的三角形随目标运动会有较大的变化，因而在目标跟踪过程中，目标和杂波的多普勒频谱也有较大变化。这就要求动目标处理器应有自适应调整频谱的能力。

自适应动目标显示滤波器的目的是为了抑制杂波，提取目标并使改善因子达到最大[19, 20]。如果确切知道杂波频谱特征，便可以设计出针对该杂波的最佳滤波器。然而，实际上杂波频谱特征是很难事先确知的，因为杂波频谱是随着距离、方位和时间不断变化的。因此，实现这种完全自适应的滤波器是复杂的，而且是极其昂贵的。

本节首先讨论了一种基于最大平均改善因子的自适应杂波滤波器权矢量的计算方法，然后从工程实现的角度提出了一种简单廉价的具有双模杂波抑制功能的自适应动目标显示系统，最后利用采集的相参雷达实测数据对该自适应杂波抑制算法进行了性能测试。

5.4.1 最佳权矢量算法

动目标显示（MTI）滤波器通常采用横向结构的 FIR 滤波器构成，MTI滤波器的输出为

$$Y(n) = \boldsymbol{W}^{\mathrm{T}} \boldsymbol{X}(n) = \sum_{i=0}^{N-1} w_i x(n-i) \qquad （5-28）$$

式中：$\boldsymbol{W} = [w_0, w_1, \cdots, w_{N-1}]^{\mathrm{T}}$ 为权矢量；$\boldsymbol{X}(n) = [x(n), x(n-1), \cdots, x(n-(N-1))]^{\mathrm{T}}$ 为输入信号矢量。

MTI 滤波器的频率响应为

$$H(f) = \sum_{i=0}^{N-1} w_i \exp(-\mathrm{j}2\pi f T_i) \qquad （5-29）$$

式中

$$T_i = \sum_{j=0}^{i} \Delta T_j \qquad （5-30）$$

为采样时刻，$\Delta T_0 = 0$，ΔT_j（$j=1, \cdots, i$）为脉冲重复间隔，在实际雷达系统中，经常采用参差重复周期来提高目标的盲速。

参差重复周期可以改善 MTI 滤波器的盲速效应，但是也会使 MTI 滤波器性能变坏。为了使自适应杂波抑制与参差技术兼容，通常采用"时变加权"方法，即采用参差重复周期后的 MTI 滤波器的权矢量是时变的[21]。

要使 MTI 滤波器的平均改善因子达到最大，MTI 滤波器的最佳权矢量（$\boldsymbol{W}_{\mathrm{opt}}$）应为输入杂波的协方差矩阵（$\boldsymbol{R}_{\mathrm{c}}$）的最小特征值（$\lambda_{\min}$）对应的特征

向量[22]。

$$R_{\mathrm{c}}W_{\mathrm{opt}} = \lambda_{\min}W_{\mathrm{opt}} \qquad (5\text{-}31)$$

此时，平均改善因子达到最大值，即

$$I_{\max} = 1/\lambda_{\min} \qquad (5\text{-}32)$$

对于具有高斯型谱密度的杂波信号，其归一化谱密度函数为[23]

$$S_{\mathrm{c}}(f) = \frac{1}{\sqrt{2\pi\sigma_{\mathrm{c}}^{2}}}\exp\left\{-\frac{(f-f_{0})^{2}}{2\sigma_{\mathrm{c}}^{2}}\right\} \qquad (5\text{-}33)$$

式中：σ_{c} 为杂波的频率标准偏差；f_{0} 为杂波谱中心。

根据维纳滤波理论，杂波的相关函数为

$$\begin{aligned}
R_{\mathrm{c}}(i,j) &= F^{-1}[S_{\mathrm{c}}(f)] \\
&= \exp(-2\pi^{2}\sigma_{\mathrm{c}}^{2}\tau_{ij}^{2})(\cos 2\pi\tau_{ij}f_{0} + \mathrm{j}\sin 2\pi\tau_{ij}f_{0})
\end{aligned} \qquad (5\text{-}34)$$

式中：$\tau_{ij}=T_{i}-T_{j}$ 为相关时间。

那么，由 $R_{\mathrm{c}}(i,j)$ 构成的杂波协方差矩阵为

$$\boldsymbol{R}_{\mathrm{c}} = \begin{bmatrix}
R_{\mathrm{c}}(0,0) & R_{\mathrm{c}}(0,1) & L & R_{\mathrm{c}}(0,N) \\
R_{\mathrm{c}}(1,0) & R_{\mathrm{c}}(1,1) & L & R_{\mathrm{c}}(1,N) \\
L & L & L & L \\
R_{\mathrm{c}}(N,0) & R_{\mathrm{c}}(N,1) & L & R_{\mathrm{c}}(N,N)
\end{bmatrix} \qquad (5\text{-}35)$$

由式（5-33）可知，杂波特性仅由其谱宽 σ_{c} 和谱中心 f_{0} 决定。因而对于确定的 σ_{c} 和 f_{0}，根据式（5-34）和式（5-35）便可以计算出杂波协方差矩阵（$\boldsymbol{R}_{\mathrm{c}}$）。那么，基于最大平均改善因子的 MTI 滤波器的最佳权矢量（$\boldsymbol{W}_{\mathrm{opt}}$）就可以通过式（5-31）唯一确定了。

用这种方法设计的滤波器不仅对于单一固定地杂波和运动杂波有很显著的抑制效果，当输入的杂波数据为地杂波 $S_{\mathrm{c1}}(f)$ 加一种运动杂波 $S_{\mathrm{c2}}(f)$ 时，即 $S_{\mathrm{c}}(f) = S_{\mathrm{c1}}(f) + S_{\mathrm{c2}}(f)$，也有较好的滤波效果[24]。在后面章节将给出在双模杂波环境下根据特征矢量法设计的滤波器频率响应的仿真。

5.4.2 双模杂波抑制的准自适应动目标显示系统

1. 系统组成

要获得准最佳杂波抑制，有必要采用一些自适应措施来抑制杂波信号。有不少文献提出过完全自适应解决方案，如预测滤波器，但是这些滤波器的工程实现十分复杂而且费用昂贵。因此，要获得良好的杂波抑制效果，MTI 滤波器不必做到真正的完全自适应，采用结构相对简单的准自适应解决方案更为重要。

杂波根据所处的环境不同可能是单模的也可能是双模的，传统的自适应 MTI 滤波器通常采用两级级联的 MTI 滤波器：地杂波（零多普勒频移）滤波器与运动杂波（海杂波或气象杂波）滤波器[25, 26]。地杂波滤波器与运动杂波滤波器要实现自适应，则通常是通过估计杂波参数（杂波中心频率与杂波谱宽）来选择相应的最佳滤波器系数。然而，准确地实时估计出杂波参数并不容易。因此，有必要设计一个简单实用的准自适应 MTI 系统来抑制地杂波、海杂波与气象杂波。

提出的准自适应 MTI 系统由一个采用复数系数的双模杂波滤波器与一个权矢量估计器组成，如图 5-14 所示。

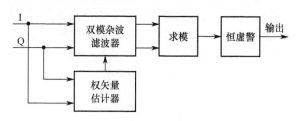

图 5-14　准自适应 MTI 系统组成框图

准自适应 MTI 系统中，首先根据不同的杂波环境设计出多组 8 阶 FIR 滤波器。这些滤波器系数由于计算复杂因而通常并不在线实时计算，各组预先计算好的系数被存储在双模杂波滤波器中，并根据权矢量估计器估计出的权系数来选择不同系数的滤波器。

2. 双模杂波滤波器

杂波通常可以分为两大类：固定杂波（地杂波）与运动杂波（海杂波与气象杂波），杂波频谱分布如图 5-15 所示。地杂波频谱集中在零频附近而且谱宽较窄，地杂波信号功率一般很强，因此滤波器的凹口要求比较窄且凹口深度较深。运动杂波频谱通常集中在平均多普勒频率附近，因此滤波器要求凹口对准杂波谱中心且凹口宽度与杂波谱宽相当。

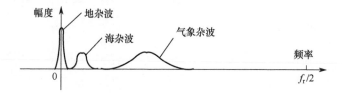

图 5-15　杂波频谱分布

双模杂波滤波器具有能同时抑制地杂波和一种运动杂波（海杂波或气象杂波）的两个凹口：其中一个凹口对准地杂波；另一个凹口对准运动杂波。根据目标所处的实际环境，通常能够确定运动杂波的类型。例如，如果目标是海上目标的话，那么运动杂波主要是海杂波，此时双模杂波滤波器应该设计成能够同时抑制地杂波和海杂波。

气象杂波的平均多普勒频率通常不超过脉冲重复频率（PRF）的 1/4，而且谱宽较宽。因此，可以将气象杂波的多普勒频率范围（$-1/4 f_r \sim 1/4 f_r$）分成 8 段，每一段对应一个双模杂波滤波器，并根据前面介绍的权矢量计算公式预先计算出每一段滤波器系数。双模杂波（地杂波与气象杂波）滤波器的频率响应曲线如图 5-16 所示，分别对应具有不同多普勒频率的气象杂波。为简单起见，这里只画出了正多普勒频率（$f_d = 1/16 f_r$，$1/8 f_r$，$3/16 f_r$，$1/4 f_r$）部分。

　　海杂波的平均多普勒频率通常不超过脉冲重复频率的 1/16，其谱宽比气象杂波要窄很多。因此，可以将海杂波的多普勒频率范围（$-1/16 f_r \sim 1/16 f_r$）分成 8 段，每一段对应一个双模杂波滤波器，并根据前面介绍的权矢量计算公式预先计算出每一段滤波器系数。双模杂波（地杂波与海杂波）滤波器的频率响应曲线如图 5-17 所示，分别对应具有不同多普勒频率的海杂波。为简单起见，这里只画出了正多普勒频率（$f_d = 1/64 f_r$，$1/32 f_r$，$3/64 f_r$，$1/16 f_r$）部分。

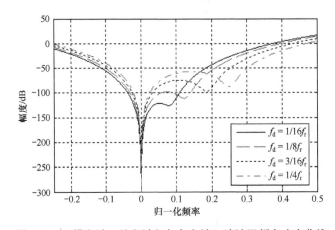

图 5-16　双模杂波（地杂波与气象杂波）滤波器频率响应曲线

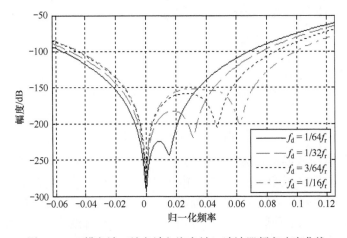

图 5-17　双模杂波（地杂波与海杂波）滤波器频率响应曲线

3. 权矢量估计器

在这个准自适应 MTI 系统中，权矢量估计器不需要估计出杂波参数（杂波中心频率与杂波谱宽）。根据实际目标环境以及海杂波或气象杂波的特性；可以首先按照前面的频段划分预先设计出单独针对海杂波或气象杂波的 8 组双模杂波滤波器；然后将每一个杂波单元同时并行地输入到 8 组双模杂波滤波器中进行滤波；最后比较每一组输出的结果，以输出杂波剩余最小的这组滤波器系数作为权矢量估计器最后估计出的最佳权系数。权矢量估计器的组成框图如图 5-18 所示。

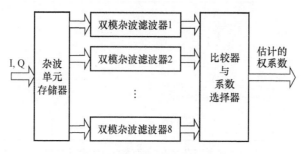

图 5-18 权矢量估计器组成框图

需要注意的是，准自适应 MTI 系统中的每一个杂波单元为同一方位上的 16 个邻近距离分辨单元的平均值。杂波单元存储器内存储的是同一距离上的 8 个邻近杂波单元，这些杂波单元将被送入到具有 8 阶 FIR 滤波器结构的双模杂波滤波器中。

5.4.3 算法验证

试验将利用采集的相参雷达实测数据对该自适应杂波抑制算法进行验证。相参雷达实测数据来自一部岸基警戒雷达，采集试验时，东北方向约 25km 处有一艘舰船以约 10km/h 的速度沿径向靠近雷达。

图 5-19 所示为未使用自适应杂波抑制算法的原始雷达视频回波图像，图像以 PPI 方式显示，图中只画了 1/4 个扇区的回波图像，可以看到，在 0～30km 的距离范围内存在大量的地杂波与海杂波，同时在东北方向约 25km 处存在一个强目标回波，与试验情况相符。图 5-20 所示为使用带有 8 阶双模杂波滤波器的自适应杂波抑制算法后的视频回波图像。由于双模杂波滤波器的凹口有一定宽度，而海上目标多普勒频移较小，双模杂波滤波器在抑制杂波的同时对低速运动目标也造成了一定程度的幅度衰减。但是，从整个视频回波画面上看，该算法效果还是很明显的，自适应 MTI 滤波器滤除了大部分的地杂波和海杂波，动目标被有效地显示出来了。

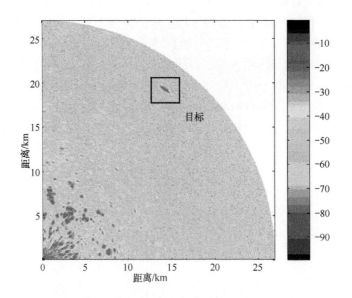

图 5-19　未使用自适应杂波抑制算法的原始雷达视频回波图像

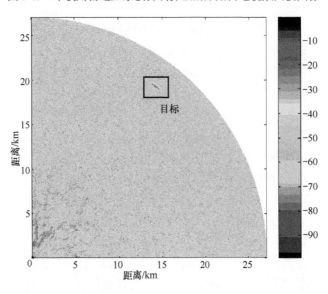

图 5-20　使用自适应杂波抑制算法后的雷达视频回波图像

　　提取该目标同一个距离单元上的方位向信号进行时域和频域分析。该目标的信号波形与频谱如图 5-21、图 5-22 所示，从图中可以看出，目标的多普勒频移约为 60Hz，折算成目标的径向速度 $v_r = f_d \cdot \lambda / 2 \approx 3\text{m/s}$（雷达波长 $\lambda = 0.1\text{m}$），也与试验情况相符。

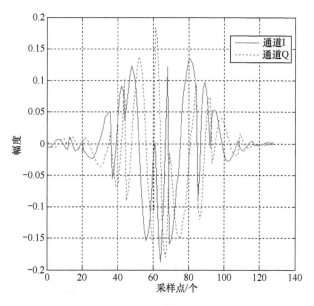

图 5-21　目标信号波形

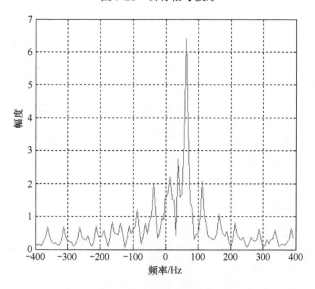

图 5-22　目标信号频谱

为分析海杂波在不同距离单元上频谱的分布特性，选择北偏东 30°距离 20km 处海杂波较强的距离单元（第 800 点）及其相邻的距离单元（第 810 点）进行频谱分析，分析结果如图 5-23、图 5-24 所示，图中横坐标表示频率，纵坐标为功率谱密度，可以发现峰值对应频率约为–40Hz，且海杂波在邻近距离单元上具有较好的频谱一致性，随着距离单元间隔的加大这种一致性逐渐变差。

这说明海杂波具有一定的空间相关性，因此，准自适应 MTI 系统选取 16 个邻近距离分辨单元的平均幅值作为每一个杂波单元的幅值是合理的。

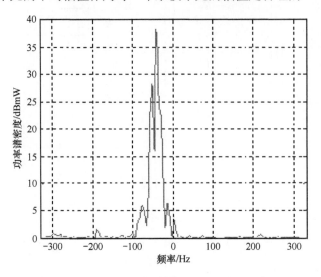

图 5-23　杂波功率谱（第 800 点）

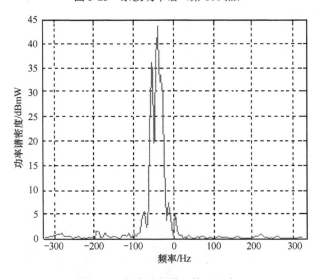

图 5-24　杂波功率谱（第 810 点）

采用双模杂波抑制的准自适应 MTI 系统来提高杂波抑制能力的可能性已经通过在实测雷达数据上的应用得到试验验证。准自适应 MTI 系统比起传统的那些使用先估计杂波多普勒相移再用混频器进行多普勒频率补偿或是先估计杂波谱中心与谱宽再选择相应最佳滤波器系数的系统来说都要简单许多，便于工程实现。

5.5 小结

本章研究了脉冲无源双基地雷达的直达波和杂波抑制技术。针对脉冲信号的时域分离特点，将直达波干扰分为两种情况：一种是直达波和目标回波时域不交叠的情况；另一种是时域交叠的情况。在第一种情况下，提出采用时间窗技术对直达波干扰进行消隐；在第二种情况下，提出采用自适应对消技术抑制直达波，提出了一种新的变步长归一化 LMS（新 VSSNLMS）算法，理论分析和仿真结果表明，新 VSSNLMS 算法比现有的 LMS、NLMS 和 MSVSLMS 算法的收敛性能更优越。本章还进一步分析了自适应杂波抑制问题，根据目标所处的实际环境来确定运动杂波的类型，并设计出具有双模杂波抑制功能的准自适应动目标显示系统，试验结果表明，该自适应雷达杂波抑制算法能够有效地同时抑制地杂波和一种运动杂波（海杂波或气象杂波），而且算法简单，易于工程实现。

参考文献

[1] 王娜. 探地雷达中自适应消除直达波的研究[D]. 西安交通大学, 2002.

[2] 李昂, 蒋延生, 张安学. 自适应对消在去除探地雷达信号直达波的应用[J]. 电波科学学报. 2004, 19(2): 223-227.

[3] Ringer M A, Frazer G J. Waveform analysis of transmitters of opportunity for passive radar[R]. DSTO-TR-0809, 1999.

[4] 黄振远, 朱剑平. 自适应滤波 LMS 类算法探究[J]. 现代电子技术. 2006, 239(24): 52-60.

[5] 游青松, 胡浩. 自适应滤波 LMS 类算法探究[J]. 山西电子技术. 2007, 29(24): 40-42.

[6] 王鲁彬, 翟景春, 熊华. 自适应滤波算法研究及其 Matlab 实现[J]. 现代电子技术. 2008, 266(3): 174-178.

[7] Jones D L. A normalized constant-modulus algorithm. IEEE Proceedings of Asilomar Conference[C]. California, USA, 1996: 694-699.

[8] 许德刚, 朱子平, 洪一. 自适应滤波在无源探测中对杂波抑制的应用[J]. 系统工程与电子技术. 2006, 28(2): 202-204.

[9] 孙娟, 王俊, 刘斌. 改进的 NLMS 算法及其在自适应预测中的应用[J]. 中国电子科学院学报. 2007, 2(5): 507-512.

[10] 周元建, 谢胜利. 一种新 NLMS 自适应滤波算法及其在多路回波消除中的应用[J]. 通信学报. 2003, 24(7): 1-8.

[11] 王振力, 张雄伟, 杨吉斌. 基于去相关 NLMS 算法的自适应回波抵消[J]. 应用科学学报. 2006, 24(1): 21-24.

[12] Kwong H R, Johnston W E. A variable step size LMS algorithm[J]. IEEE Transactions on Signal Processing. 1992, 40(7): 1633-1642.

[13] Aboulnasr T, Mayyas K. A robust variable step-size LMS-type algorithm: analysis and simulations[J]. IEEE Transactions on Signal Processing. 1997, 45(3): 631-639.

[14] Li Shengtang, Wang Hong. A new variable-step-size LMS algorithm and its application in FM broadcast-based passive radar multi-path interference cancellation. 2nd IEEE Conference on Industrial Electronics and Applications[C], Harbin, China, 2007:2124-2128.

[15] 张小兵, 吴长奇, 柯刚. 一种改进的变步长 LMS 自适应算法[J]. 电子测量技术. 2007, 30(6): 52-54.

[16] 许广廷, 易波, 马守科. 一种改进的变步长 LMS 自适应算法及分析[J]. 微处理机. 2007, 16(3): 53-58.

[17] 杨金明, 王伟强. 一种可变步长 LMS 算法及其性能分析[J]. 华南理工大学学报. 2006, 34(4): 61-64.

[18] 孙娟, 王俊, 刘斌. 一种新的变步长 LMS 算法及其应用[J]. 雷达科学与技术. 2007, 5(5): 379-383.

[19] Anne Lee, Shen Chun-ying, Zhou Hui. Radar clutter suppression using adaptive algorithms. IEEE Aerospace Conference Proceedings[C] // Big Sky, USA, 2004: 1922-1928.

[20] Kirsten Kvernsveen. An adaptive MTI filter for coherent radar. IEEE Digital Signal Processing Workshop[C] // Loen, Norway, 1996:351-353.

[21] 陶海红, 廖桂生, 宋万杰. 多模杂波抑制的参差时变多凹口滤波器设计[J]. 系统工程与电子技术. 2004, 26(2): 153-156.

[22] Zhang Qitu. A new approach to near optimum MTI filter design using adaptive techniques. IEEE International Radar Conference[C] // Ann Arbor, USA, 1988:1228-1231.

[23] 黄丽, 汪学刚. 自适应杂波抑制的一种算法与实现[J]. 现代电子技术. 2005, 19(8): 82-84.

[24] 梁敏苏. 杂波谱估计及其在雷达动目标处理中的应用[J]. 舰船电子对抗. 2002, 25(2): 22-24.

[25] 孔庆颜, 陈重, 胡冰. 地杂波背景中的雷达距离方程的研究[J]. 兵工学报. 2006, 27(3): 442-445.

[26] Michal Tuszynski, Andrzej Wojtkiewicz, Wieslaw Klembowski. Bimodal clutter MTI filter for staggered PRF radars. IEEE International Radar Conference[C] // Arlington, USA, 1990: 176-180.

第6章 脉冲互相关检测与目标时延、频移估计快速算法

6.1 引言

到目前为止，各国对基于民用机会照射源的非合作双基地雷达系统研究较多，理论也比较成熟，美国、英国等国家已建立起接近实用的试验系统，我国在这方面也积累了不少研究经验，取得了显著的成果。然而，国内外对基于雷达辐射源的非合作双基地雷达系统的研究报道却不多，少量公开发表的文献主要研究的还是基于常规脉冲雷达的非合作双基地雷达系统[1-8]，对目标的检测也只是局限于简单的包络检波的非匹配处理方式。

本章主要研究基于脉冲雷达辐射源的非合作双基地雷达微弱目标信号检测与时延、频移估计问题。重点考虑雷达辐射源为线性调频脉压信号情况，脉压信号不同于常规脉冲信号，往往具有低截获特性，加大了基于非匹配接收的侦察接收机侦察直达波尤其是目标散射回波的难度。通常，直达波和目标散射回波还受到杂波和噪声的干扰，此时必须采用微弱目标检测技术来提高检测概率和时延、频移估计精度。目前，微弱目标信号检测方法主要可分为以下几类[9, 10]：广义互相关法、时频分解方法、小波变换方法、循环平稳分析法、高阶统计分析方法、现代谱估计方法、混沌信号处理方法等，其中广义互相关法实现简单，在工程中经常使用。

本章首先讨论了固定目标的互相关检测与时延估计原理，并对影响时延估计精度的各个因素进行了分析；然后从理论的角度分析了动目标多普勒频移对互相关检测的影响程度。由于多普勒频移的存在，基于相关函数的时延估计方法性能下降，尤其是对多普勒频移较大或者是信号对频移较敏感的情况，互相关检测方法甚至可能完全失效。当只需要估计目标时延而不需要估计目标频移时，借鉴传统雷达的非相参积累思想，提出了"分段相关-视频积累"的时延快速估计算法，将二维问题降为一维问题来处理。当需要对目标的时延和频移进行联合估计时，通常采用互模糊函数[11, 12]处理方法，但是

模糊函数需要进行时频二维搜索，如果直接计算的话，运算量极大。因此，在分析了直接法、FFT 法和 Zoom-FFT 法等常见互模糊函数计算方法的基础上，针对周期线性调频脉冲串信号，提出了"分段相关–FFT"及其改进后的"分段局部相关–FFT"时延–频移快速估计算法，并对上述方法的实现过程与处理性能进行了理论和仿真分析。

6.2 固定目标时延估计方法

6.2.1 互相关检测与时延估计原理

人们知道匹配接收可以获得处理增益，可以改善接收机输出信号的信噪比，但要求知道被接收信号的先验信息，这对于侦察接收机来说是不容易办到的。因此，可以考虑用双通道互相关接收来达到匹配接收的目的。此时，两个通道间的信号是相关的，而噪声是不相关的，利用这个特性就可以在噪声背景中进行直达波与目标散射回波的互相关检测。

经中频正交解调后，可以提取出参考通道的直达波信号复包络 $s_d(t)$ 和目标通道的目标回波信号复包络 $s_r(t)$，分别表示为

$$s_d(t) = k_d s_t(t - \tau_1) + n_d(t) \tag{6-1}$$

$$s_r(t) = k_r s_t(t - \tau_2) + n_r(t) \tag{6-2}$$

式中：$s_t(t)$ 为雷达辐射源的发射信号复包络；$n_d(t)$ 和 $n_r(t)$ 分别为参考通道和目标通道接收机噪声复包络，且 $s_t(t)$、$n_d(t)$ 和 $n_r(t)$ 之间互不相关；k_d、k_r 为信号衰减系数；τ_1、τ_2 为直达波和目标回波相对发射信号的时延。

对两路信号进行互相关，则输出 $R_{s_r s_d}(\tau)$ 可表示为

$$
\begin{aligned}
R_{s_r s_d}(\tau) &= \int_{-\infty}^{\infty} s_r(t) s_d^*(t - \tau) dt \\
&= \int_{-\infty}^{\infty} [k_r s_t(t - \tau_2) + n_r(t)][k_d s_t(t - \tau_1 - \tau) + n_d(t - \tau)]^* dt \\
&= k_r k_d R_{s_t s_t}(\tau - (\tau_2 - \tau_1)) + k_r R_{s_t n_d}(\tau - \tau_2) + k_d R_{n_r s_t}(\tau + \tau_1) + R_{n_r n_d}(\tau)
\end{aligned}
\tag{6-3}
$$

由假设条件可知：$R_{s_t n_d} = R_{n_r s_t} = R_{n_r n_d} = 0$，因此，$R_{s_r s_d}(\tau) = k_r k_d R_{s_t s_t}(\tau - (\tau_2 - \tau_1))$。由信号的自相关函数性质可知：$|R_{s_t s_t}(\tau - (\tau_2 - \tau_1))|$ 在 $\tau_2 - \tau_1$ 处产生峰值。而 $\tau_2 - \tau_1$ 正好对应着目标回波相对于直达波的时延。因此，可以根据 $|R_{s_r s_d}(\tau)|$ 的峰值来估计时延 $\hat{\tau}_d$，即 $\hat{\tau}_d = \tau|_{\max\{|R_{s_r s_d}(\tau)|\}}$。互相关检测与时延估计过程如图 6-1 所示。

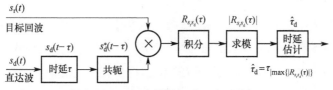

图 6-1　互相关检测与时延估计过程

6.2.2　时延估计精度理论分析

由于在测时延时应用了具有等效匹配接收功能的互相关检测方案，因此，在时延精度的分析中可引用信号检测理论中的最大似然法估值时延的理论分析结果，可得时延估计方差的克拉美–罗界为[13]

$$\sigma_{\hat{\tau}}^2 = \frac{1}{(2\pi B_e)^2 (\text{SNR})_o} \tag{6-4}$$

式中：$(\text{SNR})_o$ 为互相关输出信噪比；B_e 为信号的均方根带宽。

B_e 定义为

$$B_e = \left[\frac{\int_{-\infty}^{\infty} f^2 |U(f)|^2 \, df}{\int_{-\infty}^{\infty} |U(f)|^2 \, df} \right]^{1/2} \tag{6-5}$$

式中：$U(f)$ 为信号复调制函数 $u(t)$ 的频谱。

对于线性调频信号，其信号复调制函数为

$$u(t) = \text{rect}(t / t_p) e^{j\pi B t^2 / t_p} \tag{6-6}$$

式中：t_p 为信号脉宽；B 为信号带宽。

将式（6-5）和式（6-6）代入式（6-4）中，可得线性调频信号的时延估计方差的克拉美–罗界为

$$\sigma_{\hat{\tau}}^2 = \frac{3}{\pi^2 B^2 (\text{SNR})_o} \tag{6-7}$$

互相关输出信噪比 $(\text{SNR})_o$ 与参考通道、目标通道输入信噪比 $(\text{SNR})_x$、$(\text{SNR})_y$ 的关系为

$$(\text{SNR})_o = B_n T \frac{(\text{SNR})_x (\text{SNR})_y}{(\text{SNR})_x + (\text{SNR})_y + 1} \tag{6-8}$$

式中：B_n 为接收机带宽；T 为信号持续时间。对于脉宽为 t_p、脉冲数为 N 的脉

冲串信号，$T = N \cdot t_{\mathrm{p}}$。

从式（6-8）中可以看出，当参考通道不受噪声干扰时，即 $(\mathrm{SNR})_x \to \infty$，$(\mathrm{SNR})_{\mathrm{o}}$ 将达到最佳相关器输出信噪比 $(\mathrm{SNR})_{\mathrm{opt}} = N \cdot B_{\mathrm{n}} \cdot t_{\mathrm{p}} \cdot (\mathrm{SNR})_y$，当参考通道受到噪声干扰时，$(\mathrm{SNR})_{\mathrm{o}}$ 相对于 $(\mathrm{SNR})_{\mathrm{opt}}$ 将会有一定的损失，即

$$
\begin{aligned}
(\mathrm{SNR})_{\mathrm{o}} &= L \cdot (\mathrm{SNR})_{\mathrm{opt}} = \frac{(\mathrm{SNR})_x}{(\mathrm{SNR})_x + (\mathrm{SNR})_y + 1} (\mathrm{SNR})_{\mathrm{opt}} \\
&= N \cdot B_{\mathrm{n}} \cdot t_{\mathrm{p}} \cdot \frac{(\mathrm{SNR})_x (\mathrm{SNR})_y}{(\mathrm{SNR})_x + (\mathrm{SNR})_y + 1}
\end{aligned}
\tag{6-9}
$$

将式（6-9）代入式（6-7）中，可得

$$
\sigma_{\hat{\tau}}^2 = \frac{3 \cdot [(\mathrm{SNR})_x + (\mathrm{SNR})_y + 1]}{\pi^2 \cdot B^2 \cdot N \cdot B_{\mathrm{n}} \cdot t_{\mathrm{p}} \cdot (\mathrm{SNR})_x \cdot (\mathrm{SNR})_y}
\tag{6-10}
$$

上述时延估计精度理论分析表明：两路线性调频脉冲串信号的互相关时延估计精度受到信号带宽、脉宽、相关脉冲数以及参考和目标通道输入信噪比的影响。其中，信号带宽 B 越大，信号的均方根带宽 B_{e} 越大，时延估计精度越高；信号脉宽 t_{p}、相关脉冲数 N 以及参考和目标通道输入信噪比 $(\mathrm{SNR})_x$、$(\mathrm{SNR})_y$ 越大，互相关输出信噪比 $(\mathrm{SNR})_{\mathrm{o}}$ 越大，时延估计精度越高。

6.2.3　仿真结果

1. 互相关检测与时延估计过程仿真

在 10MHz 采样频率下，仿真产生脉宽为 $100\mu s$、重复周期为 $1000\mu s$，带宽为 1MHz，脉冲数为 8 的线性调频脉冲串复包络作为发射信号。同时仿真产生参考通道直达波信号与目标通道目标回波信号，参考通道信噪比为 20dB、目标通道信噪比为 $-20dB$，它们相对于发射信号的时延分别为 $400\mu s$ 与 $600\mu s$，如图 6-2 所示，只画出了复包络的实部。从图 6-2 中可以看出：在目标通道信噪比为 $-20dB$ 情况下，目标信号已完全淹没在噪声中，常规的脉冲阈值检测无法检测出目标通道中的目标回波信号。将前面仿真产生的两个通道的信号进行互相关，互相关输出结果如图 6-3 所示。从图 6-3 中可以看出：两个通道中的周期性脉冲信号，经过互相关处理后，会形成周期性峰值脉冲。其中，最大峰值脉冲对应的时刻就是两个通道的时延。在上述信噪比条件下，由仿真结果可得时延估计值 $\hat{\tau} = 200\mu s$，该结果与假设的两个通道的时延完全吻合。可见，采用互相关检测方法可以有效地检测出目标通道中的微弱目标回波信号。

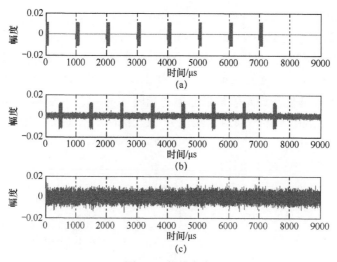

图 6-2　信号产生

（a）发射信号复包络（实部）；（b）参考通道直达波复包络（实部）；（c）目标通道目标回波复包络（实部）。

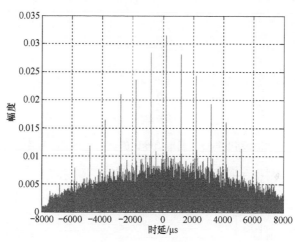

图 6-3　互相关输出

2. 时延估计精度仿真分析

由前面的时延估计精度理论分析可知：互相关时延估计精度主要受信号带宽、脉宽、相关脉冲数以及参考和目标通道信噪比的影响，线性调频脉冲串信号的时延估计方差的克拉美-罗界由式（6-10）给出。为了验证上述理论分析结果，下面将通过蒙特卡罗仿真方法具体分析各个因素对时延估计精度的影响。

图 6-4 通过 1000 次蒙特卡罗仿真给出了脉宽为 40μs，带宽为 1MHz，相关脉冲数为 4 时，参考通道信噪比分别为 0dB、20dB、40dB 与 60dB 条件下时延估计均方差与目标通道信噪比的关系。图 6-5 通过 1000 次蒙特卡

罗仿真给出了参考通道信噪比为 20dB 时，相关脉冲数为 4，带宽为 1MHz，脉宽分别为10μs、20μs、40μs、80μs 条件下时延估计均方差与目标通道信噪比的关系。图 6-6 通过 1000 次蒙特卡罗仿真给出了参考通道信噪比为 20dB 时，时宽为40μs，带宽为 1MHz，相关脉冲数分别为 1、2、4、8 条件下时延估计均方差与目标通道信噪比的关系。图 6-7 通过 1000 次蒙特卡罗仿真给出了参考通道信噪比为 20dB 时，相关脉冲数为 4，时宽为 40μs，带宽分别为 0.125MHz、0.25MHz、0.5MHz、1MHz 条件下时延估计均方差与目标通道信噪比的关系。

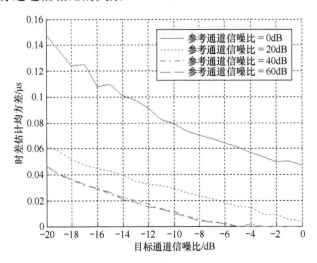

图 6-4 时延估计精度与目标通道信噪比的关系（不同参考通道信噪比）

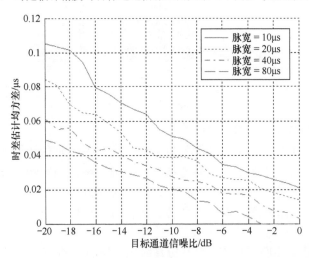

图 6-5 时延估计精度与目标通道信噪比的关系（不同脉宽）

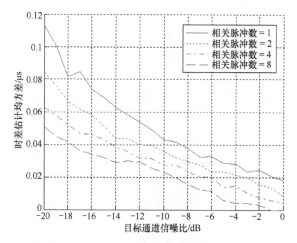

图 6-6　时延估计精度与目标通道信噪比的关系（不同相关脉冲数）

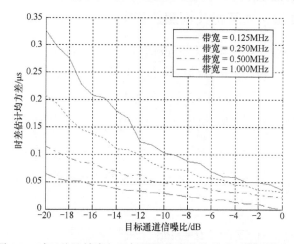

图 6-7　时延估计精度与目标通道信噪比的关系（不同带宽）

由图 6-4 可见，时延估计均方差随着参考通道和目标通道信噪比的增加而减小。在参考通道信噪比为 40dB 条件下，目标通道信噪比为-20dB 时，估计均方差约为 0.046μs；目标通道信噪比为-10dB 时，估计均方差已接近 0.01μs。当参考通道信噪比大于 40dB 时，参考通道信噪比的变化对时延估计精度的影响不明显。此时，时延估计精度主要取决于目标通道信噪比。由图 6-5 可见，相同带宽、相关脉冲数和信噪比条件下，信号脉宽越宽，时延估计精度越高。理论情况下：相关检测是基于能量检测的，信号脉宽越宽，能量越大，检测性能越好。试验结果与理论情况一致。由图 6-6 可见，相同信号时宽、带宽和信噪比条件下，相关脉冲数越多，时延估计精度越高。理论情况下：相关检测是基于能量检测的，相关脉冲数越多，总的信号能量越大，检测性能越好。试验结果与理论情况一致。然而，实际情况下，相关脉冲数的选取与天线波束照射

143

目标的时间有关。由图 6-7 可见，相同信号时宽、相关脉冲数和信噪比条件下，信号带宽越宽，时延估计精度越高。理论情况下：信号带宽越宽，互相关输出峰值宽度越窄，时延估计精度越高。仿真结果与理论情况一致。

6.3 运动目标时延快速估计方法

前面的互相关检测算法假设目标为静止目标（没有多普勒频移），当目标回波带有多普勒频移时，直接使用互相关（不进行多普勒频移补偿）将会引起多普勒失配损失，多普勒频移越大，多普勒失配损失越大。因此，互相关法只局限于固定目标，由于多普勒效应的影响，使得互相关法对动目标情况效果很差，几乎无法使用。针对上述问题，提出了一种"分段相关–视频积累"快速时延估计算法，并对该方法的处理过程与性能进行了理论和仿真分析。

6.3.1 多普勒频移对互相关检测的影响

若目标为运动目标，则目标回波信号复包络 $s_r(t)$ 相对于参考通道的直达波信号复包络 $s_d(t)$ 将产生多普勒频移 f_d，回波信号复包络可表示为

$$s_r(t) = k_r s_t(t - \tau_2)e^{j2\pi f_d(t-\tau_2)} + n_r(t) \tag{6-11}$$

假设脉冲串信号的脉冲重复周期为 T_r，且包含 M 个周期，则

$$s_t(t + mT_r) = s_t(t), 0 \leq t \leq T_r, 0 \leq m \leq M - 1 \tag{6-12}$$

若目标多普勒频移 $f_d \neq 0$，对两路信号进行互相关，则输出 $\left| R_{s_r s_d}(\tau) \big|_{f_d \neq 0} \right|$ 可表示为

$$
\begin{aligned}
\left| R_{s_r s_d}(\tau) \big|_{f_d \neq 0} \right| &= \left| \int_{-\infty}^{\infty} s_r(t) s_d^*(t - \tau) \mathrm{d}t \right| \\
&= \left| k_r k_d \int_{-\infty}^{\infty} \left[s_t(t - \tau_2)e^{j2\pi f_d(t-\tau_2)} \right] \left[s_t(n - \tau_1 - \tau) \right]^* \mathrm{d}t \right| \\
&= \left| k_r k_d \sum_{m=0}^{M-1} \int_0^{T_r} s_t(t + mT_r - \tau_2)s_t^*(t + mT_r - \tau_1 - \tau)e^{j2\pi f_d(t + mT_r - \tau_2)} \mathrm{d}t \right| \\
&= \left| k_r k_d \sum_{m=0}^{M-1} \int_0^{T_r} s_t(t - \tau_2)s_t^*(t - \tau_1 - \tau)e^{j2\pi f_d(t + mT_r - \tau_2)} \mathrm{d}t \right| \\
&= \left| k_r k_d \sum_{m=0}^{M-1} e^{j2\pi f_d mT_r} \int_0^{T_r} s_t(t - \tau_2)s_t^*(t - \tau_1 - \tau)e^{j2\pi f_d t} \mathrm{d}t \right| \\
&= \left| k_r k_d \frac{\sin(\pi f_d M T_r)}{\sin(\pi f_d T_r)} \int_0^{T_r} s_t(t - \tau_2)s_t^*(t - \tau_1 - \tau)e^{j2\pi f_d t} \mathrm{d}t \right|
\end{aligned}
$$

$$\tag{6-13}$$

对于线性调频信号，有

$$s_{\text{t}}(t) = \frac{1}{\sqrt{t_{\text{p}}}} e^{j\pi k t^2}, 0 \leqslant t \leqslant t_{\text{p}} \tag{6-14}$$

式中：t_{p} 为信号脉宽；$k = B / t_{\text{p}}$ 为调频斜率；B 为信号带宽。

将式（6-14）代入式（6-13），可得

$$\left| R_{s_{\text{r}} s_{\text{d}}}(\tau)\,\big|_{f_{\text{d}} \neq 0} \right| = \left| k_{\text{r}} k_{\text{d}} \frac{\sin(\pi f_{\text{d}} M T_{\text{r}})}{\sin(\pi f_{\text{d}} T_{\text{r}})} \frac{t_{\text{p}} - |\tau - (\tau_2 - \tau_1)|}{t_{\text{p}}} \times \right.$$
$$\left. \frac{\sin(\pi(f_{\text{d}} + k(\tau - (\tau_2 - \tau_1)))(t_{\text{p}} - |\tau - (\tau_2 - \tau_1)|))}{\pi(f_{\text{d}} + k(\tau - (\tau_2 - \tau_1)))(t_{\text{p}} - |\tau - (\tau_2 - \tau_1)|)} \right| \tag{6-15}$$

当 $f_{\text{d}} + k(\tau - (\tau_2 - \tau_1)) = 0$，即 $\tau = (\tau_2 - \tau_1) - \dfrac{f_{\text{d}}}{k}$ 时，$\left| R_{s_{\text{r}} s_{\text{d}}}(\tau)\,\big|_{f_{\text{d}} \neq 0} \right|$ 输出最大值为

$$\begin{aligned} \left| R_{s_{\text{r}} s_{\text{d}}}(\tau)\,\big|_{f_{\text{d}} \neq 0} \right|_{\max} &= \left| k_{\text{r}} k_{\text{d}} \frac{\sin(\pi f_{\text{d}} M T_{\text{r}})}{\sin(\pi f_{\text{d}} T_{\text{r}})} \left(1 - \left| \frac{f_{\text{d}}}{k t_{\text{p}}} \right| \right) \right| \\ &= \left| k_{\text{r}} k_{\text{d}} \frac{\sin(\pi f_{\text{d}} M T_{\text{r}})}{\sin(\pi f_{\text{d}} T_{\text{r}})} \left(1 - \left| \frac{f_{\text{d}}}{B} \right| \right) \right| \end{aligned} \tag{6-16}$$

若目标多普勒频移 $f_{\text{d}} = 0$，对两路信号进行互相关，则输出 $\left| R_{s_{\text{r}} s_{\text{d}}}(\tau)\,\big|_{f_{\text{d}} = 0} \right|$ 可表示为

$$\left| R_{s_{\text{r}} s_{\text{d}}}(\tau)\,\big|_{f_{\text{d}} = 0} \right| = \left| k_{\text{r}} k_{\text{d}} M \frac{t_{\text{p}} - |\tau - (\tau_2 - \tau_1)|}{t_{\text{p}}} \right.$$
$$\left. \frac{\sin(\pi k(\tau - (\tau_2 - \tau_1))(t_{\text{p}} - |\tau - (\tau_2 - \tau_1)|))}{\pi k(\tau - (\tau_2 - \tau_1))(t_{\text{p}} - |\tau - (\tau_2 - \tau_1)|)} \right| \tag{6-17}$$

当 $\tau = (\tau_2 - \tau_1)$ 时，$\left| R_{s_{\text{r}} s_{\text{d}}}(\tau)\,\big|_{f_{\text{d}} = 0} \right|$ 输出最大值为

$$\left| R_{s_{\text{r}} s_{\text{d}}}(\tau)\,\big|_{f_{\text{d}} = 0} \right|_{\max} = \left| k_{\text{r}} k_{\text{d}} M \right| \tag{6-18}$$

由于互相关在匹配和失配情况下输出噪声功率相等，因此，多普勒频移造成的互相关信噪比损失等价于互相关输出峰值功率损失，即

$$L = \left(\frac{\left| R_{s_{\text{r}} s_{\text{d}}}(\tau)\,\big|_{f_{\text{d}} \neq 0} \right|_{\max}}{\left| R_{s_{\text{r}} s_{\text{d}}}(\tau)\,\big|_{f_{\text{d}} = 0} \right|_{\max}} \right)^2 = \left[\left(\frac{\sin(\pi f_{\text{d}} M T_{\text{r}})}{M \sin(\pi f_{\text{d}} T_{\text{r}})} \right) \left(1 - \left| \frac{f_{\text{d}}}{B} \right| \right) \right]^2 \tag{6-19}$$

从式（6-19）可以看出，总的失配损失是由脉内失配与脉间失配两部分组成。对于单个线性调频脉冲信号，虽然多普勒频移会产生输出峰值功率损失和时延估值偏移，但由于多普勒频移 f_d 相对于信号带宽 B 一般都非常小，也就是说线性调频信号对多普勒频率不敏感，所以多普勒频移引起的脉内失配和时延估值偏移并不严重。因此，主要的失配损失是由脉间失配造成，而且多普勒频移 f_d 在 $1/(MT_r)$ 的整数倍处使得互相关输出为零，可见脉间失配损失十分严重。

6.3.2　分段相关–视频积累时延估计快速算法

从前面的分析可知，当目标回波带有多普勒频移时，直接使用互相关将会引起多普勒失配损失，因此必须要对多普勒频移进行补偿。在目标多普勒频移未知情况下，通常采用互模糊函数处理方法来对目标的时延和频移进行联合估计，需要在时频二维平面上搜索互模糊函数峰值，计算量很大，难以实现实时处理。当只需要估计目标时延而不需要估计目标频移时，为了进一步降低计算量，针对相参脉冲串信号，可以采用分段相关–视频积累的分步处理方法，将二维问题降为一维问题来处理。分段相关–视频积累时延快速估计的具体实现步骤如下：

（1）通过对直达波进行自相关估计脉冲串信号的周期 T_r：若在噪声中存在周期为 T_r 的线性调频脉冲序列，则它的自相关序列就会在信号周期的整数倍处取得峰值。因此，只要找到两个峰值之间的间隔就可以得到脉冲串信号的周期 T_r。

（2）分段相关：将两路脉冲串信号按照周期 T_r 分段，可以分为 M 段数据。对分段后的每一段数据进行互相关。其中，第 M 段直达波与目标回波的互相关输出 $R_{s_r s_d}(\tau, m)$ 可表示为

$$
\begin{aligned}
R_{s_r s_d}(\tau, m) &= \int_0^{T_r} s_r(t + mT_r) s_d{}^*(t + mT_r - \tau)\mathrm{d}t \\
&= k_r k_d \int_0^{T_r} s_t(t - \tau_2) s_t{}^*(t - \tau_1 - \tau)\mathrm{e}^{\mathrm{j}2\pi f_d t}\mathrm{d}t
\end{aligned}
\tag{6-20}
$$

（3）视频积累：对 M 个周期的分段相关输出求模，再进行非相参视频积累，可得分段相关–视频积累输出 $\left| R_{s_r s_d}(\tau) \right|_{\mathrm{NCI}}$ 可表示为

$$
\left| R_{s_r s_d}(\tau) \right|_{\mathrm{NCI}} = \sum_{m=0}^{M-1} \left| R_{s_r s_d}(\tau, m) \right| = M \left| R_{s_r s_d}(\tau, m) \right|
\tag{6-21}
$$

（4）时延估计：根据$|R_{s_r s_d}(\tau)|_{\text{NCI}}$的峰值来估计时延$\hat{\tau}_d$，即$\hat{\tau}_d = \tau\big|_{\max\{|R_{s_r s_d}(\tau)|_{\text{NCI}}\}}$。

分段相关–视频积累与时延估计过程如图6-8所示。

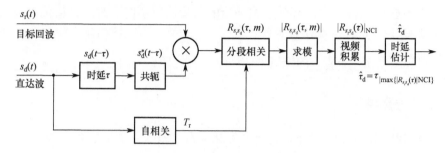

图6-8　分段相关–视频积累与时延估计过程

该方法在失配情况下的互相关输出信噪比损失由脉内失配损失与脉间积累损失两部分组成。其中，脉内失配损失为

$$L_1 = \left(\frac{\left|R_{s_r s_d}(\tau,m)\big|_{f_d \neq 0}\right|_{\max}}{\left|R_{s_r s_d}(\tau,m)\big|_{f_d = 0}\right|_{\max}}\right)^2 = \left(1 - \left|\frac{f_d}{B}\right|\right)^2 \tag{6-22}$$

脉间视频积累失配损失为[14]

$$L_2 = \frac{\text{SNR}_{\left|R_{s_r s_d}(\tau,m)\big|_{f_d \neq 0}\right|}}{\text{SNR}_{\left|R_{s_r s_d}(\tau,m)\big|_{f_d \neq 0}\right|} + 2.3} \tag{6-23}$$

线性调频信号在匹配情况下的互相关输出信噪比为[15]

$$\text{SNR}_{\left|R_{s_r s_d}(\tau,m)\big|_{f_d = 0}\right|} = t_p B_n \frac{(\text{SNR})_{s_r}(\text{SNR})_{s_d}}{(\text{SNR})_{s_r} + (\text{SNR})_{s_d} + 1} \tag{6-24}$$

则分段相关后的输出信噪比为

$$\begin{aligned}
\text{SNR}_{\left|R_{s_r s_d}(\tau,m)\big|_{f_d \neq 0}\right|} &= \left(1 - \left|\frac{f_d}{B}\right|\right)^2 \text{SNR}_{\left|R_{s_r s_d}(\tau,m)\big|_{f_d = 0}\right|} \\
&= \left(1 - \left|\frac{f_d}{B}\right|\right)^2 t_p B_n \frac{(\text{SNR})_{s_r}(\text{SNR})_{s_d}}{(\text{SNR})_{s_r} + (\text{SNR})_{s_d} + 1}
\end{aligned} \tag{6-25}$$

式中：$(\text{SNR})_{s_r}$为目标回波信噪比；$(\text{SNR})_{s_d}$为直达波信噪比；B_n为接收机带宽。

由于非合作双基地雷达接收机带宽通常要大于信号带宽B，因此，总的失

配损失为

$$L = L_1 L_2 = \left(1 - \left|\frac{f_d}{B}\right|\right)^2 \frac{\text{SNR}_{\left|R_{s_r s_d}(\tau, m)\right|_{f_d \neq 0}}}{\text{SNR}_{\left|R_{s_r s_d}(\tau, m)\right|_{f_d \neq 0}} + 2.3} \qquad (6\text{-}26)$$

当多普勒频移不大，且分段相关后的信噪比较高时，时延估值偏移与失配损失较小，此时该算法较理想。$\left|R_{s_r s_d}(\tau)\right|_{\text{NCI}}$ 在 $\tau_2 - \tau_1$ 处仍将产生峰值，因此，可以根据 $\left|R_{s_r s_d}(\tau)\right|_{\text{NCI}}$ 的峰值来估计时延 $\hat{\tau}_d$，即 $\hat{\tau}_d = \tau \mid_{\max\{|R_{s_r s_d}(\tau)|_{\text{NCI}}\}}$。

6.3.3 仿真结果

在 10MHz 采样频率下，仿真产生脉宽为 100μs、重复周期为 1000μs，带宽为 1MHz，脉冲数为 8 的线性调频脉冲串复包络作为发射信号。同时仿真产生参考通道直达波信号与目标通道目标回波信号，参考通道信噪比为 20dB、目标通道信噪比为−20dB，它们相对于发射信号的时延分别为 400μs 与 600μs。图 6-9 所示为不同频移情况下的互相关输出结果，从图中可以看出，当目标回波带有多普勒频移时，直接使用互相关（不进行多普勒频移补偿）将会引起多普勒失配损失，且多普勒频移越大，多普勒失配损失越大。由此可见，周期脉冲串信号的互相关输出对多普勒频移十分敏感，一个较小的多普勒频移将导致严重的多普勒失配损失。因此，长时间的相关积累对必须考虑多普勒效应的影响，直接互相关的方法只适用于固定目标，对动目标情况效果很差，几乎无法使用。

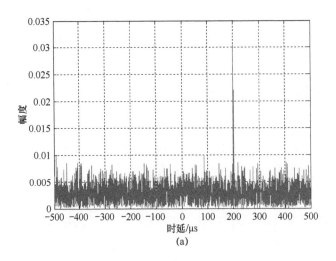

(a)

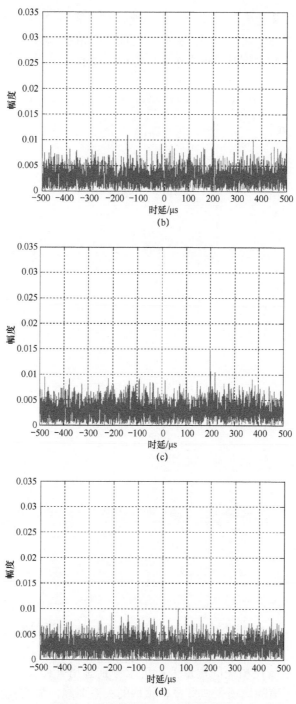

图 6-9　不同频移情况下的互相关输出

（a）f_d=0Hz；（b）f_d=40Hz；（c）f_d=80Hz；（d）f_d=120Hz。

为了改善多普勒失配对互相关的影响，可以采用分段相关–视频积累方法来快速估计时延。不同多普勒频移下的分段相关–视频积累输出结果如图 6-10 所示，从图中可以看出多普勒失配损失较小。

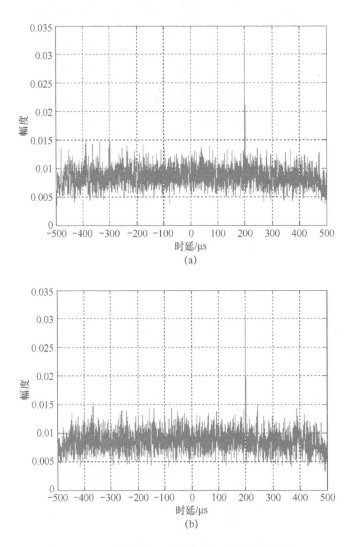

图 6-10　不同频移情况下的分段相关–视频积累输出

（a）f_d=0Hz；　（b）f_d=120Hz。

由前面的信噪比损失的定量分析可以分别画出互相关、分段相关–视频积累两种方法下信噪比损失与多普勒频移的关系曲线，如图 6-11 所示。

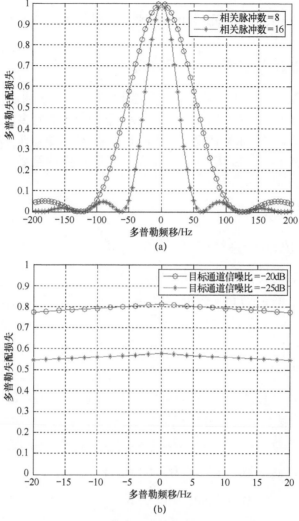

图 6-11　信噪比损失与多普勒频移的关系曲线

（a）互相关；（b）分段相关–视频积累。

图 6-11（a）考虑脉冲个数分别为 8、16 条件下，信噪比损失与多普勒频移的关系，可以看出：脉冲数越多，即信号总时长越长，信噪比损失随多普勒频移下降越大，因此，长时间的相关积累对必须考虑多普勒效应的影响，直接互相关的方法只适用于固定目标，对动目标情况效果很差，几乎无法使用。图 6-11（b）考虑到在目标通道信噪比分别为–20dB、–25dB 的条件下信噪比损失与多普勒频移的关系，可以看出：分段相关–视频积累处理的信噪比损失受多普勒频移影响不大，但随着目标通道信噪比的下降，信噪比损失有所增大。因此，该算法比较适合于多普勒频移不太大，分段相关后信噪比较高的应用场合。

6.4 运动目标时延–频移快速联合估计方法

6.4.1 互模糊函数处理与时延–频移联合估计原理

当目标回波带有多普勒频移时，直接使用互相关将会引起多普勒失配损失，多普勒频移越大，多普勒失配损失越大，因此必须要对多普勒频移进行补偿。在目标多普勒频移未知情况下，通常采用互模糊函数处理方法来对目标的时延和频移进行联合估计。对两路信号进行互模糊函数处理，则输出 $\chi_{s_r s_d}(\tau, f)$ 可表示为

$$
\begin{aligned}
\chi_{s_r s_d}(\tau, f) &= \int_{-\infty}^{\infty} s_r(t) s_d^{*}(t - \tau) e^{-j2\pi f t} dt \\
&= \int_{-\infty}^{\infty} [k_r s_t(t - \tau_2) e^{j2\pi f_d(t - \tau_2)} + n_r(t)] \cdot [k_d s_t(t - \tau_1 - \tau) + n_d(t - \tau)]^{*} \cdot e^{-j2\pi f t} \\
&= k_r k_d \chi_{s_t s_t}[(\tau - (\tau_2 - \tau_1)), (f - f_d)] e^{-j2\pi f \tau_2} + \\
&\quad k_r \chi_{s_t n_d}[(\tau - \tau_2), (f - f_d)] e^{-j2\pi f \tau_2} + k_d \chi_{n_r s_t}[(\tau + \tau_1), f] + \chi_{n_r n_d}(\tau, f)
\end{aligned}
$$

（6-27）

由假设条件（$s_t(t)$、$n_d(t)$ 和 $n_r(t)$ 之间互不相关）可知：$\chi_{s_t n_d} = \chi_{n_r s_t} = \chi_{n_r n_d} = 0$，因此 $|\chi_{s_r s_d}(\tau, f)| = k_r k_d |\chi_{s_t s_t}[(\tau - (\tau_2 - \tau_1)), (f - f_d)]|$。由信号的模糊函数性质可知：$|\chi_{s_t s_t}[(\tau - (\tau_2 - \tau_1)), (f - f_d)]|$ 在 $(\tau_2 - \tau_1, f_d)$ 处产生峰值，而 $\tau_2 - \tau_1$ 正好对应着目标回波相对于直达波的时延，f_d 正好对应着目标回波相对于直达波的频移。因此，可以通过二维搜索互模糊函数 $|\chi_{s_r s_d}(\tau, f)|$ 的峰值来联合估计时延 $\hat{\tau}_d$ 和频移 $\hat{f}_d$，即 $(\hat{\tau}_d, \hat{f}_d) = (\tau, f)\big|_{\max[|\chi_{s_r s_d}(\tau, f)|]}$。互模糊函数检测与时延–频移联合估计过程如图 6-12 所示。

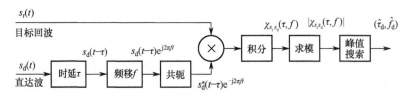

图 6-12 互模糊函数检测与时延–频移联合估计过程

6.4.2 时延、频移估计精度理论分析

互模糊函数处理获得的时延、频移估计精度仍然可以引用信号检测理论中的最大似然法估值时延、频移的理论分析结果，由此可分别得到时延、频移

估计方差的克拉美-罗界为[13]

$$\sigma_{\hat{t}}^2 = \frac{1}{(2\pi B_e)^2 (\mathrm{SNR})_o} \qquad (6\text{-}28)$$

$$\sigma_{\hat{f}}^2 = \frac{1}{(2\pi T_e)^2 (\mathrm{SNR})_o} \qquad (6\text{-}29)$$

式中：$(\mathrm{SNR})_o$ 为互模糊函数处理输出信噪比；B_e 为信号的均方根带宽；T_e 为信号的均方根时宽。

B_e 和 T_e 定义如下

$$B_e = \left[\frac{\int_{-\infty}^{\infty} f^2 |U(f)|^2 \, \mathrm{d}f}{\int_{-\infty}^{\infty} |U(f)|^2 \, \mathrm{d}f} \right]^{1/2} \qquad (6\text{-}30)$$

$$T_e = \left[\frac{\int_{-\infty}^{\infty} t^2 |u(t)|^2 \, \mathrm{d}t}{\int_{-\infty}^{\infty} |u(t)|^2 \, \mathrm{d}t} \right]^{1/2} \qquad (6\text{-}31)$$

由 6.2.2 节的分析可得线性调频脉冲串信号的时延估计方差的克拉美-罗界为

$$\sigma_{\hat{t}}^2 = \frac{3 \cdot \left[(\mathrm{SNR})_x + (\mathrm{SNR})_y + 1 \right]}{\pi^2 \cdot B^2 \cdot N \cdot B_n \cdot t_p \cdot (\mathrm{SNR})_x \cdot (\mathrm{SNR})_y} \qquad (6\text{-}32)$$

本节重点讨论线性调频脉冲串信号的频移估计方差的克拉美-罗界。对于线性调频脉冲串信号，其信号复调制函数为

$$u(t) = \sum_{n=0}^{N-1} \mathrm{rect}\left[(t - nT_r) / t_p \right] e^{j\pi B(t - nT_r)^2 / t_p} \qquad (6\text{-}33)$$

式中：t_p 为信号脉宽；B 为信号带宽；T_r 为脉冲重复周期；N 为脉冲个数。

将式（6-33）代入式（6-31）中，可得出线性调频脉冲串信号的均方根时宽 T_e，即

$$T_e = \left[\frac{\int_{-\infty}^{\infty} t^2 |u(t)|^2 \, \mathrm{d}t}{\int_{-\infty}^{\infty} |u(t)|^2 \, \mathrm{d}t} \right]^{1/2} = \frac{\sum_{n=0}^{N-1} \left\{ t_p \left[(nT_r)^2 + \frac{t_p^2}{12} \right] \right\}}{N t_p} = \frac{t_p^2}{12} + \frac{(N-1)(2N-1)T_r^2}{6} \quad (6\text{-}34)$$

当满足条件 $N \gg 1$，$T_r \gg t_p$ 时，可得

$$T_e \approx \frac{(NT_r)^2}{3} \qquad (6\text{-}35)$$

将式（6-35）代入式（6-29）中，可得线性调频脉冲串信号的频移估计方差的克拉美-罗界为

$$\sigma^2_{\hat{f}} = \frac{3}{(2\pi N T_r)^2 (SNR)_o} \tag{6-36}$$

互模糊函数处理输出信噪比 $(SNR)_o$ 与参考通道、目标通道输入信噪比 $(SNR)_x$、$(SNR)_y$ 的关系如下：

$$(SNR)_o = B_n T \frac{(SNR)_x (SNR)_y}{(SNR)_x + (SNR)_y + 1} \tag{6-37}$$

式中：B_n 为接收机带宽；T 为信号持续时间。对于脉宽为 t_p、脉冲数为 N 的脉冲串信号，$T = N \cdot t_p$。

将式（6-37）代入式（6-36）中，可得

$$\sigma^2_{\hat{f}} = \frac{3 \cdot [(SNR)_x + (SNR)_y + 1]}{(2\pi N T_r)^2 \cdot N \cdot B_n \cdot t_p \cdot (SNR)_x \cdot (SNR)_y} \tag{6-38}$$

上述频移估计精度理论分析表明：两路线性调频脉冲串信号的频移估计精度受到信号重复周期、脉冲数、带宽、脉宽以及参考和目标通道输入信噪比的影响。其中，信号重复周期 T_r、脉冲数 N 越大，信号的均方根时宽 T_e 越大，频移估计精度越高；信号脉宽 t_p、脉冲数 N 以及参考和目标通道输入信噪比 $(SNR)_x$、$(SNR)_y$ 越大，互模糊函数处理输出信噪比 $(SNR)_o$ 越大，频移估计精度越高。

6.4.3　互模糊函数常见计算方法

根据互模糊函数的定义，在多普勒频移未知情况下，需要进行时频二维搜索，如果直接计算的话，运算量极大。因此，需要寻求更为高效的算法。除了直接法外，互模糊函数还经常采用 FFT 法和 Zoom-FFT 法来计算[16-18]。

1. FFT 法

由前面互模糊函数的定义可知，时长为 T 的两路连续信号 $s_r(t)$ 和 $s_d(t)$ 的互模糊函数为

$$\chi_{s_r s_d}(\tau, f) = \int_0^T s_r(t) s_d^*(t - \tau) e^{-j2\pi f t} dt \tag{6-39}$$

为了将连续时域变换到离散时域中进行计算，可以令 $t = n / f_s$，$\tau = l / f_s$，$f = k f_s / N$，其中 f_s 为采样频率，$N = T f_s$ 表示总的采样点数，n 表示第 n 个采样点，将上述取值代入式（6-39），可得

154

$$\chi_{s_r s_d}(l,k) = \sum_{n=0}^{N-1} s_r(n) s_d^*(n-l) \mathrm{e}^{-\mathrm{j}2\pi kn/N} \qquad (6\text{-}40)$$

观察式（6-40），可以发现它的形式很像（DFT），不同之处在于它是时延 l 的函数，因此式（6-40）又可以表示成以下形式，即

$$\chi_{s_r s_d}(l,k) = \mathrm{DFT}[s_r(n) s_d^*(n-l)] \qquad (6\text{-}41)$$

式（6-41）可以用 FFT 法来快速实现，对每个时延 l 作 N 点 FFT，可得到离散的互模糊函数 $\chi_{s_r s_d}(l,k)$，通过二维搜索互模糊函数 $|\chi_{s_r s_d}(l,k)|$ 的峰值来联合估计时延 $\hat{\tau}_d$ 和频移 $\hat{f}_d$，此时 $(\hat{\tau}_d, \hat{f}_d) = (\hat{l}/f_s, \hat{k}f_s/N)$，其中 $(\hat{l},\hat{k}) = (l,k)\big|_{\max[\,|\chi_{s_r s_d}(l,k)|\,]}$。FFT 法处理与时延–频移联合估计过程如图 6-13 所示。这样用 FFT 法可与直接计算得到同样的结果，但是运算量却大大降低。

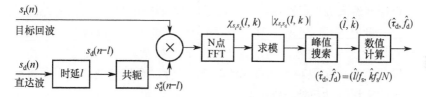

图 6-13　FFT 法处理与时延–频移联合估计过程

2. Zoom-FFT 法

采用 FFT 可以明显降低运算量，但在实际应用中，N 值一般很大，不容易实现很大点数的 FFT。另外 FFT 计算的频谱范围为 $-f_s/2 \sim f_s/2$，而实际中目标的多普勒频移 $f_d = f_s$，所以只需要对较窄的频率范围进行计算即可，FFT 法处理存在很大计算冗余。Zoom-FFT 法可以对某一感兴趣的频段进行局部细化，因此能够有效地解决上述两方面的问题。

实现 Zoom-FFT 的方法很多，其中，最简单的是先对信号做窄带低通滤波，取出需要频段并降低采样率后，再做 FFT。Zoom-FFT 处理过程如图 6-14 所示，先对 $s_r(n)$ 与 $s_d^*(n-l)$ 的积序列 $r_N(l,n)$ 进行低通滤波得到 $r_N'(l,n)$，由于低通滤波器的通带范围为原信号带宽的 $1/D$，即 $-f_s/(2D) \sim f_s/(2D)$，所以，可对 $r_N(l,n)$ 降低 D 倍采样率而不会造成有用信息损失，从而得到 $M(M=N/D)$ 点序列 $r_M(l,m)$，最后对 $r_M(l,m)$ 做 M 点 FFT，即可得到 $\chi_{s_r s_d}(l,k)$。采用 Zoom-FFT 法，使 N 点 FFT 变成了 M 点 FFT，进一步降低了运算量。

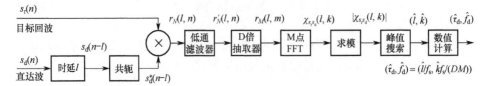

图 6-14   Zoom-FFT 法处理与时延–频移联合估计过程

6.4.4   运动目标时延–频移联合估计快速算法

1. 分段相关–FFT 法

前面介绍的直接法、FFT 法和 Zoom-FFT 法基本上都属于无处理损失的方法，其中 Zoom-FFT 的效率最高，因此在基于广播、电视等连续波信号的非合作双基地雷达目标检测中经常采用 Zoom-FFT 法。然而，对于脉冲雷达辐射源而言，目标回波为周期脉冲串信号，信号的有效持续时间仅占信号总时长的很小一部分，此时采用 Zoom-FFT 法对整个信号进行低通滤波，效率很低。因此，针对周期脉冲串信号，为了进一步降低计算量，可以采用分段相关–FFT 处理的简化方法来实现对运动目标的时延–频移联合快速估计。下面将重点研究该方法的实现步骤与处理性能。

假设脉冲串信号的脉冲重复周期为 T_r ，且包含 M 个周期，则有

$$s_t(t + mT_r) = s_t(t); \ 0 \leqslant t \leqslant T_r ; \ \ 0 \leqslant m \leqslant M - 1 \qquad （6\text{-}42）$$

对两路脉冲串信号进行互模糊函数处理，则输出 $\chi_{s_r s_d}(\tau, f)$ 可表示为

$$
\begin{aligned}
\chi_{s_r s_d}(\tau, f) &= \int_0^T s_r(t) s_d^{\ *}(t - \tau) \mathrm{e}^{-\mathrm{j}2\pi f t} \mathrm{d}t \\
&= k_r k_d \int_0^T \left[s_t(t - \tau_2) \mathrm{e}^{\mathrm{j}2\pi f_d(t - \tau_2)} \right] \left[s_t(n - \tau_1 - \tau) \right]^* \mathrm{e}^{-\mathrm{j}2\pi f t} \mathrm{d}t \\
&= k_r k_d \sum_{m=0}^{M-1} \int_0^{T_r} s_t(t + mT_r - \tau_2) s_t^{\ *}(t + mT_r - \tau_1 - \tau) \mathrm{e}^{\mathrm{j}2\pi f_d(t + mT_r - \tau_2)} \mathrm{e}^{-\mathrm{j}2\pi f(t + mT_r)} \mathrm{d}t \\
&= k_r k_d \sum_{m=0}^{M-1} \mathrm{e}^{-\mathrm{j}2\pi f m T_r} \int_0^{T_r} s_t(t - \tau_2) s_t^{\ *}(t - \tau_1 - \tau) \mathrm{e}^{\mathrm{j}2\pi f_d(t + mT_r - \tau_2)} \mathrm{e}^{-\mathrm{j}2\pi f t} \mathrm{d}t
\end{aligned}
$$

$$（6\text{-}43）$$

考虑到脉冲信号脉内多普勒频移损失较小，因此，可以对式（6-43）进行简化处理，即在段内相关处理时不进行多普勒频移补偿，而是直接将直达波信号作为参考信号与目标回波信号进行互相关处理。此时，式（6-43）可以简化为以下近似形式

156

$$\chi_{s_r s_d}(\tau, f) \approx k_r k_d \sum_{m=0}^{M-1} e^{-j2\pi fmT_r} \int_0^{T_r} s_t(t-\tau_2)$$

$$s_t^*(t-\tau_1-\tau)e^{j2\pi f_d(t+mT_r-\tau_2)} dt \tag{6-44}$$

令第 m 个周期的直达波与目标回波的互相关输出为 $R_{s_r s_d}(\tau, m)$，则

$$R_{s_r s_d}(\tau, m) = \int_0^{T_r} s_r(t+mT_r) s_d^*(t+mT_r-\tau) dt$$

$$= k_r k_d \int_0^{T_r} s_t(t-\tau_2) s_t^*(t-\tau_1-\tau) e^{j2\pi f_d(t+mT_r-\tau_2)} dt \tag{6-45}$$

将式（6-45）代入式（6-44），可得

$$\chi_{s_r s_d}(\tau, f) \approx \sum_{m=0}^{M-1} e^{-j2\pi fmT_r} [R_{s_r s_d}(\tau, m)] \tag{6-46}$$

为了将连续时域变换到离散时域中进行计算，可以令 $t = n/f_s$，$\tau = l/f_s$，$f = k/(MT_r)$，将上述取值代入式（6-46），可得

$$\chi_{s_r s_d}(l, k) \approx \sum_{m=0}^{M-1} e^{-j2\pi km/M} [R_{s_r s_d}(l, m)] \tag{6-47}$$

观察式（6-47），可以发现互模糊函数 $\chi_{s_r s_d}(l, k)$ 可以表示为互相关函数 $R_{s_r s_d}(l, m)$ 的 DFT，即

$$\chi_{s_r s_d}(l, k) \approx \mathrm{DFT}[R_{s_r s_d}(l, m)] \tag{6-48}$$

式（6-48）可以用 FFT 来快速实现，对每个时延 l 作 M 点 FFT，可得到离散的互模糊函数 $\chi_{s_r s_d}(l, k)$。

综上所述，分段相关–FFT 处理的时延–频移快速联合估计的具体实现步骤如下：

（1）信号周期估计：通过对直达波进行自相关估计脉冲串信号的周期 T_r；若在噪声中存在周期为 T_r 的脉冲序列，则它的自相关序列就会在信号周期的整数倍处取得峰值。因此，只要找到两个峰值之间的间隔就可以得到脉冲串信号的周期 T_r。

（2）分段相关：将时长为 T（对应总的采样点数 $N = Tf_s$）的两路脉冲串信号按照周期 T_r 分段，可以分为 M 段数据，每段数据的采样点数为 N/M。对分段后的每一段数据进行互相关。其中，第 m 段直达波与目标回波的互相关输出 $R_{s_r s_d}(l, m)$ 可表示为

157

$$R_{s_r s_d}(l,m) = \sum_{n=0}^{N/M-1} s_r\left(n + \frac{mT_r}{f_s}\right)s_d^*\left(n + \frac{mT_r}{f_s} - l\right) \qquad (6\text{-}49)$$

（3）FFT 处理：对 M 段数据的分段相关 $R_{s_r s_d}(l,m)$ 输出在每个时延 l 上作 M 点 FFT，得到离散的互模糊函数 $\chi_{s_r s_d}(l,k)$。

（4）时延–频移联合估计：通过二维搜索互模糊函数 $\chi_{s_r s_d}(l,k)$ 的峰值来联合估计目标回波与直达波的时延 $\hat{\tau}_d$ 和频移 $\hat{f}_d$，此时 $(\hat{\tau}_d, \hat{f}_d) = (\hat{l}/f_s, \hat{k}/(MT_r))$，其中 $(\hat{l}, \hat{k}) = (l,k)\big|_{\max[\,|\chi_{s_r s_d}(l,k)|\,]}$。

分段相关–FFT 处理与时延–频移联合估计过程如图 6-15 所示。

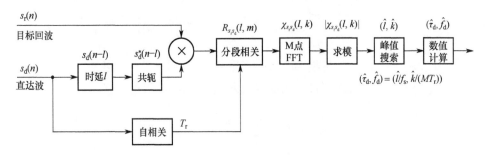

图 6-15　分段相关–FFT 处理与时延–频移联合估计过程

分段相关 FFT 处理由于采用了段内不进行多普勒补偿而直接互相关处理的简化方法，因此，相对于前面所述的直接法、FFT 法和 Zoom-FFT 法会造成多普勒失配损失。下面将以线性调频脉冲信号为例，定量分析一下分段相关–FFT 处理的处理性能。

对于线性调频脉冲信号，有

$$s_t(t) = \frac{1}{\sqrt{t_p}} e^{j\pi k t^2}, 0 \leqslant t \leqslant t_p \qquad (6\text{-}50)$$

式中：t_p 为信号脉宽；$k = B/t_p$ 为调频斜率；B 为信号带宽。

分段相关–FFT 处理的输出信噪比损失主要是由段内互相关的多普勒失配造成。由于互相关在匹配和失配情况下输出噪声功率相等，因此，多普勒频移造成的互相关信噪比损失等价于互相关输出峰值功率损失，即

$$L = \left(\frac{\left|R_{s_r s_d}(\tau,m)\big|_{f_d \neq 0}\right|_{\max}}{\left|R_{s_r s_d}(\tau,m)\big|_{f_d = 0}\right|_{\max}}\right)^2 \qquad (6\text{-}51)$$

将式（6-50）代入式（6-45），可得[11]

158

$$\left| R_{s_r s_d}(\tau, m) \right|_{f_d \neq 0} \bigg| = \left| k_r k_d \frac{t_p - |\tau - (\tau_2 - \tau_1)|}{t_p} \times \right.$$

$$\left. \frac{\sin(\pi(f_d + k(\tau - (\tau_2 - \tau_1)))(t_p - |\tau - (\tau_2 - \tau_1)|))}{\pi(f_d + k(\tau - (\tau_2 - \tau_1)))(t_p - |\tau - (\tau_2 - \tau_1)|)} \right| \tag{6-52}$$

当 $f_d + k(\tau - (\tau_2 - \tau_1)) = 0$ ，即 $\tau = (\tau_2 - \tau_1) - \dfrac{f_d}{k}$ 时，$\left| R_{s_r s_d}(\tau, m) \right|_{f_d \neq 0} \bigg|$ 输出最大值为

$$\left| R_{s_r s_d}(\tau, m) \right|_{f_d \neq 0} \bigg|_{\max} = \left| k_r k_d \left(1 - \left| \frac{f_d}{k t_p} \right| \right) \right| = \left| k_r k_d \left(1 - \left| \frac{f_d}{B} \right| \right) \right| \tag{6-53}$$

$$\left| R_{s_r s_d}(\tau, m) \right|_{f_d = 0} \bigg| = \left| k_r k_d \frac{t_p - |\tau - (\tau_2 - \tau_1)|}{t_p} \times \right.$$

$$\left. \frac{\sin(\pi k(\tau - (\tau_2 - \tau_1))(t_p - |\tau - (\tau_2 - \tau_1)|))}{\pi k(\tau - (\tau_2 - \tau_1))(t_p - |\tau - (\tau_2 - \tau_1)|)} \right| \tag{6-54}$$

当 $\tau = (\tau_2 - \tau_1)$ 时，$\left| R_{s_r s_d}(\tau, m) \right|_{f_d = 0} \bigg|$ 输出最大值为

$$\left| R_{s_r s_d}(\tau, m) \right|_{f_d = 0} \bigg|_{\max} = \left| k_r k_d \right| \tag{6-55}$$

将式（6-53）和式（6-55）代入式（6-51），可得

$$L = \left(1 - \left| \frac{f_d}{B} \right| \right)^2 \tag{6-56}$$

从式（6-56）中可以看出，对于线性调频脉冲信号，虽然多普勒频移会产生输出峰值功率损失和时延估值偏移，但由于多普勒频移 f_d 相对于信号带宽 B 一般都非常小，也就是说线性调频信号对多普勒频率不敏感，多普勒频移引起的脉内失配和时延估值偏移并不严重。因此，在目标多普勒频移不太大的情况下，分段相关–FFT 处理的信号处理损失较小，可以忽略不计。采用这种算法在不影响处理性能的同时减小了算法实现的难度。

2. 分段局部相关–FFT 法

分段相关–FFT 法是对分段后的每一段数据进行互相关，每一段的数据长度正好对应一个信号重复周期 T_r，而 T_r 时间内脉冲有效持续时间仅为 T_p（对应的采样点数为 $N_p = T_p f_s$），因此没有必要对整个周期进行互相关处理，只需在 T_p 时间内进行局部互相关处理。分段局部相关–FFT 法的处理与时延–频移联合估计过程如图 6-16 所示。

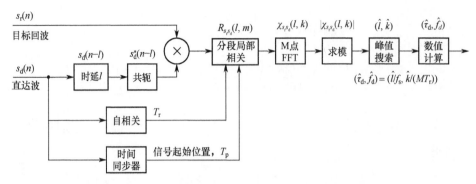

图 6-16　分段局部相关–FFT 法的处理与时延–频移联合估计过程

　　分段局部相关需要注意的问题是：在对直达波进行自相关估计脉冲串信号的周期 T_r 的同时，找准脉冲有效持续时间段的出现位置。从信号出现时刻起截取长度为 T_p 的信号段作为互相关的参考信号。分段局部相关–FFT 法在进一步减少运算量的同时，可以保持和分段相关–FFT 法一样的处理性能。

6.4.5　算法的运算量分析比较

　　假设两路信号的点数为 N （对应时长 T ）， l （对应时延 τ ）的取值共 N_τ 点， k （对应频移 f ）的取值共 M 点。由互模糊函数定义不难得到直接法所需复乘次数为 $2N_lNM$ ；由 N 点 FFT 的复乘次数为 $(N/2)\log_2 N$ ，可得 FFT 法所需复乘次数为 $N_l(N+(N/2)\log_2 N)$ ；设 Zoom-FFT 法中滤波器的长度为 N_h ，则 Zoom-FFT 法所需复乘次数为 $N_l(N+MN_h+(M/2)\log_2 M)$ ；由于段内互相关处理无需滤波操作，因此分段相关–FFT 法所需复乘次数为 $N_l(N+(M/2)\log_2 M)$ ；设分段局部相关的信号长度为 N_p ，则分段局部相关–FFT 法所需复乘次数为 $N_l(MN_p+(M/2)\log_2 M)$ 。各种算法的复乘次数的比较如表 6-1 所列。

表 6-1　各种算法复乘次数的比较

算法	复乘次数
直接法	$2N_\tau NM$
FFT 法	$N_\tau(N+(N/2)\log_2 N)$
Zoom-FFT 法	$N_\tau(N+MN_h+(M/2)\log_2 M)$
分段相关-FFT 法	$N_\tau(N+(M/2)\log_2 M)$
分段局部相关-FFT 法	$N_\tau(MN_p+(M/2)\log_2 M)$

　　设 N 从 2^{18} 到 2^{24} 变化，每段数据的长度为 $D=2^{14}$ ，总共可以分为 $M=N/D$ 段，滤波器的长度为 $N_h=D$ ，信号长度为 $N_p=2^{10}$ ， l 的取值为 $N_\tau=D=2^{14}$ ，

根据表 6-1 中的计算关系式，可以得出各种算法的复乘次数的比较结果，如图 6-17 所示。

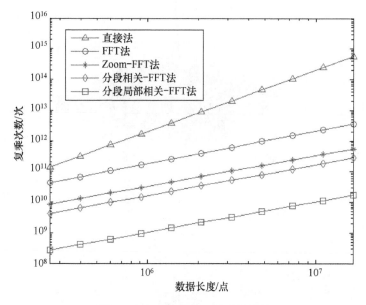

图 6-17　5 种算法的运算量的比较

从表 6-1 和图 6-17 中可以看出，分段相关–FFT 法和分段局部相关–FFT 法的运算量比常见的直接法、FFT 法、Zoom-FFT 法要少。其中，分段局部相关–FFT 法充分考虑了周期脉冲串信号的特点，大大减少了冗余计算，便于实现实时处理。

6.4.6　仿真结果

在 10MHz 采样频率下，仿真产生脉宽为 100 μs、重复周期为 1000 μs，带宽为 1MHz，脉冲数为 16 的线性调频脉冲串复包络作为发射信号。同时仿真产生参考通道直达波信号与目标通道目标回波信号，参考通道信噪比为 20dB、目标通道信噪比为–20dB，它们相对于发射信号的时延分别为 500 μs 与 550 μs。考虑运动目标情况，为了改善多普勒失配对互相关的影响，可以采用互模糊函数处理方法来进行时延-频移联合估计。由于直接法、FFT 法和 Zoom-FFT 法三者处理性能基本相同，分段相关–FFT 法和分段局部相关–FFT 法两者性能相同，因此，重点比较在不同多普勒频移情况下，采用直接法和分段局部相关–FFT 法处理后的互模糊函数输出结果，如图 6-18 所示。

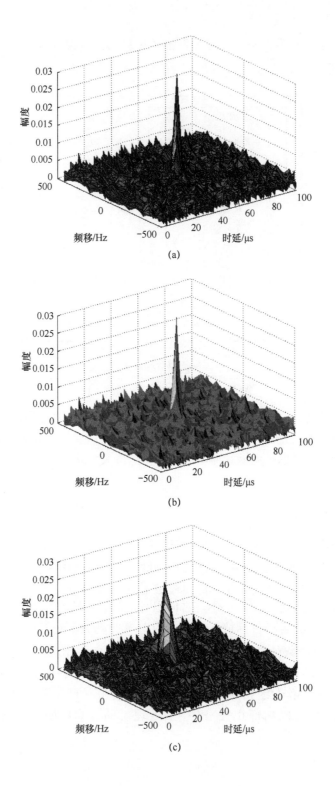

(a)

(b)

(c)

162

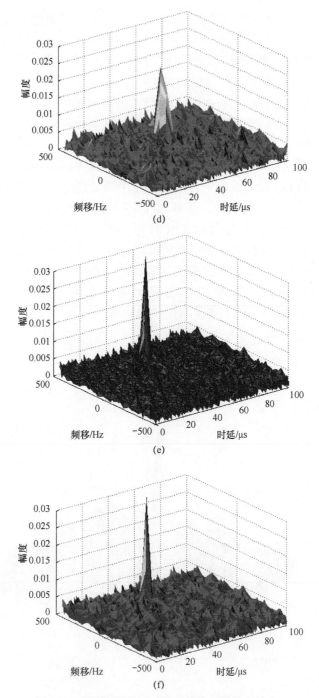

图 6-18　不同频移情况下的互模糊函数处理输出

（a）直接法（f_d=0Hz）；（b）分段局部相关–FFT 法（f_d=0Hz）；（c）直接法（f_d=100Hz）；（d）分段局部相关–FFT 法（f_d=100Hz）；（e）直接法（f_d=250Hz）；（f）分段局部相关–FFT 法（f_d=250Hz）。

在仿真中，直接法和分段局部相关–FFT 法所采用的时延取值范围为 0~100μs，间隔为 $1/f_s = 0.1\mu s$，频移取值范围为 –500~500Hz，间隔为 $1/(MT_r) = 62.5$Hz。从图 6-18 中可看出，在不同频移情况下，分段局部相关–FFT 法的处理性能几乎和直接法一样。同时，还发现图 6-18（c）、(d) 相对于图 6-18（a）、(b)、(e)、(f) 处理结果峰值幅度有所下降，峰值宽度变宽，这是由于目标多普勒频移与滤波器中心频率不匹配造成的。当 $f_d = 0$Hz（对应图 6-18（a）、(b)) 和 $f_d = 250$Hz（对应图 6-18（e）、(f)）时，此时 f_d 正好等于多普勒滤波器组中心频率间隔 $1/(MT_r)$ 的整数倍，信号和滤波器完全匹配，此时不存在附加处理损失；而当 $f_d = 100$Hz（对应图 6-18（c）、(d)）时，信号和匹配滤波器不完全匹配，这时会产生附加处理损失，影响信号的检测和时延–频移估计。为减小这种处理损失，对于直接法可以直接将频移取值间隔缩小，而对于分段局部相关–FFT 法可以采用补零方法缩小频移取值间隔，使目标多普勒频移与滤波器中心频率失配程度降低。现将频率取值间隔缩小为原来的 $1/5$，重新在 $f_d = 100$Hz 的情况下，采用直接法和分段局部相关–FFT 法进行处理，输出结果如图 6-19 所示。

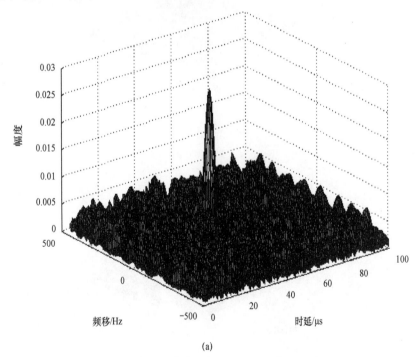

(a)

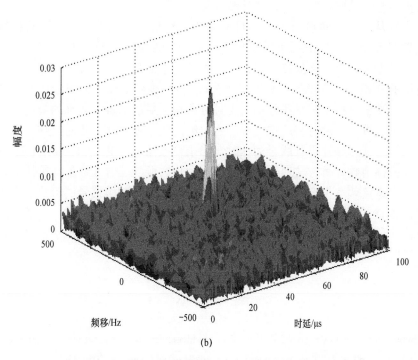

图 6-19　互模糊函数处理输出（频移取值间隔缩小）

(a) 直接法（f_d=100Hz）；(b) 分段局部相关–FFT 法（f_d=100Hz）。

从图 6-19 中可以看出，峰值失真情况得到明显改善。从增加的运算量看，频移取值点数为原来的 5 倍，即 $M' = 5M$，直接法的复乘次数由 $2N_\tau NM$ 增加到 $2N_\tau NM'$，运算量为原来的 5 倍，而分段局部相关–FFT 法的复乘次数由 $N_\tau(MN_p + (M/2)\log_2 M)$ 增加到 $N_\tau(MN_p + (M'/2)\log_2 M')$，在 $N_p \gg M$ 情况下，运算量基本保持不变。由此可见，分段局部相关-FFT 法在不影响处理性能的同时，在运算量上具有明显优势。

6.5　小结

本章讨论了固定目标的互相关检测与时延估计原理，同时分析了信噪比、信号脉宽、相关脉冲数和带宽对互相关时延估计性能的影响，得出以下结论：①参考通道含有噪声会使得互相关时延估计精度下降，发现当参考通道信噪比较高时，参考通道信噪比的变化对时延估计精度的影响不明显，此时，时延估计精度主要取决于目标通道信噪比。②互相关检测是基于能量检测的，信号脉宽越宽，或相关脉冲数越多，时延估计精度就越高。③信号带宽越宽，互相关输出峰值宽度越窄，时延估计精度越高。

　　本章从理论的角度分析了动目标多普勒频移对互相关检测的影响程度，研究表明互相关法较适用于固定目标，对动目标情况效果很差，几乎无法使用。针对上述问题，当只需要估计目标时延而不需要估计目标频移时，借鉴传统雷达的非相参积累思想，提出了"分段相关–视频积累"的时延快速估计算法，该方法在目标多普勒频移不太大且分段相关后的信噪比较高的情况下，信号处理损失较小，同时将二维问题降为一维问题，便于实现实时处理。当需要对目标的时延和频移进行联合估计时，由于直接法、FFT 法和 Zoom-FFT 法等常见互模糊函数计算方法对于基于脉冲雷达辐射源的非合作双基地雷达动目标处理而言运算效率很低。因此，针对周期线性调频脉冲串信号的特点，为了进一步降低计算量，提出了"分段相关–FFT"与"分段局部相关–FFT"时延–频移快速估计算法。理论分析和仿真结果表明，上述方法在保证了信号处理性能的同时，大大减少了运算量，便于工程实现。

参考文献

[1] Schoenenberger J G, Forrest J R. Principles of independent receivers for use with co-operative radar transmitters[J]. The Radaio and Electronic Engineer. 1982, 52(10): 93-101.

[2] Griffiths H D, Carter S M. Provision of moving target indication in an independent bistatic radar receiver[J]. The Radio and Electronic Engineer. 1984, 54(12): 336-342.

[3] Yamano. Bistatic coherent radar receiving system[P]. 4644356, USA, 1984.

[4] Lightfoot Fred M. Apparatus and methods for locating a target utilizing signals generated from a non-cooperative source[P]. 474692 , USA, 1985.

[5] Thompson E Craig. Bistatic radar noncooperative illumination synchronization techniques. IEEE Radar Conference[C] // California, USA, 1989:29-34.

[6] Hawkins J M. An opportunistic bistatic radar. IEE Radar Conference[C] // London, UK, 1997:318-322.

[7] 李四新. 英国在潜水艇上部署双基地雷达[J]. 现代雷达. 1999, 12(2): 13.

[8] Thomas Daniel D. Synchronization of noncooperative bistatic radar receivers[D]. PhD thesis, Syracuse University, USA: 1999.

[9] Roy R, Kailath T. ESPRIT-estimation of signal parameters via rotational invariance techniques[J]. IEEE Transactions on ASSP. 1989, 37(7): 984-995.

[10] Rao B D, Hari K V S. Performance analysis of Root-MUSIC[J]. IEEE Transactions on ASSP. 1989, 37(12): 1939-1949.

[11] 丁鹭飞, 张平. 雷达系统[M]. 西安: 西安电子科技大学出版社, 1994.

[12] 张直中. 雷达信号的选择与处理[M]. 北京: 国防工业出版社, 1979.

[13] 林茂庸, 柯有安. 雷达信号理论[M]. 北京: 国防工业出版社, 1984.

[14] Barton D K. Modern radar system analysis[M]. A rtech House, Inc. , Norwood, MA , 1988.

[15] Gert Retzer. A passive detection system for a wide class of illuminator signals. IEEE Radar Conference[C]. 1979:620-623.

[16] Zhang Weiqiang, Tao Ran, Ma Yongfeng. Fast computation of the ambiguity function. 7th International Conference on Signal Processing Proceedings[C]. 2004:2124-2127.

[17] 张卫强. 基于外辐射源雷达的时延和多普勒联合估计[D]. 北京:北京理工大学, 2005.

[18] 马永锋, 单涛, 陶然. 基于民用照射源的被动雷达信号分析与处理[J]. 系统工程与电子技术. 2004, 26(12): 1755-175.

第7章 无源双基地雷达广义相参
检测性能分析

7.1 引言

除了 Lockheed Martin 公司所公布的实用系统 Silent Sentry 之外，目前公开发表的文献大多是从事基于各种新型外辐射源的无源探测系统的可行性研究，并利用外场实测数据进行后处理，论证其是否适合于目标的探测和跟踪。G.Fabrizio[1]等原创性地将 PCL 技术拓展到了高频天波超视距雷达的探测领域，并完成了相应的外场试验和数据分析，充分论证了该系统对目标探测的可行性。更重要的是，作者根据实际观测得到的几百批次数据，完成了各批次数据的目标检测分析，并且综合比较分析了各次检测结果，给出了该系统的工作特性曲线。国际知名雷达专家 A. Farina 在推荐该文时曾给出非常高的评价[2]，认为在无源探测系统研究领域已公开发表的文献中是罕见的，必将促进无源探测领域的发展。但是，其缺点就是没有理论分析，不具备一般性，不便于为其他类型的外辐射源雷达系统的借鉴和检测性能预测。

本章将在建立无源双基地雷达目标回波模型的基础上，研究外辐射源雷达发射信号的带宽未能准确估计而导致信号采样带宽失配时无源相干脉冲雷达广义相参检测器的构造思路，推导适合外辐射源雷达目标检测通用的广义相参检测统计量，得到其检测性能的解析表达式，并分析高斯白噪声背景下的检测性能。

7.2 问题描述与基本假设

系统以非合作雷达辐射源发射脉冲时刻作为时间的基准。设非合作雷达发射信号的第 n 个随机初相脉冲可以表示为

$$s(t_n) = \text{rect}(t_n/\tau)\tilde{s}(t_n)\cos[2\pi f_0 t_n + \varphi_0(n)]$$

式中：$\tilde{s}(t_n)$ 为脉冲包络；τ 为脉冲宽度；n 为发射脉冲的序数；$\text{rect}(t_n/\tau) = \begin{cases} 1 & (0 \leqslant t_n \leqslant \tau) \\ 0 & (\text{其他}) \end{cases}$ $t_n = t - nT_r$ 为第 n 个发射脉冲距本次发射起点的

延时，T_r 为脉冲重复周期；$\varphi_0(n)$ 为第 n 个发射脉冲的初相，在 $[0,2\pi]$ 间服从均匀分布。

发射信号经过时延 t_d 之后，到达接收机的直达脉冲串信号为

$$s_d(t_n - t_d) = \text{rect}\left(\frac{t_n - t_d}{\tau}\right) A_d \cos\left[2\pi f_0(t_n - t_d) + \varphi_0(n)\right] \qquad (7\text{-}1)$$

式中：A_d 为发射信号经直达路径衰减后的幅度。

发射信号经目标散射后到达接收机延迟 t_r 的脉冲串信号为

$$s_r(t_n - t_r) = \text{rect}\left(\frac{t_n - t_r}{\tau}\right) A_r \cos\left[2\pi (f_0 + f_d)(t_n - t_r) + \varphi_0(n)\right] \qquad (7\text{-}2)$$

式中：A_r 为发射信号经散射路径衰减后的幅度；由双基地几何关系可知 $t_r \geq t_d$。

设非合作双基地接收系统能够准确实现频率同步，则中频正交处理之后的直达脉冲信号为

$$s_d(t_n) = A_d \text{rect}\left(\frac{t_n - t_d}{\tau}\right) \exp\left\{j\varphi_{L0}(n)\right\} \qquad (7\text{-}3)$$

中频正交处理之后的目标散射信号为

$$s_r(t_n) = A_{tgt} \text{rect}\left(\frac{t_n - t_r}{\tau}\right) \exp\left\{j\left[\varphi_{L0}(n) - 2\pi f_d(t_n - t_r)\right]\right\} \qquad (7\text{-}4)$$

式中：$\varphi_{L0}(n) = \varphi_L - \varphi_0(n)$，表示直达波通道和目标回波通道中脉冲 n 的初相与本振信号初相之差。

因为本章主要是从理论上分析广义相参处理的性能，为方便表述和分析，首先假设进行广义相参处理之前，直达波通道采样已完成针对发射信号的提纯处理，而目标回波通道的采样已完成了直达波干扰信号的抑制处理。因此，在 H_0 假设条件下的零中频的基带回波信号可表示为

$$\begin{cases} H_0: & \tilde{s}_d(l) = n_d(l) \\ & \tilde{s}_r(l) = n_r(l) \end{cases} \qquad (7\text{-}5)$$

式中：$l = 1, 2, \cdots, N_T$；$\tilde{s}_d(l)$、$\tilde{s}_r(l)$ 分别为直达波通道和目标回波通道在 lT_s 时刻的采样，T_s 为采样间隔；$T = N_T T_s$ 为总的观测时间；$n_d(l)$、$n_r(l)$ 为零均值复平稳高斯随机过程，且 $n_d(l)$、$n_r(l)$ 是独立同分布的。

因此，H_0 假设表示直达波通道和目标回波通道均没有截获机会辐射源发射的信号。

假设已准确选取目标相参驻留时间内发射的 N 个直达脉冲信号采样作为互模糊函数处理的参考输入信号，因此，在 H_1 假设条件下双通道回波可以表示为

$$\begin{cases} \mathrm{H_1}: s_\mathrm{r}(l) = A_\mathrm{r} s(l - \tau_\mathrm{r}) \exp\left\{ \mathrm{j}\left[\varphi_{\mathrm{L0}}(l) + 2\pi f_\mathrm{d}(l - \tau_\mathrm{r}) \right] \right\} + n_\mathrm{r}(l) \\ s_\mathrm{d}(l) = A_\mathrm{d} s(l - \tau_\mathrm{d}) \exp\left[\mathrm{j}\varphi_{\mathrm{L0}}(l) \right] + n_\mathrm{d}(l) \end{cases} \tag{7-6}$$

式中：τ_r、τ_d 分别为目标回波通道和直达波通道所截获的信号相对发射时刻的时延；A_r、A_d 分别为目标回波通道和直达波通道所截获的信号相对发射信号幅度的衰减；f_d 为目标回波信号的多普勒频移，而且信号和噪声是各态历经且相互独立的零均值平稳复随机列向量。

一般情况下，由于外辐射源的信号频率和带宽均是由其他传感器（如 ESM）测得，只是知道大致范围。因此保守情况下，为了保证信号的有效截获，要求接收系统的处理带宽大于信号带宽。由带通采样定理可知，要求最小采样间隔 $T_\mathrm{S} \leqslant 1/(2B_\mathrm{p})$，其中 B_p 为接收系统的中频信号处理带宽。由于在带宽失配的条件下，相对信号带宽而言是过采样，则不同时刻间的采样样本间是相关的，从而很难直接利用时域采样信号求得接收系统检测性能的解析解。因此，本章将考虑从频域分析其检测性能。

假设信号分析的有效时长为 T，信号带宽和系统处理带宽内的频率分量数 N_s 和 N_p，则

$$N_\mathrm{s} = \frac{B_\mathrm{s}}{1/T} = B_\mathrm{s}T, \quad N_\mathrm{p} = \frac{B_\mathrm{p}}{1/T} = B_\mathrm{p}T \tag{7-7}$$

式中：B_s 为外辐射源发射信号的实际带宽。

当信号带宽不匹配时，将有 $M = N_\mathrm{p} - N_\mathrm{s}$ 个频率分量只含有噪声信息。定义采样信号带宽失配系数为

$$\eta = \frac{B_\mathrm{p}}{B_\mathrm{s}} = \frac{N_\mathrm{p}}{N_\mathrm{s}} = \frac{N_\mathrm{s} + M}{N_\mathrm{s}} \tag{7-8}$$

由系统信号处理的实际带宽为 B_p 可知，互模糊函数处理输出的时间分辨率为 $1/B_\mathrm{p}$，则在总观测处理时间 T 内的时间分辨单元数为 $T/(1/B_\mathrm{p}) = N_\mathrm{p}$，因此整个互模糊平面内的时延多普勒分辨单元数为 $L = N_\mathrm{p}^2$。

在 $\mathrm{H_0}$ 假设条件下，直达波和目标回波的功率谱密度均可表示为

$$\boldsymbol{R}_{\mathrm{H_0}}(k) = \boldsymbol{R}_{\hat{N}}(k), \quad |k| \leqslant \frac{N_\mathrm{p} - 1}{2} \tag{7-9}$$

在 $\mathrm{H_1}$ 假设条件下，有

$$\boldsymbol{R}_{\mathrm{H_1}}(k) = \begin{cases} \boldsymbol{R}_{\hat{N}}(k) & , \dfrac{N_\mathrm{s} - 1}{2} < |k| \leqslant \dfrac{N_\mathrm{p} - 1}{2} \\ \boldsymbol{R}_{\hat{S}}(k) + \boldsymbol{R}_{\hat{N}}(k) & , |k| \leqslant \dfrac{N_\mathrm{s} - 1}{2} \end{cases} \tag{7-10}$$

式中：$\boldsymbol{R}_{\hat{S}}$、$\boldsymbol{R}_{\hat{N}}$ 分别为信号和噪声的功率谱密度。

170

事实上，考虑在观测时间 T 内，设直达波和目标回波信号采样组成的观测矢量为 $\tilde{s}=[\tilde{s}_{\mathrm{d}},\tilde{s}_{\mathrm{r}}]^{T}$，其对应的互协方差矩阵为

$$\boldsymbol{R}_S(l,k)=\mathrm{E}\left\{\mathbf{s}(l)\mathbf{s}^{\mathrm{H}}(k)\right\}=\begin{bmatrix} R_{\tilde{s}_{\mathrm{d}}}(l,k) & R_{\tilde{s}_{\mathrm{d}}\tilde{s}_{\mathrm{r}}}(l,k) \\ R_{\tilde{s}_{\mathrm{d}}\tilde{s}_{\mathrm{r}}}^{*}(l,k) & R_{\tilde{s}_{\mathrm{r}}}(l,k) \end{bmatrix} \tag{7-11}$$

利用互相关函数与功率谱密度之间的关系，则 $\boldsymbol{R}_S$ 的各个元素可以表示为

$$\begin{cases} R_{\tilde{s}_{\mathrm{d}}}(l,k)=\displaystyle\sum_{q=-N_{\mathrm{p}}}^{N_{\mathrm{p}}}S_{\mathrm{d}}(q)\,\mathrm{e}^{\mathrm{j}\frac{2\pi qk}{N_{\mathrm{T}}}} \\[4mm] R_{\tilde{s}_{\mathrm{r}}}(l,k)=\displaystyle\sum_{q=-N_{\mathrm{p}}}^{N_{\mathrm{p}}}S_{\mathrm{r}}(q)\,\mathrm{e}^{\mathrm{j}\frac{2\pi qk}{N_{\mathrm{T}}}} \\[4mm] R_{\tilde{s}_{\mathrm{d}}\tilde{s}_{\mathrm{r}}}(l,k)=\displaystyle\sum_{q=-N_{\mathrm{p}}}^{N_{\mathrm{p}}}S_{\mathrm{dr}}(q)\,\mathrm{e}^{\mathrm{j}\frac{2\pi qk}{N_{\mathrm{T}}}} \end{cases} \tag{7-12}$$

式中：$S_{\mathrm{d}}(q)$、$S_{\mathrm{r}}(q)$ 分别为直达波信号和目标回波信号的功率谱密度；$S_{\mathrm{dr}}(q)$ 为直达波信号和目标回波信号的互功率谱密度。

观测矢量 $\tilde{s}$ 的傅里叶变换 $\boldsymbol{S}(k)$ 可以表示为

$$\boldsymbol{S}(k)=\frac{1}{N_{\mathrm{T}}}\sum_{l=0}^{N_{\mathrm{T}}-1}\tilde{s}(l)\exp\left(-\mathrm{j}\frac{2\pi lk}{N_{\mathrm{T}}}\right) \tag{7-13}$$

则 $\boldsymbol{S}(k)$ 的互相关矩阵为

$$\boldsymbol{R}_S(l,k)=\mathrm{E}\left\{\boldsymbol{S}(l)\boldsymbol{S}^{\mathrm{H}}(k)\right\}=\begin{bmatrix} R_{S_{\mathrm{d}}}(l,k) & R_{S_{\mathrm{d}}S_{\mathrm{r}}}(l,k) \\ R_{S_{\mathrm{d}}S_{\mathrm{r}}}^{*}(l,k) & R_{S_{\mathrm{r}}}(l,k) \end{bmatrix} \tag{7-14}$$

式中

$$\begin{aligned} R_{S_{\mathrm{d}}}(l,k)&=\mathrm{E}\left\{S_{\mathrm{d}}(l)S_{\mathrm{d}}^{*}(k)\right\}=\frac{1}{N_{\mathrm{T}}^{2}}\sum_{n,m=0}^{N_{\mathrm{T}}-1}R_{\tilde{s}_{\mathrm{d}}}(m-n)\exp\left(-\mathrm{j}\frac{2\pi nl}{N_{\mathrm{T}}}\right)\exp\left(\mathrm{j}\frac{2\pi mk}{N_{\mathrm{T}}}\right) \\ &=\frac{1}{N_{\mathrm{T}}^{2}}\sum_{q=-N_{\mathrm{p}}}^{N_{\mathrm{p}}}S_{\mathrm{d}}(q)\sum_{n,m=0}^{N_{\mathrm{T}}-1}\exp\left(-\mathrm{j}\frac{2\pi n(l-q)}{N_{\mathrm{T}}}\right)\exp\left(\mathrm{j}\frac{2\pi m(k-q)}{N_{\mathrm{T}}}\right) \\ &=\sum_{q=-N_{\mathrm{p}}}^{N_{\mathrm{p}}}S_{\mathrm{d}}(q)\frac{1}{N_{\mathrm{T}}^{2}}\frac{\sin\pi(q-k)}{\sin\pi\left(\dfrac{q-k}{N_{\mathrm{T}}}\right)}\frac{\sin\pi(q-l)}{\sin\pi\left(\dfrac{q-l}{N_{\mathrm{T}}}\right)} \\ &=\begin{cases} 0 & ,l\neq k \\ S_{\mathrm{d}}(l) & ,l=k \end{cases} \end{aligned}$$

$$\tag{7-15}$$

类似地，有

$$
\begin{aligned}
R_{S_\mathrm{r}}(l,k) &= \mathrm{E}\left\{S_\mathrm{r}(l)S_\mathrm{r}^*(k)\right\} \\
&= \sum_{q=-N_\mathrm{p}}^{N_\mathrm{p}} S_\mathrm{r}(q) \frac{\sin\pi(q-k)}{N_\mathrm{T}\sin\pi\left(\dfrac{q-k}{N_\mathrm{T}}\right)} \frac{\sin\pi(q-l)}{N_\mathrm{T}\sin\pi\left(\dfrac{q-l}{N_\mathrm{T}}\right)} \\
&= \begin{cases} 0 & ,l\neq k \\ S_\mathrm{r}(l) & ,l=k \end{cases}
\end{aligned}
\tag{7-16}
$$

$$
\begin{aligned}
R_{S_\mathrm{rd}}(l,k) &= \mathrm{E}\left\{S_\mathrm{d}(l)S_\mathrm{r}^*(k)\right\} \\
&= \sum_{q=-N_\mathrm{p}}^{N_\mathrm{p}} S_\mathrm{rd}(q) \frac{\sin\pi(q-k)}{N_\mathrm{T}\sin\pi\left(\dfrac{q-k}{N_\mathrm{T}}\right)} \frac{\sin\pi(q-l)}{N_\mathrm{T}\sin\pi\left(\dfrac{q-l}{N_\mathrm{T}}\right)} \\
&= \begin{cases} 0 & ,l\neq k \\ S_\mathrm{rd}(l) & ,l=k \end{cases}
\end{aligned}
\tag{7-17}
$$

因此，对于理想的带限信号，有

$$
\boldsymbol{R}_S(l,k) = \begin{cases} 0 & , \quad l\neq k \\ \boldsymbol{R}_S(l), & \quad l=k \end{cases}
\tag{7-18}
$$

即

$$
\boldsymbol{R}_S = \sum_{l=0}^{N_\mathrm{p}} \boldsymbol{S}(l)\boldsymbol{S}^\mathrm{H}(l)
\tag{7-19}
$$

因此，在高斯白噪声背景下，对于采样频率失配得到的单载频或线性调频信号的样本序列，其傅里叶变换后输出各频率分量之间是独立的，可以考虑通过频域来分析这类信号的检测性能，为此需要推导广义相参检测统计量的频域形式。

7.3 广义相参检测统计量的推导

无源双基地雷达中常用的目标检测方法就是利用广义互相关函数作为相参检测器的观测，在此广义指的是有两个待搜索参数，即时延和多普勒频移。广义互相关处理时，时延和多普勒频移是相互独立的参数。广义互相关的过程就是力求利用直达波信号对目标回波信号的相对时延和多普勒频移进行补偿或者是匹配。

在时域检测过程中，所利用的归一化广义互相关函数检测统计量[3-5]为

$$\gamma_{\mathrm{T}}(\beta,\tau) = \frac{\dfrac{1}{T}\int_T \tilde{s}_{\mathrm{r}}(\beta t)\tilde{s}_{\mathrm{d}}^*(t-\tau)\mathrm{d}t}{\left(\dfrac{1}{T}\int_T |\tilde{s}_{\mathrm{r}}(t)|^2\,\mathrm{d}t\right)^{\frac{1}{2}}\left(\dfrac{1}{T}\int_T |\tilde{s}_{\mathrm{d}}(t)|^2\,\mathrm{d}t\right)^{\frac{1}{2}}} \tag{7-20}$$

式中：β 为多普勒频移引入的时间压缩系数。

借鉴互模糊函数的定义和归一化广义互相关函数检测统计量的时域形式，定义归一化互模糊函数检测统计量为

$$\begin{aligned}
\varphi_{\mathrm{T}}(\beta,\tau) &= |\gamma_{\mathrm{T}}(\beta,\tau)|^2 \\
&= \frac{\left|\int_T \tilde{s}_{\mathrm{r}}(\beta\tau)\tilde{s}_{\mathrm{d}}^*(t-\tau)\mathrm{d}t\right|^2}{\int_T |\tilde{s}_{\mathrm{r}}(t)|^2\,\mathrm{d}t\int_T |\tilde{s}_{\mathrm{d}}(t)|^2\,\mathrm{d}t}
\end{aligned} \tag{7-21}$$

又由乘积定理和帕塞瓦尔定理[6]可知，式（7-21）可以变换为

$$\varphi_{\mathrm{T}}(\beta,\tau) = \frac{\left|\int \tilde{s}_{\mathrm{r}}(f)\tilde{s}_{\mathrm{d}}^*(f)\mathrm{d}f\right|^2}{\int |\tilde{s}_{\mathrm{r}}(f)|^2\,\mathrm{d}f\int |\tilde{s}_{\mathrm{d}}(f)|^2\,\mathrm{d}f} \tag{7-22}$$

由于在一般情况下，无源双基地雷达都是利用双通道的信号采样样本计算其互模糊函数，因此给出归一化互模糊函数检测统计量的离散形式为

$$\varphi_{\mathrm{T}}(\beta,\tau) = \frac{\left|\sum\limits_{k=0}^{N_{\mathrm{p}}-1} \tilde{s}_{\mathrm{r}}(k)\tilde{s}_{\mathrm{d}}^*(k)\right|^2}{\sum\limits_{k=0}^{N_{\mathrm{p}}-1}|\tilde{s}_{\mathrm{r}}(k)|^2 \sum\limits_{k=0}^{N_T-1}|\tilde{s}_{\mathrm{d}}(k)|^2} \tag{7-23}$$

考虑直达波和目标回波的各频率分量 $\mathbf{S}(k)$ 的互相关矩阵

$$\mathbf{R} = \begin{bmatrix} \sigma_{\mathrm{d}}^2 & \sigma_{\mathrm{dr}} \\ \sigma_{\mathrm{dr}}^* & \sigma_{\mathrm{r}}^2 \end{bmatrix} \tag{7-24}$$

首先令双通道信号间的各频率分量的互相关矩阵为

$$\mathbf{R}_{\hat{s}} = \begin{bmatrix} S_{\mathrm{d}} & \sqrt{S_{\mathrm{d}}S_{\mathrm{r}}}\rho_{\mathrm{s}}\mathrm{e}^{\mathrm{j}\theta_{\mathrm{s}}} \\ \sqrt{S_{\mathrm{d}}S_{\mathrm{r}}}\rho_{\mathrm{s}}\mathrm{e}^{-\mathrm{j}\theta_{\mathrm{s}}} & S_{\mathrm{r}} \end{bmatrix} \tag{7-25}$$

又由于已假设直达波通道和目标侦察通道的噪声是不相关的，则在 H_0 假设条件下，有

$$\mathbf{R}_{H_0} = \begin{bmatrix} N_{\mathrm{d}} & 0 \\ 0 & N_{\mathrm{r}} \end{bmatrix} \tag{7-26}$$

从而在 H_1 假设条件下，有

$$R_{H_1} = \begin{bmatrix} S_d + N_d & \sqrt{S_d S_r}\rho_s e^{j\theta_s} \\ \sqrt{S_d S_r}\rho_s e^{-j\theta_s} & S_r + N_r \end{bmatrix} \qquad (7\text{-}27)$$

式中：N_d、N_r 分别为直达波和目标侦察通道的噪声谱密度；S_d、S_r 分别为直达波和目标侦察通道信号的功率谱密度；ρ_s 为时延多普勒参数补偿后通道间信号的相关系数；θ_s 为通道间信号相关处理后的相位，即参数补偿后的误差。当通道间信号的时延和多普勒频率均完全正确补偿的条件下 $\rho_s = 1$。

由式（7-18）和式（7-27），可得

$$\gamma_T(\beta,\tau) = \frac{\sqrt{S_d S_r}\rho_s e^{-j\theta_s}}{\sqrt{(S_d + N_d)(S_r + N_r)}} \qquad (7\text{-}28)$$

又由式（7-27）和式（7-28），可得

$$\varphi_T = \frac{(\mathrm{SNR})_d (\mathrm{SNR})_r}{((\mathrm{SNR})_d + 1)((\mathrm{SNR})_r + 1)}\rho_s^2 \qquad (7\text{-}29)$$

式中：$(\mathrm{SNR})_d$、$(\mathrm{SNR})_r$ 分别为直达波通道和目标侦察通道的信噪比。

由式（7-24）和文献[7]，可得

$$f(R_S) = f(\sigma_d^2, \sigma_r^2, \sigma_{dr}^2) = \frac{\sigma_d^2 \sigma_r^2}{2} f(\sigma_d^2, \sigma_r^2, \varphi_T, \theta_s)$$
$$= \frac{\sigma_d^2 \sigma_r^2}{2} f(\sigma_d^2, \sigma_r^2, \varphi_T, \theta_s) \qquad (7\text{-}30)$$

则由文献[7]可知，归一化互模糊函数平面每个检测单元对应的检测统计量 $\varphi_T(\beta,\tau)$ 的概率密度函数（probability density function，PDF）可以通过互相关矩阵 R_S 的 PDF 得到，即

$$f(\varphi_T) = \frac{1}{2}\int_0^\infty \int_0^\infty \int_{-\pi}^\pi \sigma_d^2 \sigma_r^2 f(\sigma_d^2, \sigma_r^2, \varphi_T, \theta_s)\mathrm{d}\theta_s \mathrm{d}\sigma_d^2 \mathrm{d}\sigma_r^2 \qquad (7\text{-}31)$$

7.4 R_S 的特征函数和概率密度函数

7.4.1 R_S 的特征函数

依据式（7-19）和特征函数的定义[6-9]，可得双通道观测回波的频率系数 $S(k)$ 的互相关矩阵 R_S 的特征函数为

$$\phi(T) = \mathrm{E}\left\{\exp\left[\mathrm{jtr}(R_S T)\right]\right\} = \mathrm{E}\left\{\exp\left[\mathrm{j}\sum_{l=1}^{N_P}\mathrm{tr}(S(l)S^H(l)T)\right]\right\}$$
$$= \mathrm{E}\left\{\exp\left[\mathrm{j}\sum_{l=1}^{N_P}(S(l)S^H(l)T)\right]\right\} = \prod_{l=1}^{N_P}\mathrm{E}\left\{\exp\left[\mathrm{j}(S(l)S^H(l)T)\right]\right\} \qquad (7\text{-}32)$$

式中：T 为二维正定厄米特矩阵；tr($\cdot$) 为矩阵的迹。

由文献[10]可知，存在非奇异矩阵 U，使得

$$\begin{cases} U^{\mathrm{H}} R_S^{-1}(l,l) U = I \\ U^{\mathrm{H}} T U = W \end{cases} \tag{7-33}$$

成立，其中 W 为实对角矩阵，且 $W_{11} > 0$，$W_{22} > 0$。

令

$$S(l) = UY \tag{7-34}$$

则

$$\mathrm{E}\left\{ \exp\left[j S^{\mathrm{H}}(l) T S(l) \right] \right\} = \left| U^{\mathrm{H}} \right|^{-1} \left| R_S^{-1}(l,l) - jT \right|^{-1} |U|^{-1} \tag{7-35}$$

由式（7-33）可知

$$\left| U^{\mathrm{H}} \right| \left| R_S(l,l) \right| |U| = 1 \tag{7-36}$$

因此

$$\phi(T) = \prod_{l=1}^{N_{\mathrm{P}}} \left| R_S(l,l) \right|^{-1} \left| R_S(l,l)^{-1} - jT \right|^{-1} \tag{7-37}$$

由 7.2 节可知，采样信号带宽失配的条件下，回波样本序列的傅里叶变换将有 N_s 个频率系数包含信号分量，有 M 个频率分量的系数仅含有噪声。因此，在高斯白噪声背景下，对于单载频或者线性调频信号的采样序列，依据式（7-9）、式（7-10）和式（7-37），可得

$$\phi(T) = \left| R_{\mathrm{H}_0} \right|^{-M} \left| R_{\mathrm{H}_1} \right|^{-N_s} \left| R_{\mathrm{H}_0} - jT \right|^{-M} \left| R_{\mathrm{H}_1} - jT \right|^{-N_s} \tag{7-38}$$

7.4.2　R_s 的概率密度函数

通过计算 R_s 的特征函数的傅里叶逆变换，即可得到其相应的概率密度函数，即

$$f(R_S) = \frac{1}{(2\pi)^4} \int_{D_\phi} \phi(T) \exp(-j\mathrm{tr}(R_S T)) \mathrm{d}T \tag{7-39}$$

式中：D_ϕ 为二维正定厄米特矩阵的积分区域。

将式（7-38）代入式（7-39），可得

$$f(A) = \frac{\left| R_{\mathrm{H}_0} \right|^{-M} \left| R_{\mathrm{H}_1} \right|^{-N_s}}{(2\pi)^4} \int_{D_\phi} \frac{\exp(-j\mathrm{tr}(AT))}{\left| R_{\mathrm{H}_0}^{-1} - jT \right|^{M} \left| R_{\mathrm{H}_1}^{-1} - jT \right|^{N_s}} \mathrm{d}T \tag{7-40}$$

设 $f(\boldsymbol{R}_1)$ 对应的特征函数为 $\left|\boldsymbol{R}_{\mathrm{H}_0}\right|^{-M}\left|\boldsymbol{R}_{\mathrm{H}_0}^{-1}-\mathrm{j}\boldsymbol{T}\right|^{-M}$，$f(\boldsymbol{R}_2)$ 对应的特征函数为 $\left|\boldsymbol{R}_{\mathrm{H}_1}\right|^{-N_{\mathrm{s}}}\left|\boldsymbol{R}_{\mathrm{H}_1}^{-1}-\mathrm{j}\boldsymbol{T}\right|^{-N_{\mathrm{s}}}$，由特征函数与概率密度函数的相互关系，有

$$f(\boldsymbol{R}_S) = f(\boldsymbol{R}_1) \otimes f(\boldsymbol{R}_2) \tag{7-41}$$

式中：符号 $\otimes$ 表示卷积。

由文献[10]可知

$$f(\boldsymbol{R}_1) = \begin{cases} \dfrac{\left|\boldsymbol{R}_1\right|^{M-2}\exp(-\mathrm{tr}(\boldsymbol{R}_{\mathrm{H}_0}^{-1}\boldsymbol{R}_1))}{\pi\Gamma(M)\Gamma(M-1)\left|\boldsymbol{R}_{\mathrm{H}_0}\right|^{M}} & ,\left|\boldsymbol{R}_1\right| \geqslant 0 \\[4mm] 0 & ,\left|\boldsymbol{R}_1\right| < 0 \end{cases} \tag{7-42}$$

$$f(\boldsymbol{R}_2) = \begin{cases} \dfrac{\left|\boldsymbol{R}_2\right|^{N_{\mathrm{s}}-2}\exp(-\mathrm{tr}(\boldsymbol{R}_{\mathrm{H}_1}^{-1}\boldsymbol{R}_2))}{\pi\Gamma(N_{\mathrm{s}})\Gamma(N_{\mathrm{s}}-1)\left|\boldsymbol{R}_{\mathrm{H}_1}\right|^{N_{\mathrm{s}}}} & ,\left|\boldsymbol{R}_2\right| \geqslant 0 \\[4mm] 0 & ,\left|\boldsymbol{R}_2\right| < 0 \end{cases} \tag{7-43}$$

将式（7-42）和式（7-43）代入式（7-41），可得

$$\begin{aligned} f(\boldsymbol{R}_S) &= \frac{\int_{D_Y}\left|\boldsymbol{R}_S-\boldsymbol{Y}\right|^{N_{\mathrm{s}}-2}\left|\boldsymbol{Y}\right|^{M-2}\exp(-\mathrm{tr}(\boldsymbol{R}_{\mathrm{H}_1}^{-1}(\boldsymbol{R}_S-\boldsymbol{Y})))\exp(-\mathrm{tr}(\boldsymbol{R}_{\mathrm{H}_0}^{-1}\boldsymbol{Y}))\mathrm{d}\boldsymbol{Y}}{\pi^2\Gamma(N_{\mathrm{s}})\Gamma(N_{\mathrm{s}}-1)\Gamma(M)\Gamma(M-1)\left|\boldsymbol{R}_{\mathrm{H}_1}\right|^{N_{\mathrm{s}}}\left|\boldsymbol{R}_{\mathrm{H}_0}\right|^{M}} \\[4mm] &= \frac{\exp(-\mathrm{tr}(\boldsymbol{R}_{\mathrm{H}_1}^{-1}\boldsymbol{R}_S))}{\pi^2\Gamma(N_{\mathrm{s}})\Gamma(N_{\mathrm{s}}-1)\Gamma(M)\Gamma(M-1)\left|\boldsymbol{R}_{\mathrm{H}_1}\right|^{N_{\mathrm{s}}}\left|\boldsymbol{R}_{\mathrm{H}_0}\right|^{M}} \cdot \\[4mm] &\quad \int_{D_Y}\left|\boldsymbol{R}_S-\boldsymbol{Y}\right|^{N_{\mathrm{s}}-2}\left|\boldsymbol{Y}\right|^{M-2}\exp(-\mathrm{tr}(\boldsymbol{R}_{\mathrm{H}_0}^{-1}-\boldsymbol{R}_{\mathrm{H}_1}^{-1})\boldsymbol{Y})\mathrm{d}\boldsymbol{Y} \end{aligned} \tag{7-44}$$

式中：D_Y 为积分区域；$\left|\boldsymbol{R}_S-\boldsymbol{Y}\right| \geqslant 0, \left|\boldsymbol{Y}\right| \geqslant 0$。

利用合流超几何函数[10,11]表示式（7-44）的积分部分，可得

$$\begin{aligned} f(\boldsymbol{R}_S) &= \frac{\left|\boldsymbol{R}_S\right|^{N_{\mathrm{p}}-2}\exp(-\mathrm{tr}(\boldsymbol{R}_{\mathrm{H}_1}^{-1}\boldsymbol{R}_S))}{\pi^2\Gamma(N_{\mathrm{p}})\Gamma(N_{\mathrm{p}}-1)\left|\boldsymbol{R}_{\mathrm{H}_1}\right|^{N_{\mathrm{s}}}\left|\boldsymbol{R}_{\mathrm{H}_0}\right|^{M}} \cdot \\[4mm] &\quad \sum_{k=0}^{\infty}\frac{(-1)^k(M)_k(N_{\mathrm{s}})_k\left|\Delta\boldsymbol{R}\right|^k}{(N_{\mathrm{p}}-1/2)_k(N_{\mathrm{p}})_{2k}k!}\,{}_1F_1(M+k;N_{\mathrm{p}}-2k;\mathrm{tr}(\Delta\boldsymbol{R})) \end{aligned} \tag{7-45}$$

式中：${}_1F_1$ 为合流超几何函数；$(x)_n = \dfrac{\Gamma(x+n)}{\Gamma(x)}$ 为 Pochhammer 符号，则

$$\Delta\boldsymbol{R} = \boldsymbol{R}_{\mathrm{H}_1}^{-1} - \boldsymbol{R}_{\mathrm{H}_0}^{-1} \tag{7-46}$$

7.5　检测性能分析

7.5.1　虚警概率和检测概率的解析式

当两个通道均只有噪声时，$(\text{SNR})_d = (\text{SNR})_r = 0$，$\rho_s^2 = 0$，则[12]

$$f(\varphi_T | 0, M, N_s) = (N_P - 1)(1 - \varphi_T)^{N_P - 2} \qquad (7\text{-}47)$$

可得

$$F(\varphi_t) = \int_0^{\varphi_t} f(\varphi_T | 0, M, N_s) \mathrm{d}\varphi_T = 1 - (1 - \varphi_t)^{N_P - 1} \qquad (7\text{-}48)$$

由此，则互模糊函数平面内每个检测单元对应的虚警概率 $P_{fa}(\text{bin})$ 可表示为

$$P_{fa}(\text{bin}) = (1 - \varphi_t)^{N_P - 1} \qquad (7\text{-}49)$$

式中：φ_t 为检测阈值，$\varphi_t \in [0, 1]$。

由于在 H_0 假设下，直达波通道和目标回波通道均只有高斯白噪声，且相互独立，此时对应的互模糊平面各检测单元之间也相互独立，则互模糊平面内对应的虚警概率 P_{FA} 可以表示为

$$
\begin{aligned}
P_{FA} &= \Pr\left\{ \max_{\forall \text{bin}} \varphi_T > \varphi_t \right\} = 1 - \Pr\left\{ \max_{\forall \text{bin}} \varphi_T < \varphi_t \right\} \\
&= 1 - \Pr\left\{ \bigcap_{\forall \text{bin}} \varphi_T < \varphi_t \right\} = 1 - \prod_{\forall \text{bin}} P_{fa}(\text{bin}) = 1 - \left[1 - (1 - \varphi_t)^{(N_P - 1)} \right]^L
\end{aligned} \qquad (7\text{-}50)
$$

式中：L 为互模糊平面内的总检测单元数；$\forall \text{bin}$ 表示互模糊平面内的任意一个单元。

当 $\varphi_t \rightarrow 1$ 时，有

$$P_{FA} \approx L(1 - \varphi_t)^{(N_P - 1)} = L P_{fa}(\text{bin}) \qquad (7\text{-}51)$$

当 $(\text{SNR})_d \neq 0, (\text{SNR})_r \neq 0$ 时，有

$$
\begin{aligned}
F(\varphi_t | M, N_s) &= \int_0^{\varphi_t} f(\varphi_T | M, N_s) \mathrm{d}\varphi_T \\
&= \sum_{k=0}^{\infty} D(k; M, N_s)((\text{SNR})_d (\text{SNR})_r (1 - \rho_s^2))^k F(\varphi_t | k)
\end{aligned} \qquad (7\text{-}52)
$$

式中

$$D(k; M, N_s) = \frac{(-1)^k (M)_k (N_s)_k}{(N_P - 1/2)_k}$$

$$F(\varphi_t|k) = \left(1 - \frac{(\text{SNR})_d(\text{SNR})_r\rho_s^2}{R_dR_r}\right)^{N_p} \frac{R_r^M}{R_d^k}$$

$$\sum_{l=0}^{\infty}\left(\frac{(\text{SNR})_d(\text{SNR})_r\rho_s^2}{R_dR_r}\right)^l B_k(l)\text{Beta}_{\varphi_t}(l+1,N_p+k-1)$$

$$F_1\left[M+k,-N_p,N_p+k+l;N_p+2k+2l;1-R_d^{-1}\left(1-\frac{(\text{SNR})_d(\text{SNR})_r}{R_dR_r}\rho_s^2\right)^{-1},1-\frac{R_r}{R_d}\right]$$

$$B_k(l) = \frac{\Gamma(N_p+2k)\Gamma(N_p+k-1)\Gamma(N_p+k+l)\Gamma(N_s+k+2l)}{\Gamma(N_p)\Gamma(N_p-1)\Gamma(N_s+k)\Gamma(N_p+2k+2l)(N_p)_{2k}l!}$$

而 $\text{Beta}_x(a,b) = \dfrac{\Gamma(a+b)}{\Gamma(a)\Gamma(b)}\displaystyle\int_0^x t^{a-1}(1-t)^{b-1}\mathrm{d}t$ 为不完全 Beta 函数；F_1 为 APPELL 二元题几何函数；$(x)_n = \Gamma(x+n)/\Gamma(x)$。

为了求得检测概率，首先定义一次目标检测为检测统计量在正确的时延-多普勒单元超过阈值。这个单元对应于目标回波信号实际时延和多普勒频率的最大似然估计，即说明目标通道信号的时延和多普勒频率已经补偿，则 $\rho_s = 1$。又由式（7-52）可得

$$F(\varphi_t|M,N_s) = F(\varphi_t|0) \tag{7-53}$$

式中

$$F(\varphi_t|0) = \left(1 - \frac{(SNR)_d(SNR)_r}{R_dR_r}\right)^{N_p}$$

$$R_r^M\sum_{l=0}^{\infty}\left(\frac{(SNR)_d(SNR)_r}{R_dR_r}\right)^l B_0(l)\text{Beta}_{\varphi_t}(l+1,N_p-1)\times$$

$$F_1\left[M,-N_p,N_p+l;N_p+2l;1-\frac{1}{R_d}\left(1-\frac{(SNR)_d(SNR)_r}{R_dR_r}\right)^{-1},1-\frac{R_r}{R_d}\right]$$

$$B_0(l) = \frac{\Gamma(N_p+l)\Gamma(N_s+2l)}{\Gamma(N_s)\Gamma(N_p+2l)l!}$$

一般情况下，在非合作双基地雷达系统中直达波通道的 $(SNR)_d$ 远大于目标回波的 $(SNR)_r$，即 $(SNR)_d \gg (SNR)_r$，且 $(SNR)_d \gg 1$，则

$$1 - \frac{1}{R_{\mathrm{d}}} \left(1 - \frac{(\mathrm{SNR})_{\mathrm{d}}(\mathrm{SNR})_{\mathrm{r}}}{R_{\mathrm{d}} R_{\mathrm{r}}} \right)^{-1} = 1 - \frac{1}{R_{\mathrm{d}}} \left(1 - \frac{(R_{\mathrm{d}} - 1)(R_{\mathrm{r}} - 1)}{R_{\mathrm{d}} R_{\mathrm{r}}} \right)^{-1}$$

$$= 1 - \frac{1}{R_{\mathrm{d}}} \left(-\frac{1 - (R_{\mathrm{r}} + R_{\mathrm{d}})}{R_{\mathrm{d}} R_{\mathrm{r}}} \right)^{-1} \simeq 1 - \frac{R_{\mathrm{r}}}{R_{\mathrm{d}}}$$

（7-54）

因此，由文献[13，14]可知，式（7-53）可以化简为

$$F(\varphi_{\mathrm{t}} | 0) = \left(1 - \frac{(\mathrm{SNR})_{\mathrm{d}}(\mathrm{SNR})_{\mathrm{r}}}{R_{\mathrm{d}} R_{\mathrm{r}}} \right)^{N_{\mathrm{p}}} R_{\mathrm{r}}^{M} \sum_{l=0}^{\infty} \left(\frac{(\mathrm{SNR})_{\mathrm{d}}(\mathrm{SNR})_{\mathrm{r}}}{R_{\mathrm{d}} R_{\mathrm{r}}} \right)^{l} B_{0}(l) \times$$

$$\mathrm{Beta}_{\varphi_{\mathrm{t}}}(l+1, N_{\mathrm{p}} - 1) \, _{2}F_{1} \left[M, l; N_{\mathrm{p}} + 2l; 1 - \frac{R_{\mathrm{r}}}{R_{\mathrm{d}}} \right]$$

（7-55）

式中：$_{2}F_{1} \left[M, l; N_{\mathrm{p}} + 2l; 1 - R_{\mathrm{r}} / R_{\mathrm{d}} \right]$ 为高斯超几何函数。

因此，检测概率可以表示为

$$P_{\mathrm{d}} = 1 - F(\varphi_{\mathrm{t}} | 0)$$

（7-56）

7.5.2 性能分析

检测性能是指为获得所需的检测概率 P_{d} 和虚警概率 P_{FA} 对系统参数的要求。本节将讨论不同系统参数条件下，检测概率随直达波和目标回波信噪比的变化规律。依据式（7-53）和式（7-54），可以画出虚警概率一定时，以直达波信噪比为参变量，检测概率随目标回波信噪比变化的曲线，同时也可以目标回波信噪比为参变量给出检测概率随直达波信噪比变化的曲线。

当 $N_{\mathrm{s}} = 1, \eta = 1.6, P_{\mathrm{FA}} = 10^{-6}$ 时，检测概率随直达波和目标回波信噪比变化的等值线如图 7-1 所示，而以直达波信噪比为参变量，检测概率与目标回波信噪比的变化关系曲线如图 7-2 所示，以目标回波信噪比为参变量，检测概率与直达波信噪比的变化关系曲线如图 7-3 所示。对比分析图 7-1 和图 7-3 可以发现，当直达波信噪比一定且 $(SNR)_{\mathrm{r}} \leqslant -10$ dB 时，目标回波信噪比的急剧增加对检测概率影响并不是非常明显，只有较小幅度的增加。而当 $(SNR)_{\mathrm{r}} > -10$ dB 时，目标回波信噪比的急剧增加使得检测概率所增加的幅度较大。而对比分析图 7-1 和图 7-2，可以发现，当目标回波的信噪比一定且 $(SNR)_{\mathrm{d}} \geqslant 15$ dB 时，直达波信噪比的急剧增加对检测概率的影响非常小。而当 $(SNR)_{\mathrm{d}} \leqslant 10$ dB 且目标回波信噪比的急剧增加时，检测概率所增加的幅度较大。

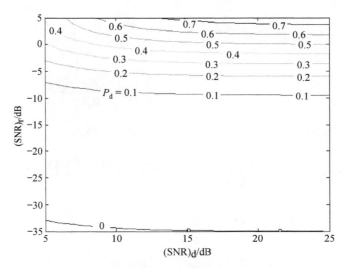

图 7-1 $N_s = 1, \eta = 1.6, P_{FA} = 10^{-6}$ 检测概率 P_d 随直达波和
目标回波信噪比变化的等值线

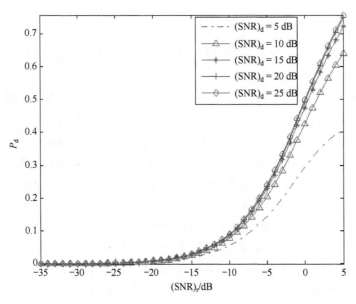

图 7-2 $N_s = 1, \eta = 1.6, P_{FA} = 10^{-6}$ 时，以直达波信噪比为参变量，检测概率 P_d 与
目标回波信噪比的变化关系曲线

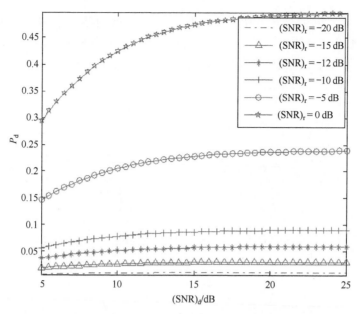

图 7-3 $N_s = 1, \eta = 1.6, P_{FA} = 10^{-6}$ 时，以目标回波信噪比为参变量，

检测概率 P_d 与直达波信噪比的变化关系曲线

当 $N_s = 10, \eta = 1.6, P_{FA} = 10^{-6}$ 时，检测概率随直达波和目标回波信噪比变化的等值线如图 7-4 所示，以直达波信噪比为参变量，检测概率与目标回波信噪比的关系曲线如图 7-5 所示，以目标回波信噪比为参变量，检测概率与直达波信噪比的关系曲线如图 7-6 所示。对比分析图 7-4 和图 7-6 可以发现，当直达波信噪比一定且 $(SNR)_r \geqslant -20 \text{ dB}$ 时，目标回波信噪比的急剧增大时，检测概率也较快增加。由对比分析图 7-4 和图 7-5 可以发现，当目标回波的信噪比一定且 $(SNR)_d \geqslant 15 \text{ dB}$ 时，直达波信噪比的急剧增加并不能大幅度提高检测概率，仅是接近其极限检测概率。而当 $(SNR)_d \leqslant 10 \text{ dB}$ 时，目标回波信噪比急剧增加时，检测概率所增加的幅度较大。

当 $\eta = 1, P_{FA} = 10^{-6}$，$N_s$ 分别为 10 和 20 时，以直达波信噪比为参变量，检测概率与目标回波信噪比的关系曲线如图 7-7 所示，以目标回波信噪比为参变量，检测概率与目标回波信噪比的关系曲线如图 7-8 所示，当 $\eta = 1.6$，$P_{FA} = 10^{-6}$，N_s 分别为 10 和 20 时，以直达波信噪比为参变量，检测概率与目标回波信噪比的关系曲线如图 7-9 所示，以目标回波信噪比为参变量，检测概率与直达波信噪比的关系曲线如图 7-10 所示。由图 7-7 和图 7-9 可以看出，直达波信噪比一定且 $(SNR)_r \geqslant -30 \text{ dB}$ 时，信号频率分量 N_s 的增加可以增大检测概率。而由图 7-8 和图 7-10 又可以看出，目标回波信噪比一定时，信号频率分量 N_s 的增加也可以增大检测概率。这是因为在时宽一定的条件下，带宽较大的信号在互模糊函数处理时所获得相参积累增益较大。对比图 7-7～图 7-10，还可以发现，采样信号带宽失配后的检测性能与直达波和目标回波信噪比的变化规律同理想采样条件下的变化规律一致。

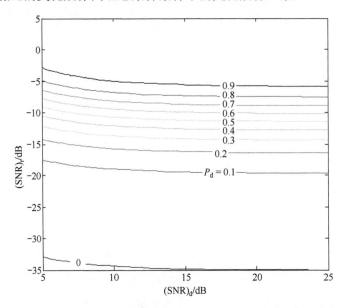

图 7-4　$N_s=10, \eta=1.6, P_{FA}=10^{-6}$ 时，检测概率 P_d 随直达波和目标回波信噪比变化的等值线

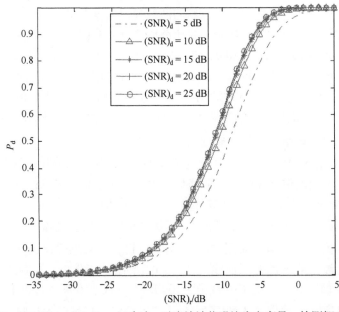

图 7-5　$N_s=10, \eta=1.6, P_{FA}=10^{-6}$ 时，以直达波信噪比为参变量，检测概率 P_d 与
目标回波信噪比的关系曲线

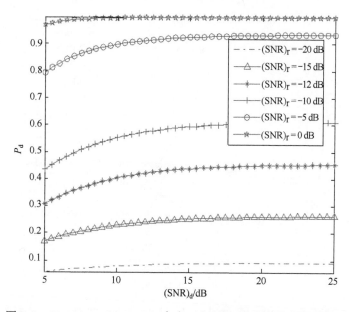

图 7-6 $N_s = 10, \eta = 1.6, P_{FA} = 10^{-6}$ 时，以目标回波信噪比为参变量，
检测概率 P_d 与直达波信噪比的关系曲线

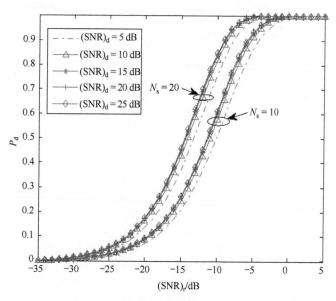

图 7-7 $\eta = 1, P_{FA} = 10^{-6}$，$N_s$ 分别为 10 和 20 时，以直达波信噪比为参变量，
检测概率 P_d 与目标回波信噪比的关系曲线

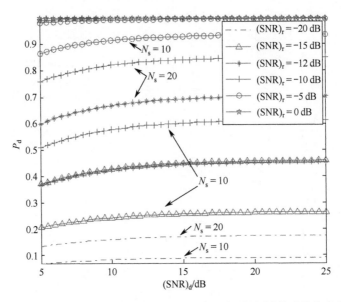

图 7-8 $\eta = 1, P_{FA} = 10^{-6}$, N_s 分别为 10 和 20 时，以目标回波信噪比为参变量，
检测概率 P_d 与直达波信噪比的关系曲线

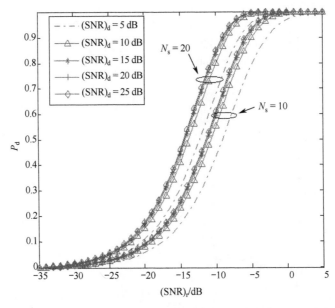

图 7-9 $\eta = 1.6, P_{FA} = 10^{-6}$, N_s 分别为 10 和 20 时，以直达波信噪比为参变量，
检测概率 P_d 与目标回波信噪比的关系曲线

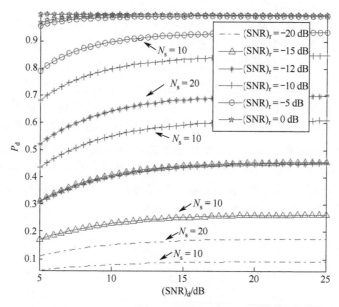

图 7-10 $\eta=1.6, P_{\mathrm{FA}}=10^{-6}$, N_{s} 分别为 10 和 20 时，以目标回波信噪比为参变量，

检测概率 P_{d} 与直达波信噪比的关系曲线

当 $N_{\mathrm{s}}=10, (\mathrm{SNR})_{\mathrm{d}}=5$ dB, $P_{\mathrm{FA}}=10^{-6}$ 时，以采样信号带宽失配系数为参变量，检测概率与目标回波信噪比的关系曲线如图 7-11 所示，可以看出，当

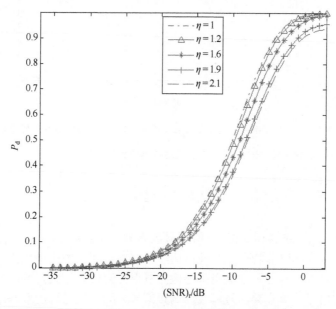

图 7-11 $N_{\mathrm{s}}=10, (\mathrm{SNR})_{\mathrm{d}}=5$ dB, $P_{\mathrm{FA}}=10^{-6}$ 时，以采样信号带宽失配系数为参变量，

检测概率 P_{d} 与目标回波信噪比的关系曲线

185

$(SNR)_r \leqslant -20 \text{ dB}$ 时，随着信号带宽失配系数 η 的增大，检测概率随采样信号带宽失配系数 η 的变化很小。而当 $(SNR)_r > -20 \text{ dB}$ 时，检测概率随着 η 的增大而逐渐降低。只要信号带宽失配系数 $\eta \leqslant 2$，检测概率的恶化小于 0.1。而以采样信号带宽失配系数为参变量，检测概率与直达波信噪比的变化关系曲线如图 7-12 所示，可以看出，当 $(SNR)_d < 20 \text{ dB}$ 时，检测概率随着信号带宽失配系数 η 的增大而逐渐降低。当 $\eta = 2.1$，$(SNR)_d = 5 \text{ dB}$ 时，检测概率恶化最大，约为 0.1。而随着直达波信噪比的增加，检测概率的恶化程度逐渐变小。当 $(SNR)_d > 20 \text{ dB}$ 时，随着 η 的增大，检测概率基本保持不变。由图 7-12 还可以看出，当 $(SNR)_d < 20 \text{ dB}$ 且目标回波信噪比一定时，为获得系统设计时所需的检测概率，η 的增加将要求增大直达波的信噪比。

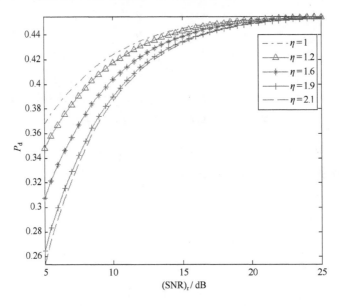

图 7-12　$N_s = 10, (SNR)_d = 5 \text{ dB}, P_{FA} = 10^{-6}$ 时，以采样信号带宽失配系数为参变量，检测概率 P_d 与直达波信噪比的变化关系曲线

7.6　小结

本章研究了外辐射源雷达发射信号的带宽未能准确估计的条件下，导致信号采样带宽失配时非合作双基地雷达广义相参检测器的构造思路。在高斯白噪声背景假设下，推导了虚警概率和检测概率的解析表达式，并研究了以典型的雷达发射信号（单点频信号和线性调频信号）为外辐射源的双基地探测系统的检测性能。构造思路的研究结果表明，在高斯白噪声背景杂波下，对于常用的单载频或线性调频脉冲信号的采样序列，其傅里叶变换后的频率系数样本间

是独立的。而检测性能的分析表明，当目标回波信噪比大于−20dB 且直达波信噪比大于 5dB 时，就有可以检测到目标，而且采样信号带宽失配较小时的检测性能与带宽匹配时的检测性能差别较小，相比于带宽匹配时的检测性能，采样信号带宽失配系数小于 2 时检测概率的恶化幅度均小于 0.1。

事实上，由文献[15]可知，本书的理论分析结果可以用来预测基于 DTV-T 信号等具有近似均匀的（白）频谱外辐射源雷达的检测性能。而对于非高斯色噪声背景杂波下的目标检测，若能估计出其杂波协方差矩阵，也可以参考本章的分析方法。这有待进一步分析和推导。

参考文献

[1] Fabrizio G, Colone F, Lombardo P, et al. Adaptive beamforming for high-frequency over-the-horizon passive radar[J]. IET Radar, Sonar & Navigation 2009: 3(4),384-405.

[2] Farina A, Gini F, Lombardo P. Editorial selected papers from IEEE RadarCon2008, Rome[J]. IEE Proceedings Radar, Sonar and Navigation. 2009: 3(4): 287-289.

[3] Joseph L Jr. The impact of signal over-containment on cross correlation detection performance. Proc. of IEEE ICASSP'82[C]// Paris, France, 1982: 1108-1111.

[4] Joseph L Jr. Ambiguity surface statistics and over-containment[R]. Analytical Technology Application Corp. ADA108762, 1981.

[5] Gerlach A A. High speed coherence processing using the sectionalized fourier transform[J]. IEEE Transactions on ASSP. 1982: 30(2): 189-205.

[6] 南京工学院数学教研组编. 积分变换[M]. 北京: 高等教育出版社, 1991.

[7] 刘金山. Wishart 分布引论[M]. 北京: 科学出版社, 2005.

[8] 陆大绘. 随机过程及其应用[M]. 北京: 清华大学出版社, 2007.

[9] Steven M K. 统计信号处理基础—估计与检测理论[M].罗鹏飞, 张文明, 刘忠, 等译. 北京: 电子工业出版社, 2006.

[10] Goodman N R. Statistical analysis based on a certain multivariate complex gaussian distribution (An Introduction)[J]. Annals of Math. Stat. 1963: 34(4): 152-177.

[11] Mathai A M. Special functions and functions of matrix argument: recent developments and recent application in statistics and astrophysics[M]. Centre for Mathematical Sciences Pala Campus, Kerala State, India. 2005.

[12] 张财生. 基于非合作雷达辐射源的双基地探测系统研究[D]. 烟台: 海军航空大学, 2011.

[13] Gross K I, Richards D S P. Special functions of matrix argument I: algebraic induction, zonal polynomials, and hypergeometric functions [J]. Transactions of the American Mathematical Society. 1987: 301(2): 781-811.

[14] 王竹溪, 郭敦仁. 特殊函数概论[M]. 北京: 北京大学出版社: 2000.

[15] Saini R, Cherniakov M. DTV signal ambiguity function analysis for radar application. IEE Proceedings Radar, Sonar and Navigation[J]. 2005: 152(3): 133-142.

第 8 章 发射天线扫描对目标检测性能影响分析

8.1 引言

在基于广播电视信号的机会探测运用中，由于其发射天线是全向的，故在信号处理时将忽略发射天线方向图的调制效应[1]。实际上，理想情况下，希望能够获取每个发射脉冲的采样，使得匹配滤波器的脉冲冲击响应与目标回波信号匹配，得到最大的输出信噪比。然而，在利用己方或敌方雷达发射机作为外辐射源的非合作双基地雷达系统中，如果系统所利用的是天线在方位上做机械扫描的脉冲雷达，即使系统已经实现了空间同步，但是由于发射天线的周期扫描，系统截获的直达波和目标回波信号将受到发射天线方向图在幅度和相位上的不同调制，影响信号相参积累处理的增益。因此，可以预测，发射天线扫描对回波信号的调制将限制系统信噪比的改善。

文献[2]从目标回波的概率密度分布与接收角的关系出发，讨论了不同的双基地几何配置条件下，合作式发射机工作在电扫和机械扫描方式时，双基地雷达天线方向图导致的信号损失。而针对非合作双基地雷达发射天线方向图调制损失的研究未见文献报道，有待深入研究。

因此，本章将结合非合作双基地雷达的特点，讨论发射天线扫描调制对系统相参处理可能带来的损耗。首先给出在发射天线扫描调制时系统接收信号的模型，简要分析一般天线的方向图传播因子；然后分析由于不能直接获取发射信号波形，导致不能构建完美的匹配滤波器时，以理想匹配滤波输出信噪比为参考，讨论直达波信噪比起伏对系统相参积累输出信噪比的影响；最后得到了三种工程等效近似天线方向图条件下信噪比损失的解析表达式，并给出相应的仿真分析。而针对发射天线在方位上，首先做机械扫描时其天线波瓣图调制效应可能导致直达波脉冲丢失和相位突变的现象；然后推导存在脉冲丢失或/和相位突变时，系统互模糊函数峰值输出的解析表达式，并借助信噪比损失和多普勒频率估计误差等参数来衡量脉冲丢失和相位突变的不利影响；最后给出脉冲丢失或/和相位突变时的仿真结果，并与理论计算结果进行对比分析。对于脉冲重复周期（PRI）为常数的脉冲信号，若非合作双基地雷达系统能准确估计脉冲的 PRI，并准确预测丢失的脉冲总数和相位突变时刻，则可以消除其带来的不利影响。

8.2   问题描述

非合作双基地雷达系统的几何关系示意图如图 8-1 所示。当非合作双基地雷达接收系统频率调谐在机会雷达辐射源的发射频率时，将会检测到沿基线传播到达的直达波信号和经过目标散射后的微弱目标回波。为了实现对目标的检测及其参数的估计：首先需要对两个通道信号分别接收；然后通过通道间的相参处理，获得目标参数，实现对特定区域目标的探测和预警。

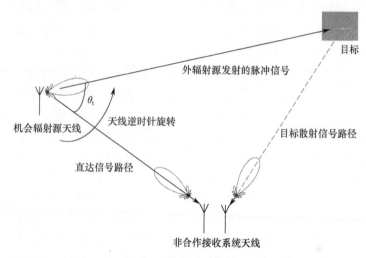

图 8-1   非合作双基地雷达系统的几何关系示意图

假设发射站雷达天线在方位上做机械扫描，主波束按顺序扫过空间的每一个方位角，当发射机与接收机间实现空间同步时，发射和接收天线主瓣均将对准目标，能够保证目标反射信号的良好接收，此时直达波通道天线截获到的是发射天线副瓣辐射的信号，可以发现，在发射天线主波束的相参驻留时间内，发射天线对直达波信号与对目标回波信号的调制规律不同。发射天线视角 θ_t 将随目标的运动而变化，系统构成的几何结构也不同，系统截获信号所受天线方向图的调制规律也在变化。

如果针对性地跟踪某一特定目标，并且准确可靠地预测目标不同时刻的方位，则目标相参驻留时间可以与发射天线主波束宽度匹配，则可以利用相参驻留时间内截获的目标回波进行相参积累，所以信号处理时必须假设扫描调制规律，以实现对目标回波的匹配接收。

假设非合作双基地雷达系统的几何关系如图 8-1 所示，当非合作双基地接收系统频率调谐在机会雷达辐射源的发射频率时，将会检测到沿基线传播到达的直达波信号和经过目标散射后的微弱目标回波。为了实现对特定区域目标的探测和预警；首先需要对两个通道的信号分别接收；然后通过通道间的相参处理，获得目标参数。

假设发射天线主波束在方位上按顺序匀速扫过空间的每一个方位角，当收、发平台间在空间上同步时，发射和目标通道接收天线主瓣均将对准目标，能够保证对目标反射信号的良好接收，此时直达波通道截获的是从发射天线副瓣辐射的信号，如图 8-1 所示。同时可以发现，在发射天线主波束在目标上的相参驻留时间内，系统截获的直达波和目标回波均是受发射天线波瓣图调制后的脉冲串。随着目标的运动，发射天线视角 θ_t 也将变化，系统的几何结构也将不同。如果目标相参驻留时间与发射天线主瓣 3dB 波束宽度匹配，则可以利用发射天线主波束驻留时间内截获的目标回波进行相参积累。

然而，由于发射天线各级波瓣的极性正负交替，且相邻的两个波瓣对之间存在波束零点[3-4]，则可以预测，在天线主波束驻留期时内，系统截获的直达波信号将存在脉冲丢失或/和 180° 相位突变，如图 8-2 所示。对于矩形孔径的雷达天线，在原理上其主瓣波束宽度是副瓣波束宽度的 2 倍，则天线主瓣在目标上驻留的时间内，从天线副瓣截获的脉冲串经历一次波束零点，同时发生脉冲丢失和 180° 相位突变。而 PBR 系统工作时，当非合作双基地雷达接收机在检测到直达脉冲后，目标主通道同时开始对回波进行采样。因此，即使非合作双基地雷达接收机的灵敏度足够高，其天线波瓣图之间的零点也将导致部分直达脉冲的丢失。当无法检测到波瓣图零点附近发射的脉冲时，这将导致目标驻留时间内的对应重复周期内的目标回波脉冲丢失，影响互模糊函数的输出。

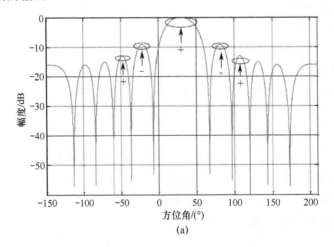

(a)

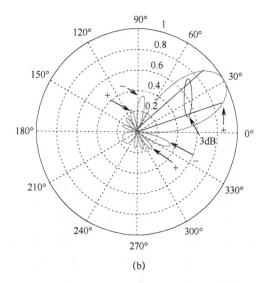

图 8-2　某一扫描时刻天线的各级波瓣在方位上的指向

（a）笛卡儿坐标图；（b）极坐标图。

8.3　天线扫描调制与直达波信噪比对相参处理输出信噪比的影响

对于大多数雷达天线，如抛物面、喇叭、阵列天线，当天线口径尺寸 d 与工作波长 λ 满足 $d/\lambda > 4 \sim 5$ 关系时，天线方向图函数可以近似表示为[3-4]

$$F(\theta) = \frac{\sin(\pi d\theta/\lambda)}{\pi d\theta/\lambda} \tag{8-1}$$

式中：θ 为偏离天线主瓣的角度。

对应地天线增益函数可以近似表示为

$$G(\theta) = G(0)F^2(\theta) = G(0)\left[\frac{\sin(\pi d\theta/\lambda)}{\pi d\theta/\lambda}\right]^2 \tag{8-2}$$

式中：$G(0)$ 为天线主瓣增益的最大值。

可知在不同 θ 角的相对增益系数为

$$\frac{G(\theta)}{G(0)} = \left[\frac{\sin(\pi d\theta/\lambda)}{\pi d\theta/\lambda}\right]^2 \tag{8-3}$$

而各级旁瓣的最大值出现在 $\sin\left(\dfrac{\pi d\theta}{\lambda}\right) = 1$ 处，所以各级旁瓣最大值时的相对增

益系数为

$$\frac{G(\theta)}{G(0)} = \left(\frac{\pi d\theta}{\lambda}\right)^{-2} \tag{8-4}$$

当 $\frac{\pi d\theta}{\lambda} = n\pi \left(n = 0, 1, 2, \cdots\right)$ 时，$\sin\left(\frac{\pi d\theta}{\lambda}\right) = 0$，对应的是天线方向图的各级零点。

8.3.1 天线调制后接收信号模型

假设发射信号包络为 $\tilde{s}_\mathrm{T}(t)$，直达信号包络为 $\tilde{s}_\mathrm{d}(t) = k_\mathrm{d}F_\mathrm{d}(t)\tilde{s}_\mathrm{T}(t - \tau_\mathrm{d}) + \tilde{n}_\mathrm{d}(t)$，接收目标回波信号包络为 $\tilde{s}_\mathrm{r}(t) = k_\mathrm{r}F_\mathrm{r}(t)\tilde{s}_\mathrm{T}(t - \tau_\mathrm{r}) + \tilde{n}_\mathrm{r}(t)$，其中 $\tilde{n}_\mathrm{d}(t)$ 和 $\tilde{n}_\mathrm{r}(t)$ 分别为直达波通道和目标回波通道的噪声包络，k_d 和 k_r 分别为直达波路径和目标回波路径的传输损耗，$F_\mathrm{d}(t)$ 和 $F_\mathrm{r}(t)$ 分别为发射天线在直达波路径和目标回波路径上的方向图因子，而且与目标驻留时间有关，τ_d 和 τ_r 分别为直达波路径和目标回波路径的传输延时。

事实上，天线的方向性可用它的方向性函数表示，然而由于方向性函数的准确表达式往往非常复杂，为了便于工程计算，常用一些简单函数来近似表示。无论是圆形孔径还是矩形孔径的雷达天线，其主波束方向的波瓣图可以利用高斯函数、余弦函数、辛克函数等来近似描述，包括各种类型的阵列天线，因为任何一个阵列天线设计的基本思路都是要设计一个与其他常规天线一样的照射孔径。

当发射天线主波束方向的传播因子可以近似高斯形时，可表示为[5]

$$F_\mathrm{r}(t) = \exp\left(\frac{-1.4t^2}{T^2}\right) \tag{8-5}$$

式中：$-T/2 \leqslant t \leqslant T/2$；$T$ 为天线扫过 3 dB 波束宽度对应的扫描时间。

根据式（8-1），在与主波束夹角为 θ_t 的某一副瓣方向上的方向图传播因子可以表示为

$$F_\mathrm{d}(t) = \left(\frac{\lambda}{\pi d\theta_\mathrm{t}}\right)\exp\left(\frac{-1.4t^2}{T^2}\right) \tag{8-6}$$

如果发射天线主波束方向的传播因子可以近似为余弦函数形，则可表示为[5]

$$F_\mathrm{r}(t) = \cos\left(\frac{\pi t}{2T}\right) \tag{8-7}$$

式中：$-T/2 \leqslant t \leqslant T/2$；$T$ 表示天线扫过 3 dB 波束宽度对应的扫描时间。

类似地，根据式（8-1），在与主波束夹角为 θ_t 的某一副瓣方向上的方向图传播因子可以表示为

$$F_{\mathrm{d}}(t) = \left(\frac{\lambda}{\pi d \theta_{\mathrm{t}}}\right)\cos\left(\frac{\pi t}{2T}\right) \qquad (8\text{-}8)$$

如果发射天线主波束方向的传播因子可以近似辛格函数形，则可表示为[5]

$$F_{\mathrm{r}}(t) = \frac{\sin(2\pi t/T)}{2\pi t/T} \qquad (8\text{-}9)$$

式中：$-T/2 \leqslant t \leqslant T/2$；$T$ 为天线扫过 3 dB 波束宽度对应的扫描时间。

同理，根据式（8-1），在与主波束夹角为 θ_{t} 的某一副瓣方向上的方向图传播因子可以表示为

$$F_{\mathrm{d}}(t) = \left(\frac{\lambda}{\pi d \theta_{\mathrm{t}}}\right)\frac{\sin(2\pi t/T)}{2\pi t/T} \qquad (8\text{-}10)$$

假设系统能够准确截获并检测到每一个直达脉冲，而且能够保证目标驻留时间内的脉冲串的良好接收时，即发射天线主瓣的半功率波束宽度照射时间内的目标回波脉冲串，可以利用目标所在距离单元的多个脉冲重复周期内的回波进行相参积累。

如果发射天线主波束匀速扫过目标，且辐射源信号的 PRF 是常数，则相参积累时间或目标驻留时间一般等于发射天线 3dB 波束宽度在目标上的照射时间，积累增益取决于主波束在目标上的相参驻留时间。

8.3.2　理想匹配滤波输出的信噪比

非合作双基地雷达的经典检测方法是计算基于目标信号与参考信号的距离—多普勒维的互相关函数。假设直达波并未受到发射天线方向图的影响，也没有噪声的干扰，是理想的发射信号，而目标回波接收通道的噪声干扰是均值为零，方差为 $N_0/2$ 的高斯白噪声，3dB 波束宽度范围对应的相参驻留时间为 $-T/2 \sim T/2$，则互相关输出为

$$
\begin{aligned}
\mathrm{E}_{\mathrm{S}}\big[\tilde{y}(T)\big] &= \mathrm{E}\left\{\int_{-T/2}^{T/2}\big[\tilde{k}_{\mathrm{r}}F_{\mathrm{r}}(t)\tilde{S}_{\mathrm{T}}(t-\tau_{\mathrm{r}}) + \tilde{n}_{\mathrm{r}}(t)\big]\tilde{k}_{\mathrm{d}}\tilde{S}_{\mathrm{T}}^{*}(t-\tau_{\mathrm{d}}-\tau)\mathrm{d}t\right\} \\
&= \mathrm{E}\left\{\int_{-T/2}^{T/2}\tilde{k}_{\mathrm{r}}\tilde{k}_{\mathrm{d}}F_{\mathrm{r}}(t)\tilde{S}_{\mathrm{T}}(t-\tau_{\mathrm{r}})\tilde{S}_{\mathrm{T}}^{*}(t-\tau_{\mathrm{d}}-\tau)\mathrm{d}t\right\} + \qquad (8\text{-}11)\\
&\quad \mathrm{E}\left\{\int_{-T/2}^{T/2}\tilde{k}_{\mathrm{d}}\tilde{n}_{\mathrm{r}}(t)\tilde{S}_{\mathrm{T}}^{*}(t-\tau_{\mathrm{d}}-\tau)\mathrm{d}t\right\}
\end{aligned}
$$

当 $\tau = \tau_{\mathrm{r}} - \tau_{\mathrm{d}}$ 时，输出为

$$\mathrm{E_S}\big[\tilde{y}(T)\big] = \mathrm{E}\left\{\int_{-T/2}^{T/2}\tilde{k}_r\tilde{k}_d F_r(t)\big|\tilde{S}_T(t-\tau_r)\big|^2\,\mathrm{d}t\right\} + \tag{8-12}$$

$$\mathrm{E}\left\{\int_{-T/2}^{T/2}\tilde{k}_d\tilde{n}_r(t)\tilde{S}_T^*(t-\tau_r)\,\mathrm{d}t\right\}$$

$$= \mathrm{E}\left\{\int_{-T/2}^{T/2}\tilde{k}_r\tilde{k}_d F_r(t)\big|\tilde{S}_T(t)\big|^2\,\mathrm{d}t\right\} +$$

$$\mathrm{E}\left\{\int_{-T/2}^{T/2}\tilde{k}_d\tilde{n}_r(t)\tilde{S}_T^*(t)\,\mathrm{d}t\right\}$$

式中：T 为总的目标驻留时间。

输出的信噪比定义为

$$\mathrm{SNR} = \frac{\big|\mathrm{E_S}\big[\tilde{y}(T)\big] - \mathrm{E_{NS}}\big[\tilde{y}(T)\big]\big|^2}{\mathrm{Var_S}\big[\tilde{y}(T)\big]} \tag{8-13}$$

式中：$\mathrm{E_S}\big[\tilde{y}(T)\big]$ 为接收通道中含有目标信号时输出的期望；$\mathrm{E_{NS}}\big[\tilde{y}(T)\big]$ 为接收通道中只有噪声时输出的期望。

由于假设接收噪声的均值为零，故 $\mathrm{E_{NS}}\big[\tilde{y}(T)\big] = 0$，则

$$\mathrm{E_S}\big[\tilde{y}(T)\big] = \mathrm{E}\left\{\int_{-T/2}^{T/2}\tilde{k}_r\tilde{k}_d F_r(t)\big|\tilde{S}_T(t)\big|^2\,\mathrm{d}t\right\} \tag{8-14}$$

而

$$\mathrm{Var_S}\big[\tilde{y}(T)\big] = \mathrm{E}\left\{\big|\tilde{y}(T) - \mathrm{E_S}\big[\tilde{y}(T)\big]\big|^2\right\}$$

$$= \mathrm{E}\left\{\left|\int_{-T/2}^{T/2}[\tilde{k}_r F_r(t)\tilde{S}_T(t) + \tilde{n}_r(t)]\tilde{k}_d\tilde{S}_T^*(t)\,\mathrm{d}t - \int_{-T/2}^{T/2}\tilde{k}_r\tilde{k}_d F_r(t)\big|\tilde{S}_T(t)\big|^2\,\mathrm{d}t\right|^2\right\}$$

$$= \mathrm{E}\left\{\left|\int_{-T/2}^{T/2}\tilde{k}_d\tilde{n}_r(t)\tilde{S}_T^*(t)\,\mathrm{d}t\right|^2\right\}$$

$$= \tilde{k}_d^2\frac{N_0}{2}\left|\int_{-T/2}^{T/2}\tilde{S}_T^*(t)\,\mathrm{d}t\right|^2$$

$$\tag{8-15}$$

所以

$$(\mathrm{SNR})_{idl} = \frac{\left|\int_{-T/2}^{T/2}\tilde{k}_r\tilde{k}_d F_r(t)\big|\tilde{S}_T(t)\big|^2\,\mathrm{d}t\right|^2}{\tilde{k}_d^2\dfrac{N_0}{2}\left|\int_{-T/2}^{T/2}\tilde{S}_T^*(t)\,\mathrm{d}t\right|^2} \tag{8-16}$$

8.3.3 天线扫描调制及直达波信噪比与匹配输出信噪比间的关系

实际互相关检测是利用在整个目标驻留时间内，经发射天线幅度调制后的直达波信号作为参考信号，对主通道回波进行匹配接收。因此，互相关检测的输出为

$$\tilde{y}(T) = \int_{-T/2}^{T/2} \tilde{s}_r(t)\tilde{s}_d(t-\tau)dt$$

$$= \int_{-T/2}^{T/2} \left[k_r F_r(t)\tilde{s}_T(t-\tau_r) + \tilde{n}_r(t)\right]\left[k_d F_d(t)\tilde{S}_T^*(t-\tau_d-\tau) + \tilde{n}_d^*(t-\tau)\right]dt$$

$$(8-17)$$

当 $\tau = \tau_r - \tau_d$ 时，互相关的峰值输出为

$$\tilde{y}(T) = \int_{-T/2}^{T/2} \tilde{s}_r(t)\tilde{s}_d(t-\tau_r-\tau_d)dt$$

$$= \int_{-T/2}^{T/2} \left[k_r F_r(t)\tilde{s}_T(t-\tau_r) + \tilde{n}_r(t)\right]\left[k_d F_d(t)\tilde{s}_T^*(t-\tau_r) + \tilde{n}_d^*(t-\tau_r-\tau_d)\right]dt$$

$$= \int_{-T/2}^{T/2} k_r k_d F_r(t)F_d(t)\left|\tilde{s}_T(t-\tau_r)\right|^2 dt + \int_{-T/2}^{T/2} k_r F_r(t)\tilde{s}_T(t-\tau_r)\tilde{n}_d^*(t-\tau_r-\tau_d)dt$$

$$+ \int_{-T/2}^{T/2} k_d F_d(t)\tilde{s}_T^*(t-\tau_r)\tilde{n}_r(t)dt + \int_{-T/2}^{T/2} \tilde{n}_r(t)\tilde{n}_d^*(t-\tau_r-\tau_d)dt$$

$$(8-18)$$

显然 $E_{NS}\left[\tilde{y}(T)\right] = 0$，为方便比较，假设发射脉冲信号幅度为常数 A，则[6]

$$E_S\left[\tilde{y}(T)\right] = \int_{-T/2}^{T/2} k_r k_d F_r(t)F_d(t)\left|\tilde{s}_T(t-\tau_r)\right|^2 dt = k_r k_d A^2 \int_{-T/2}^{T/2} F_d(t)F_r(t)dt$$

$$(8-19)$$

$$\mathrm{Var}_{NS}\left[\tilde{y}(T)\right] = k_r^2 A^2 \frac{N_0}{2}\int_{-T/2}^{T/2} F_r^2(t)dt + k_d^2 A^2 \frac{N_0}{2}\int_{-T/2}^{T/2} F_d^2(t)dt + \left(\frac{N_0}{2}\right)^2 T \quad (8-20)$$

因此，输出信噪比可以表示为

$$\mathrm{SNR} = \frac{\left|k_r k_d A^2 \int_{-T/2}^{T/2} F_r(t)F_d(t)dt\right|^2}{k_r^2 A^2 \frac{N_0}{2}\int_{-T/2}^{T/2} F_r^2(t)dt + k_d^2 A^2 \frac{N_0}{2}\int_{-T/2}^{T/2} F_d^2(t)dt + \left(\frac{N_0}{2}\right)^2 T}$$

$$(8-21)$$

$$= \frac{k_r^2 k_d^2 A^4 \left|\int_{-T/2}^{T/2} F_r(t)F_d(t)dt\right|^2}{k_r^2 A^2 \frac{N_0}{2}\int_{-T/2}^{T/2} F_r^2(t)dt + k_d^2 A^2 \frac{N_0}{2}\int_{-T/2}^{T/2} F_d^2(t)dt + \left(\frac{N_0}{2}\right)^2 T}$$

8.3.4　信噪比损耗分析

为方便讨论，设发射脉冲信号幅度为常数 A。当发射天线主波束方向的传播因子可以近似高斯形时，有

$$(\text{SNR})_{\text{idl}} = \frac{\tilde{k}_{\text{r}}^2 A^4 \left| \int_{-T/2}^{T/2} \exp\left(\frac{-1.4t^2}{T^2} \right) \mathrm{d}t \right|^2}{\frac{N_0}{2} |A|^2 T} \tag{8-22}$$

$$= \frac{\tilde{k}_{\text{r}}^2 A^2}{\frac{N_0}{2} T} \left| \int_{-T/2}^{T/2} \exp\left(\frac{-1.4t^2}{T^2} \right) \mathrm{d}t \right|^2$$

则

$$(\text{SNR})_{\text{idl}} = \frac{\tilde{k}_{\text{r}}^2 A^2}{\frac{N_0}{2} T} \left[\frac{\sqrt{\pi} T}{1.183} \operatorname{erf}(0.592) \right]^2 \tag{8-23}$$

式中：$\operatorname{erf}(x) = \dfrac{2}{\sqrt{\pi}} \int_0^x \mathrm{e}^{-u^2} \mathrm{d}u$。

此外，将高斯形天线波束的 $F_{\text{r}}(t)$ 与 $F_{\text{d}}(t)$ 代入式（8-21），可得

$\text{SNR} =$

$$\frac{k_{\text{r}}^2 A^2 \int_{-T/2}^{T/2} \exp(-2.8t^2/T^2)\mathrm{d}t \, k_{\text{d}}^2 A^2 \left(\dfrac{\pi d\theta}{\lambda} \right)^{-2} \int_{-T/2}^{T/2} \exp(-2.8t^2/T^2)\mathrm{d}t}{\dfrac{N_0}{2} k_{\text{r}}^2 A^2 \int_{-T/2}^{T/2} \exp(-2.8t^2/T^2)\mathrm{d}t + \dfrac{N_0}{2} k_{\text{d}}^2 A^2 \left(\dfrac{\pi d\theta}{\lambda} \right)^{-2} \int_{-T/2}^{T/2} \exp(-2.8t^2/T^2)\mathrm{d}t + \left(\dfrac{N_0}{2} \right)^2 T}$$

$$\tag{8-24}$$

在此，首先定义信噪比损耗为

$$L = \frac{\text{SNR}}{(\text{SNR})_{\text{idl}}} = \frac{\int_{-T/2}^{T/2} \exp(-2.8t^2/T^2)\mathrm{d}t}{\left| \int_{-T/2}^{T/2} \exp(-1.4t^2/T^2)\mathrm{d}t \right|^2} \cdot$$

$$\frac{T k_{\text{d}}^2 A^2 \left(\dfrac{\pi d\theta_{\text{t}}}{\lambda} \right)^{-2} \int_{-T/2}^{T/2} \exp(-2.8t^2/T^2)\mathrm{d}t \Big/ \left(\dfrac{N_0}{2} T \right)}{k_{\text{r}}^2 A^2 \int_{-T/2}^{T/2} \exp(-2.8t^2/T^2)\mathrm{d}t \Big/ \left(\dfrac{N_0}{2} T \right) + k_{\text{d}}^2 A^2 \left(\dfrac{\pi d\theta_{\text{t}}}{\lambda} \right)^{-2} \int_{-T/2}^{T/2} \exp(-2.8t^2/T^2)\mathrm{d}t \Big/ \left(\dfrac{N_0}{2} T \right) + 1}$$

$$\tag{8-25}$$

由 8.3.1 节的假设可知，直达通道和目标通道回波的平均信噪比分别为

$$(\text{SNR})_\text{d} = k_\text{d}^2 A^2 \left(\frac{\pi d \theta_\text{t}}{\lambda} \right)^{-2} \int_{-T/2}^{T/2} \exp\left(\frac{-2.8t^2}{T^2} \right) \text{d}t \left/ \left(\frac{N_0}{2} T \right) \right. \qquad (8\text{-}26)$$

$$(\text{SNR})_\text{r} = k_\text{r}^2 A^2 \int_{-T/2}^{T/2} \exp\left(\frac{-2.8t^2}{T^2} \right) \text{d}t \left/ \left(\frac{N_0}{2} T \right) \right. \qquad （8\text{-}27）$$

则信噪比损耗为

$$
\begin{aligned}
L &= \frac{T \int_{-T/2}^{T/2} \exp\left(\dfrac{-2.8t^2}{T^2} \right) \text{d}t}{\left| \int_{-T/2}^{T/2} \exp\left(\dfrac{-1.4t^2}{T^2} \right) \text{d}t \right|^2} \frac{(\text{SNR})_\text{d}}{(\text{SNR})_\text{r} + (\text{SNR})_\text{d} + 1} \\[4mm]
&= T \frac{\left| \dfrac{\sqrt{\pi} T}{1.673} \text{erf}(0.836) \right|}{\left| \dfrac{\sqrt{\pi} T}{1.183} \text{erf}(0.592) \right|^2} \frac{(\text{SNR})_\text{d}}{(\text{SNR})_\text{r} + (\text{SNR})_\text{d} + 1} \qquad （8\text{-}28） \\[4mm]
&= \frac{1.4 \text{erf}(0.836)}{1.673 \sqrt{\pi} \text{erf}^2(0.592)} \frac{(\text{SNR})_\text{d}}{(\text{SNR})_\text{r} + (\text{SNR})_\text{d} + 1} \\[4mm]
&= \frac{1.01 \times (\text{SNR})_\text{d}}{(\text{SNR})_\text{r} + (\text{SNR})_\text{d} + 1}
\end{aligned}
$$

因此，由式（8-28）可以看出，相对于理想输出的信噪比，由于高斯形发射天线波束扫描调制所引起的信噪比损耗约为 0.043 dB，在实际运用中可以忽略其影响，此时相参积累输出的信噪比损耗主要取决于直达波通道和目标回波通道的平均信噪比。当 $(\text{SNR})_\text{d} \gg (\text{SNR})_\text{r}$ 且 $(\text{SNR})_\text{d} \gg 1$ 时，相参积累输出对应的信噪比近似于理想匹配滤波输出的信噪比。在实际处理时，要求截获的直达波通道信号尽可能接近原始发射信号的真实波形，或者通过其他波形恢复技术使得直达波受噪声的影响尽可能小。

类似地，当发射天线主波束方向的传播因子可以近似余弦函数形时，有

$$(\text{SNR})_\text{idl} = \frac{\tilde{k}_\text{r}^2 A^4 \left| \int_{-T/2}^{T/2} \cos\left(\dfrac{\pi t}{2T} \right) \text{d}t \right|^2}{\dfrac{N_0}{2} |A|^2 T} = \frac{16 \tilde{k}_\text{r}^2 A^2 T}{N_0 \pi^2} \qquad （8\text{-}29）$$

同时，将余弦函数形天线波束的 $F_\text{R}(t)$ 与 $F_\text{D}(t)$ 代入式（8-21），可得

$$\text{SNR} = \cfrac{k_r^2 A^2 \displaystyle\int_{-T/2}^{T/2} \cos\left(\dfrac{\pi t}{2T}\right) \mathrm{d}t k_d^2 A^2 \left(\dfrac{\pi d\theta}{\lambda}\right)^{-2} \displaystyle\int_{-T/2}^{T/2} \cos\left(\dfrac{\pi t}{2T}\right) \mathrm{d}t}{\dfrac{N_0}{2} k_r^2 A^2 \displaystyle\int_{-T/2}^{T/2} \cos\left(\dfrac{\pi t}{2T}\right) \mathrm{d}t + k_d^2 A^2 \left(\dfrac{\pi d\theta}{\lambda}\right)^{-2} \displaystyle\int_{-T/2}^{T/2} \cos\left(\dfrac{\pi t}{2T}\right) \mathrm{d}t + \dfrac{N_0}{2} T} \quad (8\text{-}30)$$

此时信噪比损耗为

$$L = \frac{\text{SNR}}{(\text{SNR})_{\text{idl}}} =$$

$$\cfrac{k_r^2 A^2 \displaystyle\int_{-T/2}^{T/2} \cos\left(\dfrac{\pi t}{2T}\right) \mathrm{d}t k_d^2 A^2 \left(\dfrac{\pi d\theta}{\lambda}\right)^{-2} \displaystyle\int_{-T/2}^{T/2} \cos\left(\dfrac{\pi t}{2T}\right) \mathrm{d}t}{\dfrac{16 \tilde{k}_r^2 A^2 T}{N_0 \pi^2} \left[\dfrac{N_0}{2} k_r^2 A^2 \displaystyle\int_{-T/2}^{T/2} \cos\left(\dfrac{\pi t}{2T}\right) \mathrm{d}t + \dfrac{N_0}{2} k_d^2 A^2 \left(\dfrac{\pi d\theta}{\lambda}\right)^{-2} \displaystyle\int_{-T/2}^{T/2} \cos\left(\dfrac{\pi t}{2T}\right) \mathrm{d}t + \left(\dfrac{N_0}{2}\right)^2 T \right]}$$

$$(8\text{-}31)$$

同理，由 8.3.1 节的假设可知此时的直达通道和目标通道回波的平均信噪比分别为

$$(\text{SNR})_d = k_d^2 A^2 \left(\frac{\pi d\theta_t}{\lambda}\right)^{-2} \int_{-T/2}^{T/2} \cos\left(\frac{\pi t}{2T}\right) \mathrm{d}t \bigg/ \left(\frac{N_0}{2} T\right) \quad (8\text{-}32)$$

$$(\text{SNR})_r = k_r^2 A^2 \int_{-T/2}^{T/2} \cos\left(\frac{\pi t}{2T}\right) \mathrm{d}t \bigg/ \left(\frac{N_0}{2} T\right) \quad (8\text{-}33)$$

则信噪比损耗为

$$L = \frac{\sqrt{2}\pi}{4} \frac{(\text{SNR})_d}{(\text{SNR})_r + (\text{SNR})_d + 1} = \frac{1.11 \times (\text{SNR})_d}{(\text{SNR})_r + (\text{SNR})_d + 1} \quad (8\text{-}34)$$

从式（8-34）可以看出，相对于理想输出的信噪比，由于余弦函数形发射天线波束扫描调制所引起的信噪比损耗约为 0.45dB。在实际检测过程中，如果直达波通道和目标回波通道的平均信噪比均较小，发射天线调制效应将使得目标检测概率小幅下降。

而当发射天线主波束方向的传播因子近似为辛克函数形时，有

$$(\text{SNR})_{\text{idl}} = \frac{\tilde{k}_r^2 A^4 \left| \displaystyle\int_{-T/2}^{T/2} \dfrac{\sin(2\pi t/T)}{2\pi t/T} \mathrm{d}t \right|^2}{\dfrac{N_0}{2} |A|^2 T} \quad (8\text{-}35)$$

同时，将辛克函数形天线波束的 $F_r(t)$ 与 $F_d(t)$ 代入式（8-21），可得

$$\text{SNR} = \cfrac{k_{\mathrm{r}}^2 A^2 \displaystyle\int_{-T/2}^{T/2} \frac{\sin(2\pi t/T)}{2\pi t/T}\,\mathrm{d}t\, k_{\mathrm{d}}^2 A^2 \left(\dfrac{\pi d\theta}{\lambda}\right)^{-2}\int_{-T/2}^{T/2}\frac{\sin(2\pi t/T)}{2\pi t/T}\,\mathrm{d}t}{\dfrac{N_0}{2}k_{\mathrm{r}}^2 A^2 \displaystyle\int_{-T/2}^{T/2}\frac{\sin(2\pi t/T)}{2\pi t/T}\,\mathrm{d}t + \dfrac{N_0}{2}k_{\mathrm{d}}^2 A^2\left(\dfrac{\pi d\theta}{\lambda}\right)^{-2}\int_{-T/2}^{T/2}\frac{\sin(2\pi t/T)}{2\pi t/T}\,\mathrm{d}t + \left(\dfrac{N_0}{2}\right)^2 T}$$

（8-36）

此时，对应的信噪比损耗可以表示为

$$
\begin{aligned}
L &= \frac{\text{SNR}}{(\text{SNR})_{\mathrm{idl}}} = \frac{1}{\displaystyle\int_{-T/2}^{T/2}\frac{\sin(2\pi t/T)}{2\pi t/T}\,\mathrm{d}t}\,\frac{(\text{SNR})_{\mathrm{d}}}{(\text{SNR})_{\mathrm{d}}+(\text{SNR})_{\mathrm{r}}+1} \\
&= \frac{\pi}{\mathrm{Si}(\pi)}\frac{(\text{SNR})_{\mathrm{d}}}{(\text{SNR})_{\mathrm{d}}+(\text{SNR})_{\mathrm{r}}+1} \\
&= \frac{1.70\times(\text{SNR})_{\mathrm{d}}}{(\text{SNR})_{\mathrm{d}}+(\text{SNR})_{\mathrm{r}}+1}
\end{aligned}
$$

（8-37）

式中：正弦积分函数 $\mathrm{Si}(\pi)=\displaystyle\int_0^{\pi}\frac{\sin t}{t}\,\mathrm{d}t=\sum_{k=0}^{\infty}(-1)^k\frac{\pi^{2k+1}}{(2k+1)!(2k+1)}$；直达通道和目标通道回波的平均信噪比分别为

$$(\text{SNR})_{\mathrm{d}} = k_{\mathrm{d}}^2 A^2\left(\frac{\pi d\theta_t}{\lambda}\right)^{-2}\int_{-T/2}^{T/2}\frac{\sin(2\pi t/T)}{2\pi t/T}\,\mathrm{d}t\Big/\left(\frac{N_0}{2}T\right)$$

（8-38）

$$(\text{SNR})_{\mathrm{r}} = k_{\mathrm{r}}^2 A^2\int_{-T/2}^{T/2}\frac{\sin(2\pi t/T)}{2\pi t/T}\,\mathrm{d}t\Big/\left(\frac{N_0}{2}T\right)$$

（8-39）

因此，由式（8-37）可以看出相对于理想输出的信噪比，由于辛克形发射天线波束扫描调制所引起的信噪比损耗约为 2.3dB，在实际运用中可能导致检测概率大幅度下降。当然，此时相参积累输出的信噪比损耗还取决于直达波通道和目标回波通道的平均信噪比。同理，当 $(\text{SNR})_{\mathrm{d}}\gg(\text{SNR})_{\mathrm{r}}$ 且 $(\text{SNR})_{\mathrm{d}}\gg 1$ 时，相参积累输出对应的信噪比近似于理想匹配滤波输出的信噪比，所以在实际处理时，也要求截获的直达波通道信号尽可能接近原始发射信号的真实波形，或者利用其他波形恢复技术使得直达波受噪声的影响尽可能小。

通过比较常用天线的三种不同类型的方向图引入的调制损耗可以发现，矩形孔径天线方向图函数近似的辛克函数形引入的调制损耗最大，约为2.3dB；高斯形方向图导致的调制损耗约为0.043dB，可以近似忽略。此外，以上天线扫描调制对相参处理输出信噪比的影响不适用于相控阵步进扫描的情况，因为相控阵步进扫描时每一个新的波位与原波位间的关系是不可预测的。

8.3.5　仿真分析

由图 8-3 可以看出，从总体上来说，直达波通道信噪比越大，互相关峰值

输出信噪比的损失因子就越小。当直达波通道信噪比一定时，输出信噪比的损失将随目标通道信噪比增大而逐渐增大。实际接收系统中，目标通道截获的目标散射信号的信噪比通常小于 0，当直达波信噪比大于 25dB 时，由直达波噪声引入的信噪比损耗接近于 0，可以近似忽略。

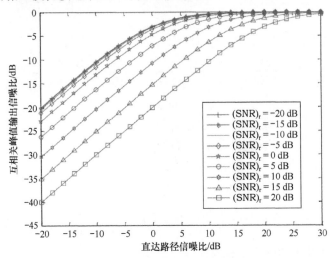

图 8-3 相参积累损失与直达波信噪比关系

图 8-4 给出了口径为 3m，信号波长为 0.03m 时，发射天线在某一时刻的极坐标场波瓣图。假设从发射天线主瓣接收直达波信噪比约为 20dB，则利用图 8-4 所示的各级副瓣中心附近截获的直达波作为互相关检测的参考信号时，信噪比损耗如图 8-5 所示。由损失因子与发射信号视角 θ_t 的关系曲线可以发现，随着发射信号视角 θ_t 的增大，信噪比损失也将快速增大，因为从发射天线副瓣截获直达波的信噪比也在急剧降低，表明在非合作双基地雷达的运用中，只有利用从发射天线较高副瓣截获的直达波信号才有可能完成对目标的相关检测。

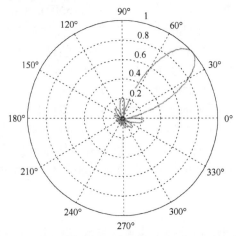

图 8-4 发射天线某一扫描时刻的极坐标场波瓣图

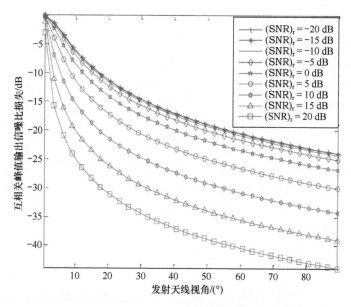

图 8-5　损失因子与发射信号视角的关系曲线

因此，在非合作双基地雷达的互相关检测时，应该尽量利用存在目标回波信号的距离单元进行相参积累，因为噪声单元的增加将降低接收信号的平均信噪比，从而导致输出信噪比损失增大；同时也要求非合作双基地雷达接收机的中频带宽与辐射源发射的信号带宽匹配，因为非合作双基地雷达接收机噪声带宽的偏大或者偏小均将导致接收信号的平均信噪比降低。

8.4　脉冲丢失或/和相位突变时 CAF 的峰值输出

在非合作双基地雷达中，为实现对目标的相干检测：系统首先采用双通道接收技术，其中一个天线对准辐射源方向，接收直达波信号，另一个天线对准目标空域，接收目标散射回波信号；然后以直达波为参考信号对目标回波进行相位补偿、相参积累、估计目标的时延、多普勒频移和方位等参数，实现对目标定位和跟踪[1]。

在基于己方或敌方雷达发射信号为外辐射源的双基地雷达中，即使在目标相参驻留时间内，由于发射天线的周期扫描，截获的直达波脉冲可能受到发射天线波瓣图引入的幅度和相位调制。如果目标的相参驻留时间与发射天线的 3dB 波束宽度匹配，且发射天线副瓣宽度与 3dB 波束宽度大约相等，则截获的直达波信号在每次驻留期间将要经历一次发射天线波瓣图的零点。当指向直达波接收天线的发射天线波瓣从一个副瓣切换到下一个副瓣时，截获的直达脉冲信号同时存在 180°的相位突变。

而在非合作双基地雷达中，基于 Neyman-Pearson 准则的似然比目标检测与参数估计的经典方法，首先计算直达波信号与目标回波信号间的互模糊函数（cross ambiguity function，CAF）；然后在距离多普勒二维平面上进行恒虚警检测，超过阈值的距离多普勒单元的对应参数即为目标参数的最大似然估计。通常借助快速傅里叶变换（FFT）来提高 CAF 算法的计算速度，即先对直达波和目标回波采样序列的瞬时相关，然后对感兴趣时延范围内的每个瞬时相关序列求 FFT，从而得到离散形式的互模糊函数。然而，由于 FFT 的处理过程隐含了数据是等间隔采样，如果实际信号并不是等间隔采样，FFT 处理结果就不是对恒定多普勒频移信号的匹配滤波处理。因此，PBR 中直达波脉冲丢失和相位突变使得 CAF 峰值输出信噪比下降，导致系统的检测性能下降，同时影响多普勒频率的估计精度。

8.4.1　信号检测模型

假设在进行互相关模糊函数处理之前，直达波信号和目标回波信号的所有采样已按距离单元的顺序重组[5]，如图 8-6 和图 8-7 所示。同时假设直达波脉冲串的复采样序列可表示为 $\tilde{s}_{\mathrm{d}}(1,N)=[(I,Q)_{\mathrm{d}1},(I,Q)_{\mathrm{d}2},\cdots,(I,Q)_{\mathrm{d}N}]$，目标在距离单元 m，其回波对应的复采样序列为 $\tilde{s}_{\mathrm{r}}(m,N)=[(I,Q)_{m1},(I,Q)_{m2},\cdots,(I,Q)_{mN}]$，则直达波和目标回波信号的瞬时互相关可以表示为 $y_m(n)=(\tilde{s}_{\mathrm{d}}(1,N))^{\mathrm{H}}\cdot\tilde{s}_{\mathrm{r}}(m,N)$，其中上标 H 表示共轭转置（$n=1,2,\cdots,N$）。事实上，瞬时互相关处理相当于是对目标回波信号的发射初相进行校正的过程。为分析距离单元 m 的多普勒频率，需对瞬时互相关输出进行傅里叶变换，即

$$Y_{\mathrm{m}}(k)=\mathrm{FFT}(y_m(n))，\quad k=0,1,2,\cdots,N-1;\ m=1,2,\cdots,I \qquad (8\text{-}40)$$

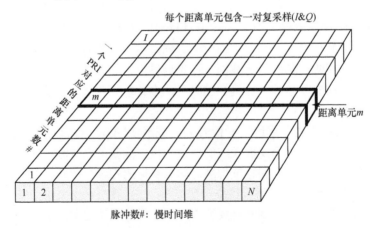

图 8-6　脉冲串序列采样存储模型

202

	PRI 1	PRI 2		PRI N
距离单元1	$(I,Q)_{11}$	$(I,Q)_{12}$	$\cdots$	$(I,Q)_{1N}$
距离单元2	$(I,Q)_{21}$	$(I,Q)_{22}$	$\cdots$	$(I,Q)_{2N}$
M	M	M		M
距离单元I	$(I,Q)_{I1}$	$(I,Q)_{I2}$	$\cdots$	$(I,Q)_{IN}$

图 8-7　脉冲串采样序列重组后的存储矩阵

在对每个距离单元进行多普勒处理时，每个脉冲重复周期 PRI 内只有一个距离采样参与 FFT 运算，相当于是对相参驻留时间内所有在同一距离单元的脉冲回波采样进行多普勒频率分析。

8.4.2　脉冲丢失时 CAF 的峰值输出

为了便于分析，在此忽略所有其他因素可能导致的信噪比损失，包括波瓣图损失，仅讨论脉冲丢失对互模糊函数处理输出信噪比的影响。假设目标所在距离单元的接收信号采样幅度为 1，多普勒频率为 f_d，则相参驻留时间内，目标所在距离单元 m 的 N 个回波采样经相位校正后的输出可以表示为 $y_{\text{m}}(nT_{\text{r}}) = \exp(\text{j}2\pi f_d nT_{\text{r}})$，其中 T_{r} 为脉冲重复周期，n 为脉冲的序数，$n = 1,2,\cdots,N$。对相位补偿之后的采样序列 $y_{\text{m}}(nT_{\text{r}})$ 进行 N 点 FFT，其输出各频率分量为

$$Y_{\text{m}}(k) = \frac{1}{N}\sum_{n=0}^{N-1} y_{\text{m}}(nT_{\text{r}})\text{e}^{-\text{j}\frac{2\pi kn}{N}}, k = 0,1,\cdots,N-1 \qquad (8\text{-}41)$$

令 $f_d = \dfrac{p}{NT_{\text{r}}}$，$p$ 为实数，则 $y_{\text{m}}(nT_{\text{r}}) = \text{e}^{\text{j}\frac{2\pi}{N}pn}$，将其代入式（8-40），可得

$$Y_{\text{m}}(k) = \frac{1}{N}\sum_{n=0}^{N-1}\text{e}^{\text{j}\frac{2\pi pn}{N}}\text{e}^{-\text{j}\frac{2\pi kn}{N}} = \frac{1}{N}\sum_{n=0}^{N-1}\text{e}^{\text{j}\frac{2\pi(p-k)n}{N}}, k = 0,1,\cdots,N-1 \qquad (8\text{-}42)$$

若 $p=k$，即信号的多普勒频率恰好与第 k 个频率分析单元对应，则

$$Y_{\text{m}}(k) = \begin{cases} 1 & ,p = k \\ 0 & ,\text{其他} \end{cases} \qquad (8\text{-}43)$$

因此，多普勒频率估计 $\hat{p} = p$。

假设在实际发射天线周期扫描时，第 $q+1$ 到 $q+L$ 个直达波脉冲丢失，则相参处理处理输出的各频率分量的大小为

$$\begin{aligned} Y_{\text{m}}(k) &= \frac{1}{N}\left[\sum_{n=0}^{q-1}\text{e}^{\text{j}\frac{2\pi pn}{N}}\text{e}^{-\text{j}\frac{2\pi nk}{N}} + \sum_{n=q+L}^{N+L-1}\text{e}^{\text{j}\frac{2\pi pn}{N}}\text{e}^{-\text{j}\frac{2\pi k(n-L)}{N}}\right] \\ &= \frac{1}{N}\left[\sum_{n=0}^{q-1}\text{e}^{\text{j}\frac{2\pi n(p-k)}{N}} + \sum_{n=q+L}^{N+L-1}\text{e}^{\text{j}\left(\frac{2\pi(p-k)n}{N}+\frac{2\pi kL}{N}\right)}\right] \end{aligned} \qquad (8\text{-}44)$$

203

若直达波脉冲丢失对多普勒频率估计没有影响，即 $P=k$，则对应目标多普勒频率分量的系数为

$$Y_m(k) = \frac{1}{N}\left[\sum_{n=0}^{q-1}1 + \sum_{n=q+L}^{N+L-1}e^{j\frac{2\pi kL}{N}}\right]$$

$$= \frac{1}{N}\left[q + (N-q)\cos\left(\frac{2\pi kL}{N}\right) + j(N-q)\sin\left(\frac{2\pi kL}{N}\right)\right] \tag{8-45}$$

可得 $Y_m(k)$ 的幅度为

$$|Y_m(k)| = \frac{1}{N}\sqrt{\left[q + (N-q)\cos\left(\frac{2\pi kL}{N}\right)\right]^2 + (N-q)^2\sin^2\left(\frac{2\pi kL}{N}\right)} \tag{8-46}$$

则由式（8-43）和式（8-46），可得脉冲丢失导致的信号相参积累输出的信噪比损失为

$$\text{Loss} = 10\lg\left[1 - 2q\frac{N-q}{N^2}\left(1 - \cos\left(\frac{2\pi kL}{N}\right)\right)\right] \tag{8-47}$$

当 $kL = 0, N, 2N, \cdots$，时，$\text{Loss} = 0$；当 $kL = N/4$ 时，$\text{Loss} = 10\lg(1 - 2q(N-q)$；而当 $kL = N/2, 3N/2, 5N/2, \cdots$，$\text{Loss} = 10\lg(1 - 4q/N^2)(N-q)$，此时若 $q = N/2$，则 $L = -\infty$。

由于目标检测和参数估计都是以目标回波和直达波间的互模糊函数计算结果为依据，利用距离多普勒平面中极大值对应的频率作为目标多普勒频率的极大似然估计。而 FFT 处理本质上相当于信号通过数字带通滤波器组，其输出的各频率分量的幅度反映的就是每个滤波器输出端的能量，当输入数据中存在采样点丢失时，信号的输出频谱结构将发生变化，多普勒频率的估计存在误差。从 8.5 节的仿真结果可以发现，若不考虑多普勒频率估计误差，利用式（8-47）所得的理论信噪比损失与仿真结果差别较大。因此，设目标多普勒频率的极大似然估计为 $\hat{p} = p + \delta_f$，其中 δ_f 为多普勒频率估计误差，则由式（8-46）可得与目标多普勒频率分量对应的输出频谱幅度为

$$Y_m(p + \delta_f) = \left[\sum_{n=0}^{q-1}e^{-j\frac{2\pi n\delta_f}{N}} + \sum_{n=q+L}^{N+L-1}e^{j\left(\frac{-2\pi n\delta_f + 2\pi kL}{N}\right)}\right]$$

$$= \frac{1}{N}\frac{1 - e^{-j\frac{2\pi q\delta_f}{N}} + e^{j\frac{2\pi[-(q+L)\delta_f + kL]}{N}} - e^{\left(j\frac{2\pi[-(N+L)\delta_f + kL]}{N}\right)}}{1 - e^{-j\frac{2\pi\delta_f}{N}}} \tag{8-48}$$

则

$$|Y_m(p + \delta_f)|^2 = N^{-2}\left[1 - \cos\left(\frac{2\pi\delta_f}{N}\right)\right]^{-1}\Delta \tag{8-49}$$

204

式中

$$\varDelta = 2 - \cos\left(\frac{2\pi q \delta_{\mathrm{f}}}{N}\right) + \cos\left(\frac{2\pi\left[-(q+L)\delta_{\mathrm{f}} + kL\right]}{N}\right) -$$

$$\cos\left(\frac{2\pi\left[-(N+L)\delta_{\mathrm{f}} + kL\right]}{N}\right) +$$

$$\cos\left(\frac{2\pi\left[-(N+L-q)\delta_{\mathrm{f}} + kL\right]}{N}\right) -$$

$$\cos\left(\frac{2\pi(N-q)\delta_{\mathrm{f}}}{N}\right) - \cos\left(\frac{2\pi(k-\delta_{\mathrm{f}})L}{N}\right)$$

8.4.3　相位突变时 CAF 的峰值输出

参照 8.4.2 节，假设信号幅度为 1，多普勒频率为常数，重组之后脉冲采样点之间的间隔为 T_{r}。忽略其他所有因素可能带来的信噪比损失，仅考虑相位突变的影响。假设直达脉冲串在第 $q+1$ 个脉冲发生相位突变，修正式（8-41），可得 FFT 处理输出的各频率分量为

$$\begin{aligned}Y_{\mathrm{m}}(k) &= \frac{1}{N}\left\{\sum_{n=0}^{q-1}\mathrm{e}^{\mathrm{j}\frac{2\pi pn}{N}}\mathrm{e}^{-\mathrm{j}\frac{2\pi nk}{N}} - \sum_{n=q}^{N-1}\mathrm{e}^{\mathrm{j}\frac{2\pi pn}{N}}\mathrm{e}^{-\mathrm{j}\frac{2\pi nk}{N}}\right\} \\ &= \frac{1}{N}\left\{\sum_{n=0}^{q-1}\mathrm{e}^{\mathrm{j}\frac{2\pi(p-k)n}{N}} - \sum_{n=q}^{N-1}\mathrm{e}^{\mathrm{j}\frac{2\pi(p-k)n}{N}}\right\}\end{aligned} \tag{8-50}$$

若相位突变对多普勒频率估计没有影响，即 $p=k$，可得

$$Y_{\mathrm{m}}(k) = \frac{1}{N}(2q-N) \tag{8-51}$$

则相位突变引入的信噪比损失定义为

$$\mathrm{Loss} = 20\lg\frac{2q-N}{N} \tag{8-52}$$

由式（8-52）可以看出，此时信号的能量损失仅与发相位生突变脉冲的序数有关，而与信号多普勒频率的大小无关。

类似地，设目标多普勒频率的极大似然估计为 $\hat{p}=p+\delta_{\mathrm{f}}$，其中，$\delta_{\mathrm{f}}$ 为多普勒频率估计误差，则由式（8-50）可得与目标多普勒频率对应分量的系数为

$$Y_{\mathrm{m}}(p+\delta_{\mathrm{f}}) = \frac{1 - 2\mathrm{e}^{-\mathrm{j}\frac{2\pi q \delta_{\mathrm{f}}}{N}} + \mathrm{e}^{-\mathrm{j}2\pi\delta_{\mathrm{f}}}}{N - N\mathrm{e}^{-\mathrm{j}\frac{2\pi\delta_{\mathrm{f}}}{N}}} \tag{8-53}$$

则

$$|Y_{\mathrm{m}}(p+\delta_{\mathrm{f}})|^2 = \frac{3+\cos(2\pi\delta_{\mathrm{f}})-2\cos\left(\dfrac{2\pi q\delta_{\mathrm{f}}}{N}\right)-2\cos\left(\dfrac{2\pi(N-q)\delta_{\mathrm{f}}}{N}\right)}{N^2\left[1-\cos\left(\dfrac{2\pi\delta_{\mathrm{f}}}{N}\right)\right]} \quad (8-54)$$

8.4.4 脉冲丢失和相位突变同时发生时 CAF 的峰值输出

在波瓣图的零点处，相位突变与脉冲丢失往往同时发生。假设直达波脉冲串中从第 $q+1$ 脉冲开始，丢失 L 个脉冲的同时发生相位突变，可得 FFT 输出的各频率分量的系数为

$$\begin{aligned}
Y_{\mathrm{m}}(k) &= \frac{1}{N}\left\{\sum_{n=0}^{q-1}\mathrm{e}^{\mathrm{j}\frac{2\pi pn}{N}}\mathrm{e}^{-\mathrm{j}\frac{2\pi nk}{N}} - \sum_{n=q+L+1}^{N+L}\mathrm{e}^{\mathrm{j}\frac{2\pi pn}{N}}\mathrm{e}^{-\mathrm{j}\frac{2\pi k(n-L)}{N}}\right\} \\
&= \frac{1}{N}\left\{\sum_{n=0}^{q-1}\mathrm{e}^{\mathrm{j}\frac{2\pi n(p-k)}{N}} - \sum_{n=q+L+1}^{N+L}\mathrm{e}^{\mathrm{j}\frac{2\pi(p-k)n}{N}}\mathrm{e}^{\mathrm{j}\frac{2\pi kL}{N}}\right\}
\end{aligned} \quad (8-55)$$

当 $p=k$ 时，式（8-55）可化简为

$$Y_{\mathrm{m}}(k) = \frac{1}{N}\left[q-(N-q)\mathrm{e}^{\mathrm{j}\frac{2\pi kL}{N}}\right] \quad (8-56)$$

则

$$|Y_{\mathrm{m}}(k)| = \frac{1}{N}\sqrt{\left[q-(N-q)\cos\left(\frac{2\pi kL}{N}\right)\right]^2+(N-q)^2\sin^2\left(\frac{2\pi kL}{N}\right)} \quad (8-57)$$

由式（8-43）和式（8-57），可得脉冲丢失和相位突变导致的信号相参积累输出的信噪比损失为

$$\mathrm{Loss} = 10\lg\left[1-2q\frac{N-q}{N^2}\left(1+\cos\left(\frac{2\pi kL}{N}\right)\right)\right] \quad (8-58)$$

若 $q=\dfrac{N}{2}$，则式（8-56）可化简为

$$Y_{\mathrm{m}}(k) = \frac{1}{N}\left[\frac{N}{2}-\frac{N}{2}\mathrm{e}^{\mathrm{j}\frac{2\pi kL}{N}}\right] \quad (8-59)$$

特殊情况下，$kL=\dfrac{N}{2}$ 时

$$Y_{\mathrm{m}}(k) = \frac{1}{N}\left[q+(N-q)\right] = 1 \quad (8-60)$$

式（8-60）表明脉冲丢失和相位突变的影响完全相互对消，重新获得理想积累，其条件就是脉冲丢失和相位突变均准确发生在脉冲串序列的中心，且信号频率所在的多普勒单元数 k 与脉冲丢失总数 L 的乘积等于积累脉冲总数的 $1/2$，即 $N/2$。

类似地，设目标多普勒频率的极大似然估计为 $\hat{p} = p + \delta_{\mathrm{f}}$，即 $k = p + \delta_{\mathrm{f}}$，其中，$\delta_{\mathrm{f}}$ 为多普勒估计误差，则由式（8-55）可得与目标多普勒频率对应的输出为

$$Y_{\mathrm{m}}(p+\delta_{\mathrm{f}}) = \frac{1 - \mathrm{e}^{-\mathrm{j}\frac{2\pi q \delta_{\mathrm{f}}}{N}} - \exp\left(\mathrm{j}\frac{2\pi[-(q+L)\delta_{\mathrm{f}}+kL]}{N}\right) + \exp\left(\mathrm{j}\frac{2\pi[-(N+L)\delta_{\mathrm{f}}+kL]}{N}\right)}{N\left[1 - \exp\left(-\mathrm{j}\frac{2\pi \delta_{\mathrm{f}}}{N}\right)\right]}$$

（8-61）

则

$$\left|Y_{\mathrm{m}}(p+\delta_{\mathrm{f}})\right|^2 = \frac{\Lambda}{N^2\left[1 - \cos\left(\frac{2\pi \delta_{\mathrm{f}}}{N}\right)\right]}$$ （8-62）

式中

$$\Lambda = 2 - \cos\left(\frac{2\pi q \delta_{\mathrm{f}}}{N}\right) - \cos\left(\frac{2\pi[-(q+L)\delta_{\mathrm{f}}+kL]}{N}\right) + \cos\left(\frac{2\pi[-(N+L)\delta_{\mathrm{f}}+kL]}{N}\right)$$
$$- \cos\left(\frac{2\pi[-(N+L-q)\delta_{\mathrm{f}}+kL]}{N}\right) - \cos\left(\frac{2\pi(N-q)\delta_{\mathrm{f}}}{N}\right) + \cos\left(\frac{2\pi(k-\delta_{\mathrm{f}})L}{N}\right)$$

8.5 脉冲丢失或/和相位突变影响分析

本节主要通过信噪比损失和多普勒频率估计误差来衡量脉冲丢失和相位突变所带来的影响。在此，定义信噪比损失为各种情况下，CAF 处理后的峰值输出相对于理想输出峰值降低，即

$$\mathrm{Loss} = 10\lg\left|Y_{\mathrm{m}}(p+\delta_{\mathrm{f}})\right|^2$$ （8-63）

多普勒频率估计误差定义为各种情况下基于最大似然准则估计的多普勒频率与目标真实频率的绝对误差与多普勒频率分析单元大小的比，即

$$\delta_{\mathrm{f_d}} = \frac{\hat{P} - P}{1/NT_{\mathrm{r}}}$$ （8-64）

8.5.1 直达脉冲丢失的影响

下面给出在目标驻留时间内，多普勒频率为常数，利用在同一距离单元的 16 个脉冲回波信号的采样进行相参处理的仿真结果。在脉冲雷达中，其最大无模糊多普勒频率的分析范围为$[-f_r/2, f_r/2]$。因此，本节仿真中所考虑的最大多普勒频率为$8/(NT_r)$。图 8-8 给出了在目标相参驻留时间内，目标多普勒频率 f_d 分别为 0、$2/(NT_r)$、$4/(NT_r)$、$6/(NT_r)$、$8/(NT_r)$，即目标多普勒频率所在多普勒单元 k 为 0、2、4、6、8，丢失脉冲数 $L=1$ 时，信噪比损失与脉冲丢失时对应的脉冲序数 q 的关系曲线。多普勒频率为负数时，其仿真结果与图 8-8 类似，不单独给出。

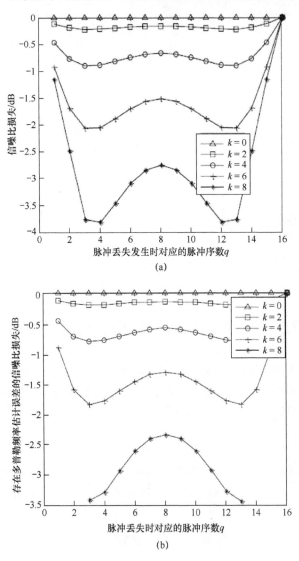

(a)

(b)

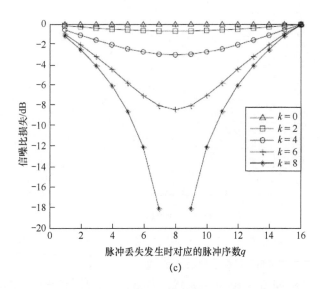

图 8-8 脉冲丢失点数 $L=1$ 时，不同多普勒频率信号的信噪比损失

(a) 仿真结果；(b) 考虑多普勒估计误差时的理论结果；

(c) 不考虑多普勒频率误差时的理论结果。

对比图 8-8 的仿真结果与理论分析结果可以发现，如果假设脉冲丢失对多普勒频率估计没有影响，图 8-8（c）对应的信噪比损失的理论值与图 8-8（a）对应的仿真结果相差很大。而由图 8-8（a）与图 8-8（b）可以看出，而在考虑多普勒估计误差与仿真结果相同的条件下，信噪比损失的理论值比仿真结果稍小，但变化趋势相同，表明了理论分析的正确性。当多普勒频率为零时，信噪比没有损失，因为所有采样点之间的相位都相同，所以任何采样点的丢失都不会有影响。然而，当目标频率增大时，信噪比损失逐渐增大，而且与所丢失脉冲的序数 q 密切相关。当 $f_\mathrm{d}=8/(NT_\mathrm{r})$ 时，回波脉冲间的相位差为 π，此时最大信噪比损失接近 3.5dB。从总体上来说，丢失脉冲数 $L=1$ 时，信噪比损失随着多普勒频率的增大而增大。

脉冲丢失 $L=1$ 时，不同多普勒频率信号的频率估计误差如图 8-9 所示，由图可以看出，频率估计误差也随目标多普勒频率的增加而增大，而且越靠近脉冲串序列的中心，误差越大。当 $f_\mathrm{d}=8/(NT_\mathrm{r})$，丢失脉冲序数为 8 时，即在脉冲串的中间，多普勒频率估计误差最大，接近 0.75 个多普勒频率分析单元。

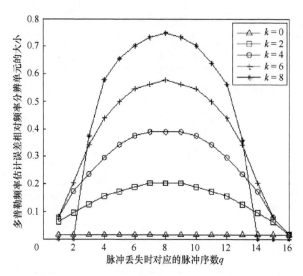

图 8-9　脉冲丢失 $L=1$ 时，不同多普勒频率信号的频率估计误差

脉冲丢失总数不同时，不同多普勒频率信号信噪比损失的仿真结果如图 8-10 所示。对比图 8-8 和图 8-10 可以发现，当 $\mathrm{mod}(kL, N)$ 相等时，信噪比损失也相同。例如，图 8-10（a）中 $k=1$、$L=7$ 的信噪比损失与图 8-10（b）中 $k=1$、$L=1$ 的信噪比损失相同。信号多普勒频率分别为 $1/(NT_\mathrm{r})$ 和 $7/(NT_\mathrm{r})$ 时，信噪比损失的理论计算结果如图 8-11 所示，可以发现当信号频率为 $f_\mathrm{d}=1/(NT_\mathrm{r})$ 时，脉冲丢失点数的增加将导致信噪比损失增大。当脉冲丢失总数 $L=7$ 时，信噪比损失的理论结果要比仿真结果大，而当 $f_\mathrm{d}=7/(NT_\mathrm{r})$ 对应的信噪比损失的理论结果均比仿真结果小。

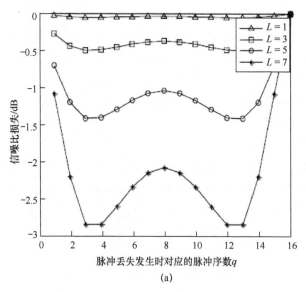

(a)

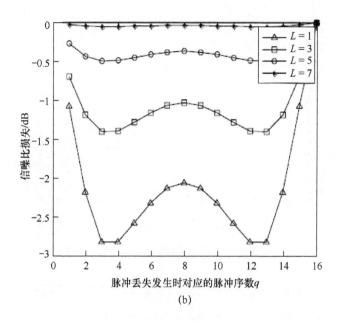

(b)

图 8-10 脉冲丢失总数不同时，不同多普勒频率信号信噪比损失的仿真结果

（a）$f_d = 1/(NT_r)$；（b）$f_d = 7/(NT_r)$。

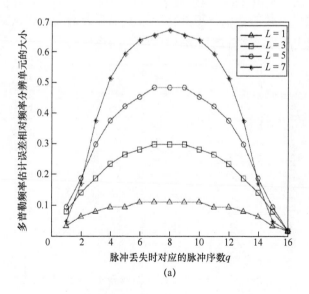

(a)

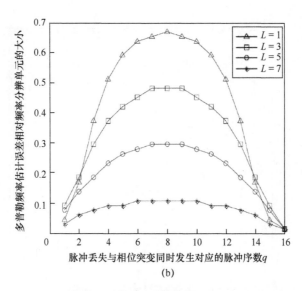

(b)

图 8-11　脉冲丢失总数不同时，不同多普勒频率信号信噪比损失的理论结果

（a）$f_d = 1/(NT_r)$；（b）$f_d = 7/(NT_r)$。

脉冲丢失总数不同时，不同多普勒频率信号的频率估计误差如图 8-12 所示。对比图 8-12（a）和（b），发现当 $\mathrm{mod}(kL, N)$ 相等时，对应的多普勒频率估计误差也相同，其中 mod 表示取余运算。因此，当目标所在的多普勒频率单元与脉冲丢失点数的乘积与积累脉冲数 N 的余数增大，即 $\mathrm{mod}(kL, N)$ 增大时，信噪比损失恶化，多普勒频率估计误差也增加。

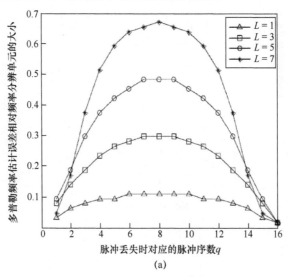

(a)

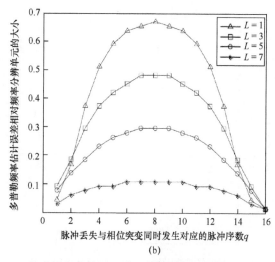

(b)

图 8-12　脉冲丢失总数不同时，不同多普勒频率信号的频率估计误差

（a）$f_d = 1/(NT_r)$；（b）$f_d = 7/(NT_r)$。

8.5.2　相位突变的影响

在目标相参驻留时间内，目标频率 f_d 分别为 0、$2/(NT_r)$、$4/(NT_r)$、$6/(NT_r)$、$8/(NT_r)$ 时，相位突变引入的信噪比损失和多普勒频率估计误差分别如图 8-13 和图 8-14 所示。由图 8-13 可以看出，相位突变引入的信噪比损失仅与其发生的脉冲序数 q 有关，而与多普勒频率的大小近似无关，且当 $\mathrm{mod}(kL, N)=8$ 时，与仅有脉冲丢失的影响相同，此时的最大信噪比损失也接近 4dB。这是因为当 $\mathrm{mod}(kL, N)=8$ 时，脉冲丢失点前后脉冲之间的相位等效于存在大小为 180° 的突变。而由图 8-14 的仿真结果可以看出，此时的多普勒频率估计误差仅有微小的差别。在脉冲信号相位突变发生在目标驻留的中间时刻，多普勒频率估计误差接近 0.75 个多普勒单元。

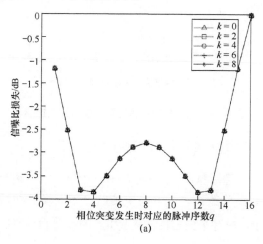

(a)

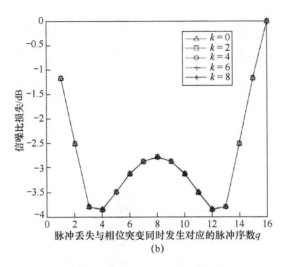

(b)

图 8-13 相位突变对不同多普勒频率信号引入的信噪比损失

（a）仿真；（b）理论计算。

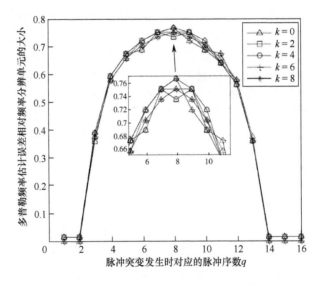

图 8-14 相位突变对多普勒频率估计的影响

8.5.3 脉冲丢失和相位突变同时发生时的影响

在驻留时间内，目标频率 f_d 分别为 0、$2/(NT_r)$、$4/(NT_r)$、$6/(NT_r)$、$8/(NT_r)$ 时，脉冲丢失总数 $L=1$ 与相位突变时，不同多普勒频率信号的信噪比损失如图 8-15 所示，脉冲丢失与相位突变引入的多普勒频率估计误差如图 8-16

所示。由图 8-15 可以看出，当 $f_d = 8/(NT_r)$ 时，最大信噪比损失接近 4dB，总的信噪比损失并不比只有脉冲丢失时的信噪比损失大。对比图 8-9 和图 8-16 还可以看出，最大多普勒频率估计误差也没有增大。

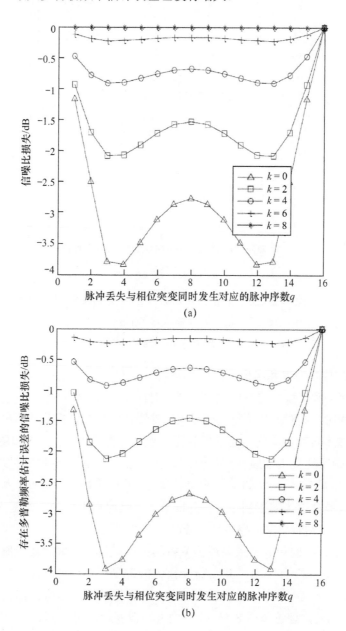

(a)

(b)

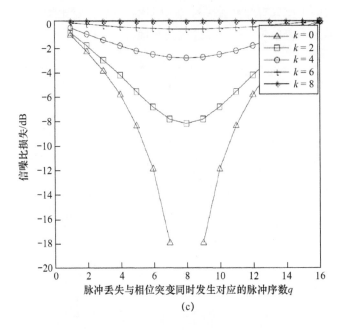

图 8-15　脉冲丢失总数 L=1 与相位突变时，不同多普勒频率信号的信噪比损失

（a）仿真结果；（b）考虑多普勒频率估计误差时的理论结果；

（c）不考虑多普勒频率估计误差时的理论结果。

　　然而，脉冲丢失和相位突变两种情况下，信噪比损失与多普勒频率估计误差随多普勒频率大小的变化规律不同。对比图 8-8 和图 8-15 发现，脉冲丢失点数相同时，同时发生相位突变引入的信噪比损失和仅有脉冲丢失引入的信噪比损失按多普勒频率的大小逆序相同。例如，图 8-8 中 $k=0$ 和图 8-15 中 $k=8$ 时的信噪比损失曲线相同。波瓣间脉冲丢失和相位突变同时发生时，其影响可能存在相互抵消。当多普勒频率为 $f_\mathrm{d}=8/(NT_\mathrm{r})$，$L=1$ 时，发现相位突变的影响与脉冲丢失的影响完全相互抵消，信噪比损失为 0，如图 8-15（a）所示，与理论分析结果式（8-60）一致。

　　对比图 8-15 的仿真结果与理论分析结果可以发现，如果假设脉冲丢失对多普勒频率估计没有影响，其信噪比损失的理论值图 8-15（c）与仿真结果图 8-15（a）相差很大。在考虑多普勒估计误差时，其信噪比损失的仿真结果图 8-15（a）比理论值图 8-15（b）稍大，但变化趋势相同。

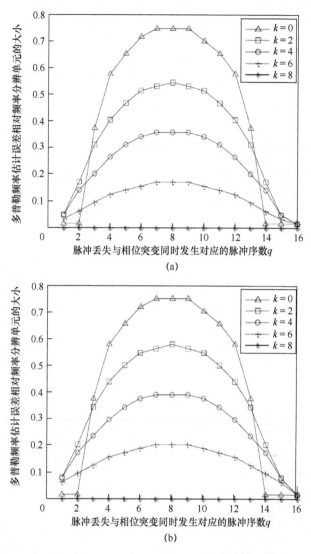

图 8-16　脉冲丢失与相位突变引入的多普勒频率估计误差

（a）$L=1$；（b）$L=7$。

在脉冲串中存在相位突变的条件下，丢失脉冲数不同时，相位突变对多普勒频率为 $f_d = 1/(NT_r)$ 的信号引入的信噪比损失如图 8-17 所示。由图可以看出，脉冲丢失总数相同的条件下，信噪比损失的理论值要比仿真结果小。而丢失脉冲数不同时，脉冲丢失与相位突变引入的频率估计误差如图 8-18 所示，从总体上，由于丢失脉冲的同时发生相位突变，多普勒频率估计误差随着 $\mod(kL, N)$ 的增大而减小，而且所丢失的脉冲越靠近脉冲串序列的中心，多普勒频率估计误差越大。当 $\mathrm{mod}(kL, N) = 1$ 时，最大信噪比损失接近 3dB，若脉冲丢失和相位突变时对应的脉冲序数为 8，多普勒频率估计误差最大，约为 0.65 个多普勒单元。

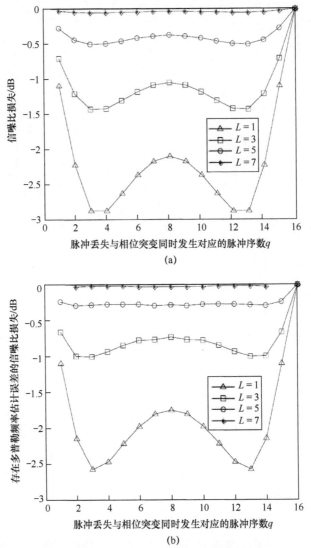

图 8-17　丢失脉冲数不同时，相位突变对多普勒频率为 $f_\mathrm{d} = 1/NT_\mathrm{r}$ 的
信号引入的信噪比损失

（a）仿真结果；（b）理论结果。

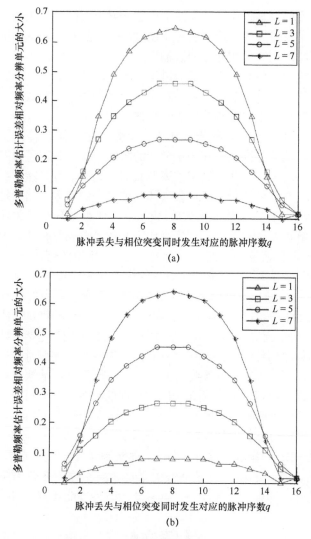

图 8-18 丢失脉冲数不同时，脉冲丢失与相位突变引入的频率估计误差

（a） $f_d = 1/(NT_r)$ ；（b） $f_d = 7/(NT_r)$ 。

因此，信噪比损失和多普勒频率估计的误差均取决于脉冲丢失或/和相位突变引入的总的相位误差及其对应的脉冲序数。

8.6 小结

本章针对基于己方或敌方雷达发射机的外辐射源雷达的特点，比较详细地分析了发射天线在方位上机械扫描时其方向图对系统截获的直达波和目标回波信号的调制影响。首先分析了非合作双基地雷达发射天线扫描对直达波和目标回波信号的不同调制效应，并简要给出了一般天线的方向图传播因子的表达式；然后建立了发射天线扫描调制时系统截获信号的数学模型，推导了系统互相关处理峰值输出相对理想匹配滤波输出的信噪比损耗，给出了信噪比损失的解析表达式和相应的仿真分析；最后讨论了直达波信噪比和目标回波信噪比对系统相参处理输出信噪比的影响，并对系统相参处理时，有效目标信号数据选择和接收机中频噪声带宽选择给出了一些建议。

本章还进一步分析了发射天线在方位上做机械扫描时其天线波瓣图调制放应可能导致直达波脉冲丢失和相位突变的影响。首先分析了发射天线主波束在目标上驻留的时间内，从其副瓣波束截获的直达波信号可能存在脉冲丢失和相位突变，并简要描述了导致脉冲丢失和相位突变的原因；然后推出导了发射天线扫描调制时，直达波脉冲丢失或/和相位突变对系统互相关处理峰值输出信噪比损失的解析表达式，并利用信噪比损失和多普勒频率估计误差等参数来衡量脉冲丢失或/和相位突变的不利影响；最后相应的仿真结果。从仿真结果可以看出，脉冲丢失或/和相位突变引入的最大信噪比损失约为 4dB，稍大于理论计算的结果，且与发生脉冲丢失或/和相位突变时对应的脉冲序数的变化规律相同，而当目标多普勒频率无模糊时，其最大多普勒频率估计误差约为 0.75 个频率分辨单元。而且，同时发生脉冲丢失和相位突变所导致的信噪比损失和多普勒频率估计误差并不比仅有脉冲丢失或相位突变时的严重。

可以预计，对于 PRI 为常数的脉冲信号，若无源双基地雷达系统能准确估计脉冲的 PRI，则可准确预测每个脉冲出现的时刻，从而可以反过来触发每次距离扫描，可以避免脉冲丢失的问题，而且通过估计 PRI，可以使得 A/D 转换器与信号处理机可以实现与 PRI 相对同步，从而可以减小损耗。利用数字锁相环也是实现 PRI 同步的一种可行办法。而检测分析发射天线副瓣间的零点，然后调整直达波脉冲的相位，是降低由于直达波相位突变带来影响的一种方法。这些都是降低损耗的研究思路，其具体的改善性能还有待进一步研究。

参考文献

[1] Griffiths H D, Baker C J. Passive coherent location radar systems. Part 1 performance prediction[J]. IEE Proceedings Radar, Sonar and Navigation. 2005, 152(3): 153-159.

[2] 王炎, 徐善驾. 双基地雷达天线方向图损失分析[J]. 系统工程与电子技术. 2003, 25(10): 1219-1222,1273.

[3] Kraus J D, Marhefka R J. 天线[M]. 章文勋, 译. 北京: 电子工业出版社, 2005.

[4] 张永顺, 童宁宁, 赵国庆, 等. 雷达电子战原理[M]. 北京: 国防工业出版社, 2004.

[5] Wiley Richard G. 电子情报(ELINT)-雷达信号截获与分析[M]. 吕跃广, 等译. 北京: 电子工业出版社, 2008.

[6] 张财生. 基于非合作雷达辐射源的双基地探测系统研究[D]. 烟台: 海军航空大学, 2011.

第9章 试验系统研制与算法验证分析

9.1 引言

设计脉冲无源双基地雷达试验系统的一个主要目的就是从实际环境中获取非合作雷达辐射源的实测信号，以便得到不同时刻所采集信号的自相关函数曲线、信号频谱以及模糊函数等特性。在此基础上，研究多普勒频移对系统输出的影响以及在不同信噪比情况下的相参、非相参处理结果，最终从总体上分析利用脉冲雷达信号作为非合作照射源的适宜程度及性能。因此，脉冲无源双基地雷达试验系统的设计与实现，对课题研究的深入开展具有十分重要的意义。

课题组于 2010 年开始对脉冲无源双基地雷达试验系统进行设计、研制和不断升级，开展了一系列的外场试验，并基于试验数据对信号处理与目标检测算法进行验证分析。该试验系统主要由天线分系统、接收分系统、信号采集与处理分系统三大部分组成。其中，天线分系统包括直达波天线和目标回波天线，针对不同波段的非合作雷达外辐射源选用不同的天线类型和阵列结构；接收分系统负责对直达波和目标回波的双通道接收；信号采集与处理分系统负责完成对接收分系统输出的多路信号数据采集和时间同步、脉冲压缩、目标检测等信号处理工作。

本章将结合前期已完成的工作：首先给出试验系统总体设计方案；然后给出试验系统各分系统的具体研制、集成与试验实施方法；最后结合外场实测数据，在完成直达波分选与抑制等预处理后，给出距离多普勒相参处理、恒虚警检测和目标定位分析的初步试验结果。

9.2 试验系统总体设计

基于软件雷达的设计思想，研制低成本、轻型、数字化、多波段、多通道脉冲无源双基地雷达试验系统。接收分系统涵盖了警戒雷达常用频段（如 VHF、UHF、L、S 波段），使用多波段集成化模拟前端，数字采集部分使用射频带通采样技术，保证接收系统具有高灵敏度、大动态范围、通道一致性好等特点。A/D 采样数字化后，将串行数据流送入并行处理器，实现信号的实时化处理，并在终端显示。

脉冲无源双基地雷达试验系统的组成框图如图 9-1 所示，该试验系统采用数字化模块化方案，大大简化了系统结构，而且没有发射设备，大大降低了探测系统的研制成本。

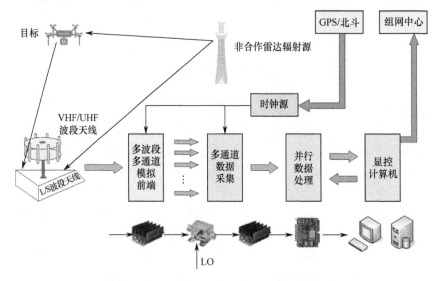

图 9-1　脉冲无源双基地雷达试验系统组成框图

脉冲无源双基地雷达试验系统的原理框图如图 9-2 所示。回波天线接收目标回波信号，形成多路目标回波信号，直达波天线接收发射机的辐射信号，形成单路直达波信号。接收分系统将多路信号下变频到基带信号。信号采集与处理分系统对基带信号进行处理，形成目标数据。

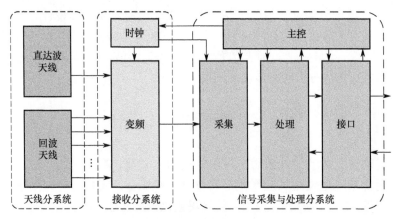

图 9-2　脉冲无源双基地雷达试验系统原理框图

脉冲无源双基地雷达试验系统设备组成如图 9-3 所示，包括天线分系统、接收机分系统、信号采集与处理分系统和电源分系统。

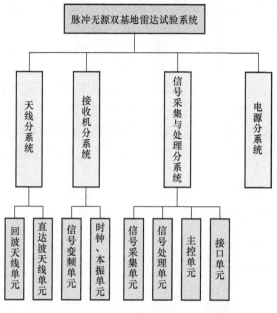

图 9-3　脉冲无源双基地雷达试验系统设备组成

图 9-3 中，天线分系统包括回波天线单元和直达波天线单元。回波天线单元接收目标回波数据，可采用阵列天线形式，在方位向划分为多个子阵同时接收并输出；直达波天线单元接收发射机的辐射信号，只有一路输出。接收机分系统包括信号变频单元和时钟、本振单元。信号变频单元将天线接收的多路信号下变频、放大、滤波后传送至信号采集与处理分系统；时钟与本振产生各种基准时钟信号采集与处理分系统包括信号采集单元（A/D）、信号处理单元、主控单元、接口单元。信号采集单元将基带模拟信号转变为基带数字信号；信号处理单元负责完成时间同步、脉冲压缩、目标检测等信号处理工作；接口单元实现系统的对外连接；主控单元解算各种命令、参数，控制各分系统按照既定时序正常工作。电源分系统向接收机分系统和信号采集与处理分系统提供电源。

9.3　试验系统研制与集成

9.3.1　天线分系统设计

在脉冲无源双基地雷达试验系统中，接收分系统共有两个通道，一个为接收辐射源直达波信号的参考通道，另一个为截获目标散射回波信号的监测通道，针对不同波段（如 VHF、UHF、L、S）的非合作雷达外辐射源，需结合具体需求选用不同的天线类型和阵列结构。通常警戒雷达的发射天线为窄波束机械旋转扫描模式，对应参考天线可采用简单的喇叭天线或高增益的栅格定向天线，同时监测天线可考虑选用杆状全向天线、板状天线或者阵列天线。

直达波天线可以采用简单的喇叭天线形式。考虑到距离发射机较近，对增益要求不高，但是对角度覆盖范围较高，采用宽波束形式。假设天线孔径为0.2m，其不同频率下的波束宽度和天线增益曲线如图 9-4 所示。直达波天线也可以采用高增益的栅格定向天线形式，栅格定向天线的增益约为20dB。

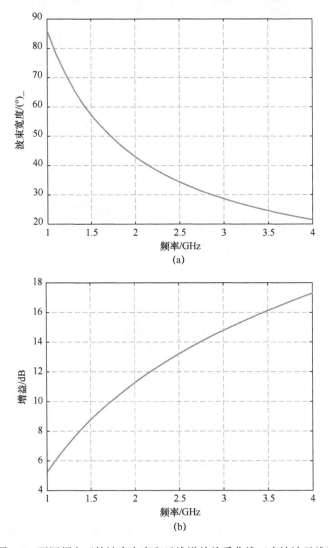

图9-4　不同频率下的波束宽度和天线增益关系曲线（直达波天线）

当采用窄发宽收天线波束空间同步模式时，监测天线可考虑选用杆状全向天线、板状天线，杆状全向天线的增益约 9～14dB，全向天线（垂直波束宽度 10°左右）；板状天线的增益约 14dB，水平面波束宽度 120°，垂直面波束宽度 10°。当采用窄发多波束接收空间同步模式时，可实现目标空域大范围高精度监测，监测通道一般考虑采用阵列天线，可以设计阵列形式的波导缝隙天线，沿方位向划分为多个子阵，其不同频率下的波束宽度和天线增益曲线如图 9-5 所示。

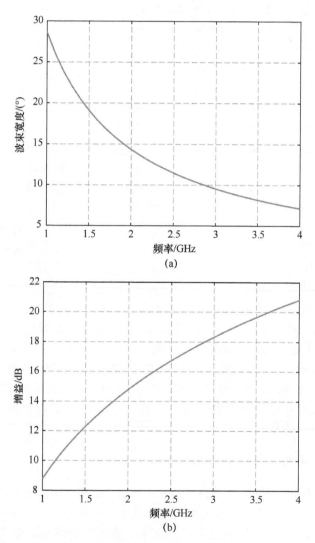

(a)

(b)

图 9-5　不同频率下的波束宽度和天线增益关系曲线（回波天线）

9.3.2 多波段多通道接收机分系统设计

多波段接收机需要分不同频段（如 VHF、UHF、L、S 波段）来设计，不同频段接收机结构是相同的，以 L 波段接收机为例，设计 L 波段接收机主要技术指标如下：

（1）接收信号频率：1200～1400MHz，1MHz 步进，频率受控；

（2）接收信号带宽：10MHz；

（3）接收信号幅度：−110～−20dBm；

（4）输出中频幅度：−40dBm～0dBm（精度±1dB）；

（5）噪声系数：NF≤3dB；

（6）输出中频频率：140MHz；

（7）输出中频带宽：10MHz；

（8）输出中频相位噪声：（在输入−50dBm 下测试）

≤−80dBc/Hz@1kHz；≤−85dBc/Hz@10kHz；

≤−95dBc/Hz@100kHz；≤−110 dBc/Hz@1MHz。

高灵敏度接收机的详细组成框图如图 9-6 所示，由限幅器、LNA、带通滤波器、混频器、中频带通滤波器、数控衰减器、中频放大器等组成。接收机实现接收射频信号，经二次变频、放大、滤波输出中频信号，输出一路作为直达波参考，输出另一路用于目标回波检测，同时还输出一路参考时钟。

从高灵敏度设计方面考虑，接收机要想同时输出满足幅度要求的直达波参考信号和目标回波检测信号，必须有足够大的增益动态范围，既要对大幅度的直达波信号接收不能饱和，又要对微弱的目标回波信号要求足够高的接收灵敏度。接收信道的指标分配和计算如下：接收链路的小信号增益要求为70dB，实际设计增益为 80dB，根据实际需要增加温补衰减或调试衰减位置，实现所需的增益要求。接收信道采用低噪声放大电路，实现信号幅度−110～−20dBm 的要求；接收信道输入动态为 90dB，输出动态需要 40dB，下变频信道通过两级数控衰减器控制，可实现 50dB 动态控制，最终实现动态控制 50dB 的要求，最终实现小信号−110dBm 输入，输出−40dBm 要求，大信号−20dBm 输入，输出 0dBm 的要求。

9.3.3 信号采集与处理分系统设计

高灵敏度接收机输出 1 路直达波中频信号、1 路目标回波中频信号和 1 路参考时钟信号。直达波中频信号和目标回波中频信号分别送往信号采集与处理器中的两个 A/D 转换器芯片进行 A/D 转换，参考时钟信号用于作为 A/D 转换器芯片采集的采样参考时钟，采集数据送往 FPGA 芯片实现双通道数据的连续采集和缓存，或者送往 DSP 芯片完成对后续信号处理。信号采集与处理器、记录存储模块原理框图如图 9-7 所示。

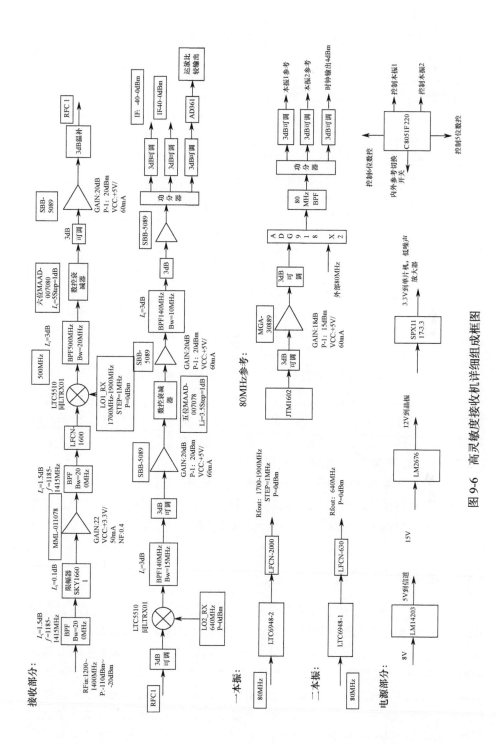

图 9-6 高灵敏度接收机详细组成框图

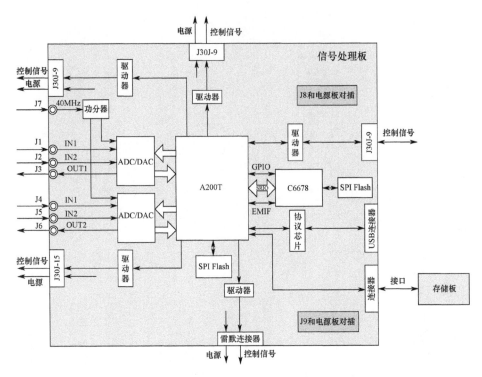

图 9-7 信号采集与处理器、记录存储模块原理框图

信号采集与处理器设计选用 XILINX 公司推出的 Artix-7 系列 FPGA XC7A200T 及 TI 多核 DSP TMS320C6678，板上 DDR3 存储容量达 2GB，可实现 1280GMAC 定点处理能力和 640GFLOP 浮点处理能力，可实现对 70MHz～6GHz 宽带信号的接收、实时处理、传输等功能。

记录存储模块设计选用 Spansion 公司与 Micron 公司的 flash 芯片，提供了 1TB 容量的存储空间，采用高速数据接口 SRIO 实时存储外部传来的数据，将数据上传到上位机并形成文件，可以为系统高速实时信号存储提供可靠保障。

9.3.4 试验系统集成与试验实施

脉冲无源双基地雷达试验系统集成主要是将研制的数字化多波段多通道非合作雷达无源接收系统试验样机（包括天线、多波段多通道接收机、信号采集与处理分系统等），与配套的辅助设备（包括 GPS 同步高精度频率源、ADS-B 接收机（民航飞机识别）、AIS 接收机（民用船舶识别）、固定翼和多旋翼试验无人机、光电跟踪设备、无线电监测设备等）进行系统集成。优化设计针对不同探测对象的试验方案，由易到难循序渐进分阶段展开。综合雷达、光电、AIS/ADS-B 等相关设备获取的目标信息，用于后续对非合作探测系统目标检测结果的验证。整个试验实施方案如图 9-8 所示。

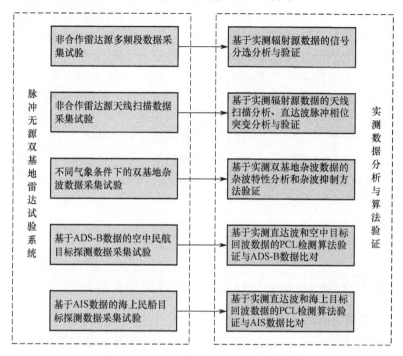

图 9-8　脉冲无源双基地雷达试验系统试验实施方案

图 9-8 中，GPS 同步高精度频率源可提供高精度时钟源，用于接收机的时频同步；ADS-B 系统是目前国际民航系统通用的一种空中交通管制系统，可用来获取并解码飞机位置信息（经度、纬度、海拔高度、速度、飞机识别号等)，该设备可提供探测场景内的大量先验信息。船舶自动识别系统（AIS）是一种重要的广播和监管服务，提供路径、轨迹和船舶特定信息，通过接收 AIS 信号，就能实时获得海上目标的位置。这些信息相当于提供了大量的合作目标，极大方便了系统的比测试验，同时也为系统的标校提供了重要参考；固定翼和多旋翼无人机作为典型的空中低慢小目标，区别于民航客机，可作为小型合作目标，为在特定许可区域提供验证性试验。光电跟踪设备、无线电监测设备可用于协助验证。

整个试验包括 5 个部分：非合作雷达源多频段数据采集试验、非合作雷达源天线扫描数据采集试验、不同气象条件下的双基地杂波数据采集试验、基于 ADS-B 数据的空中民航目标探测数据采集试验，以及基于 AIS 数据的海上民船目标探测数据采集试验。

其中，非合作雷达源多频段数据采集试验从实际环境中获取不同频段的雷达外辐射源的实测信号，可用来对实测辐射源交叠脉冲进行信号分选分析；

非合作雷达源天线扫描数据采集试验完整记录单个雷达辐射源的天线扫描幅度数据，可用来分析天线扫描调制特性和验证包络归一化控制技术，以及直达波脉冲丢失与相位突变特性和验证 PRT 估计、方向图零点检测和相位反转补偿技术；不同气象条件下的双基地杂波数据采集试验采集不同气象条件下的双基地杂波，可用来分析双基地杂波特性和进行 MTI、非相干杂波图、空-频域联合二维恒虚警处理等杂波抑制算法验证；基于 ADS-B 数据的空中民航目标探测数据采集试验同时采集直达波和空中目标回波数据，并记录 ADS-B 民航数据，可用来验证脉冲互相关-多普勒积累和模糊函数处理等（PCL）无源相干检测算法比对 ADS-B 数据；基于 AIS 数据的海上民船目标探测数据采集试验同时采集直达波和海上目标回波数据，并记录 AIS 民船数据，可用来验证PCL 检测算法和比对 AIS 数据。

9.4　外场试验与算法验证

9.4.1　基于非合作非相参导航雷达的空中民航目标探测

1. 外场试验情况

课题组前期开展了基于 X 波段导航雷达（非相参、简单脉冲信号）的空中民航目标 PBR 探测外场陆基试验（图 9-9），搭建了 X 波段双通道接收系统，利用高速双通道数据采集器连续记录直达波和目标回波信号，成功实现了对低空民航飞机的无源相干检测。

图 9-9　基于非合作非相参导航雷达的空中民航目标探测试验

试验选择进出烟台港附近的海上监视导航雷达 Atlas RTX 9820 作为非合作雷达辐射源，其工作频率为 9375MHz，或者选择进出烟台港的客轮上配备的 FR2825 导航雷达，其工作频率为 9410MHz，并以过往烟台港上空的民航飞机作为试验目标，利用直达波天线接收来自非合作雷达发射的直达波信号，而利用目标侦察天线监视过往烟台市区上空的民航飞机，观测其反射的导航雷达信号，并由双通道接收系统完成直达波和目标回波信号的采集。

　　双通道接收天线的实物图如图 9-10 所示，外场试验系统的实际配置如图 9-11 所示，其中 AIS 接收分系统用于协助对感兴趣的船载民用导航雷达的动态跟踪，而 ADS-B 接收分系统的主要任务就是对民航飞机等目标的运动状态进行动态跟踪并记录其位置数据，用于后续对非合作探测系统目标探测结果的标校。

图 9-10　双通道接收天线的实物图

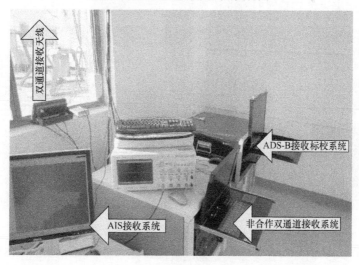

图 9-11　非合作脉冲无源双基地雷达外场试验系统配置

2. 实测数据算法验证

本节针对外场实测数据开展算法验证，实测数据处理流程如图 9-12 所示。脉冲无源双基地雷达试验系统的目标检测算法包括信号分选、直达波抑制、距离多普勒相参处理、互模糊函数平面 CFAR 处理、峰值检测以及目标定位等几个主要部分。

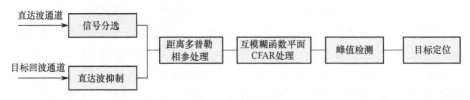

图 9-12　实测数据处理流程

直达波抑制处理将借鉴自适应滤波的原理，目标回波通道信号构成自适应滤波的原始输入，直达波通道信号构成自适应滤波的参考输入。参考输入中的直达波信号与原始输入中要抑制的直达波及多路径信号是相关的，自适应滤波器的作用是最大限度的抑制原始输入中的干扰信号，从而使得自适应滤波输出最大限度的接近目标反射回波信号。

1）实测信号分选结果分析

试验系统采集的是某一海域船载导航雷达发射的在某一频段内的脉冲信号，如图 9-13 所示。当该海域有多个信源时，双基地雷达接收系统将截获在同一频带范围内多个雷达的信号。可以预测，随着发射天线的周期扫描，所接收到各雷达发射的信号将受到各自天线波瓣图的周期调制。各信号的波形在时域上叠加，为此需要根据发射信号参数及其地理位置选择合适的辐射源，将其信号分选出来以便实现对目标的探测和定位。

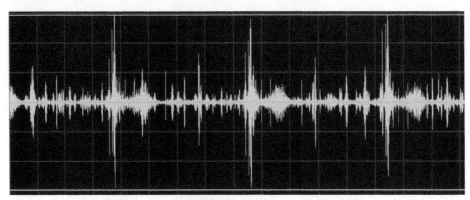

图 9-13　多个天线扫描周期的直达波实测数据回放

由图 9-13 可知，在该频率处直达波信号并不纯，存在多个工作于同一频段的同频干扰，且由于天线波瓣的调制效应，即使接收天线不旋转，其截获信号的幅度还是会呈现一定的周期起伏。当天线主瓣对准信源时，幅度最大。利用改进的动态关联信号分选算法[1, 2]对实测信号进行分选，分选出的最大峰值处所对应的辐射源的信号完整波形如图 9-14 所示。分选后信号主瓣区域波形如图 9-15 所示，而分选后的最大峰值处信号波形如图 9-16 所示。由图 9-15 给出的直达波的观测结果可以看出，关于发射天线扫描调制的理论分析是必要的，同时也可以发现在波瓣之间的零点附近截获的脉冲幅度较低，存在理论分析提到的脉冲丢失的现象，如图 9-16 所示，在 4.55s 和 4.9s 附近就有可能发生脉冲丢失。而脉冲丢失是否严重取决于直达波信号电平、零深以及背景杂波和接收机自身噪声电平。

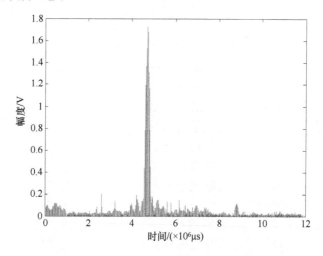

图 9-14　信号分选结果波形

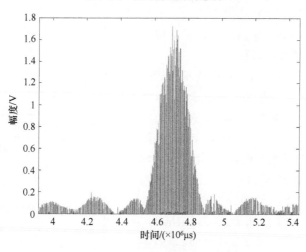

图 9-15　分选信号主瓣区域波形

233

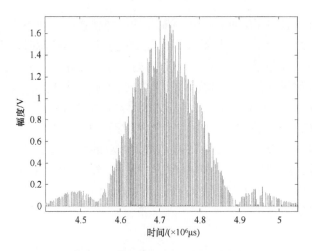

图 9-16　分选信号最大峰值处波形

2）基于互模糊函数和 CIC 滤波的目标检测与分析

在完成参考通道的直达波分选和侦察通道的直达波抑制后，需要监视区域的目标检测及其多普勒频移和时间延迟估计。选取直达波天线截获信号的一段数据，然后在相同时段范围内选取目标回波通道的采样，进行双通道相参检测。

所采取的基于 CIC 滤波器抽取[3-4]和互模糊函数的快速检测算法流程如图 9-17 所示。采用 CIC 滤波器的目的就是提高计算速度，而互模糊函数检测是为探测系统提供必要的信号处理增益，并估计目标的双基地距离和多普勒频移。

在实际处理时，直达波通道和目标回波通道经过 CIC 抽取后的采样频率为 1600Hz，通带带宽为 200Hz，$R=3750$，相对带宽 $f_c=1/8$。CIC 滤波器的设计参数 $N=4$、$M=1$，此时通带内在 f_c 处的衰减为 0.90dB，混叠频率在 f_{AI} 的衰减为 68.5dB。对 CIC 滤波后的数据进行 FFT 处理，则频率的分析范围为 [−1600，1600]Hz。为了抑制不关心信号频率的影响，对 CIC 抽取后的信号进行低通滤波，低通滤波器的阶数选为 5 阶，截止

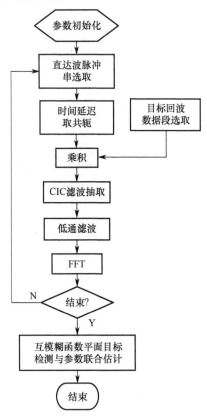

图 9-17　基于 CIC 滤波器抽取和互模糊函数的快速检测算法流程

234

频率为 400Hz。

　　利用直达波和目标回波通道截获的原始数据，可以计算出现在系统探测区域的目标的双基地距离和多普勒频移，即获得目标的幅度–距离–多普勒平面。图 9-18 给出的是三个目标回波数据段分别进行时延和多普勒频率联合估计并利用各自最大峰值输出归一化后的综合显示结果，是基于 30s 观测时间内所采集的关于目标回波数据分析得到的，是未经恒虚警检测处理的结果，由图 9-18 可见距离多普勒平面内出现多个干扰峰值。

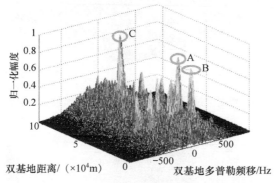

图 9-18　目标时延和多普勒频移联合估计结果

　　采用恒虚警算法对图 9-18 进一步处理，最后在双基地距离差分别为 31km、19km 和 70km 处均发现了目标 A、B、C。由图 9-19 可以发现，在目标双基地距离等值线上似乎存在多个多普勒频率不同的目标。利用相对图 9-18 而言 1min 之后的采样数据的分析结果，可以发现在双基地等值线上还是存在多个峰值，如图 9-20、图 9-21 所示，此时目标 A、B、C 的双基地距离差分别为 43km、30km、82km。由双基地系统的特殊几何结构可知，一般不可能恰好有多个目标满足此类飞行轨迹。初步分析认为这是由于所利用辐射源的 PRF 较低而导致的多普勒频率模糊。

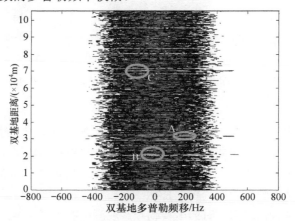

图 9-19　目标位置分别在 A、B、C 的二维检测图

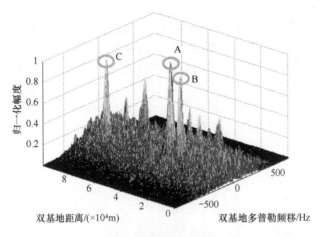

图 9-20 利用相对图 9-18 而言 1 min 后采集的数据得到的
目标时延和多普勒频移估计结果

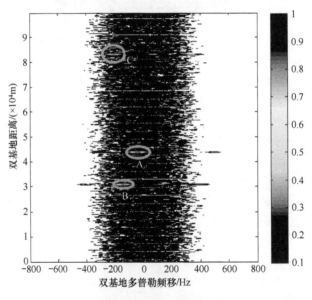

图 9-21 利用相对图 9-18 而言 1 min 后采集的数据得到的目标时延和
多普勒频移二维检测图

事实上，由于非合作双基地雷达接收系统所利用的外辐射源是脉冲雷达，因此，基于互模糊函数处理输出结果的目标的相对时延和多普勒频移估计均可能存在多值性模糊。例如，为确保对目标的准确定位，需要利用 PRF 较低的脉冲雷达作为辐射源检测跟踪目标，其相对时延无模糊，其相对双基地距离观测的可信度较高，但此时的多普勒频率观测可能存在模糊，此外由于检测目标时利用了多个脉冲进行相参积累,其输出频谱的主值区间将包含有目标多普勒频率的寄生频率分量。借鉴单基地雷达解模糊的方法[5, 6],似乎通过选择一个 PRF 较大的脉冲雷达作为外辐射源,再次估计目标的时延和多普勒频移,可以协助解多普勒模糊。然而,与单基地主动雷达不同的是,如果新选取的外辐射源与原辐射源的几何位置差别较大的话,目标的双基地多普勒频率、时延的理论值就不同;能否利用外辐射源信号参数及空间配置的自由度来解模糊需要进一步研究。

因此,利用高 PRF 辐射源估计得到的多普勒频率估计结果的可信度较高,而利用低 PRF 信号估计得到的相对双基地距离的估计结果可信度较高,进行目标的观测性分析时,采用哪个观测量主要取决于外辐射源发射信号 PRF 的大小。存在测距和/或测速模糊时,需要分析互模糊函数平面内 ±PRF 范围间的有效目标检测结果的模糊性。如果利用不同的辐射源分别解算得到目标的几何位置,并能够分别利用相对时延观测和多普勒观测得到各自的目标航迹,而且基于各种航迹关联算法能够把各自观测得到的航迹合并,应该可以实现无模糊测距和测速。

此外,由于非合作接收系统测量能够得到是双基地距离时延,而目标到接收机的距离与时延间的关系是非线性的,即目标到接收机的距离是与 ϕ_r、θ_r、θ_t 都有关系的非线性函数。因此,在解算目标相对无源接收系统的几何位置时,还需要利用目标的方位信息。可以利用简单的三角变换把目标的双基地距离和方位转换为其相应的以接收系统为原点的笛卡儿坐标系,如图 9-22 所示,以便于在以接收系统所在位置为显示中心的地图上显示目标定位结果。

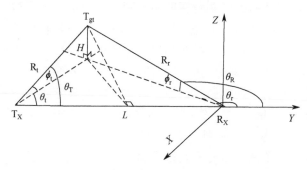

图 9-22 目标空间定位的笛卡儿坐标系

为了验证系统的检测性能,加载使用了一个来自真实的民航飞机管制的数据,把这些数据对应到显示程序中,在地理位置上显示系统探测目标区域的数据,直接将探测结果与 S 模式 ADS-B 接收机得到的结果对应起来。这样的措施为系统性能的实时验证提供了一种方法，在此仅研究系统探测监视区域的目标。考虑出现在幅度–距离–多普勒平面中的目标：首先利用非合作双基地雷达系统得到的目标到达角数据以及其双基地距离和多普勒频移，解算得出目标相对接收系统的距离；然后利用目标检测结果与 S 模式 ADS-B 空管数据进行比对，其中目标的对应情况如图 9-23 所示。

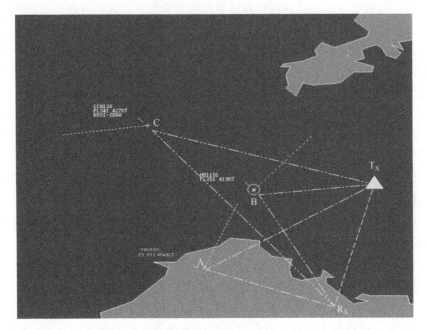

图 9-23　与图 9-20 目标检测结果对应的 S 模式 ADS-B 空管监测信息

比较发现，定位精度受测角精度的限制，目标定位结果与其近似真实位置的偏差小于 5km。因此，虽然可以利用定位公式可以很快地在地图上粗略地给出目标的检测结果，但却没有利用系统所提供的目标多普勒频率。通常情况下，使用在一个波束中的时延和多普勒频率量测组合来估计目标的位置。对于信号带宽较窄的机会辐射源，其对应的距离分辨率较差，需要考虑基于其他量测的定位技术。例如，Howland[7]在一个利用电视辐射信号的 PCL 系统中，采用基于角度和多普勒频率量测滤波算法，完成了目标航迹的跟踪。可以采用一个基于目标双基地距离、多普勒频率与目标视角信息对目标位置进行估计的滤波算法，从而提高目标的定位精度。改进方位测量系统后，对目标状态进行滤波，可以预计定位精度将大大提高。当然提高测角系统的测量精度也可进一步提高目标的定位精度。如果使用了多个辐射源，则需要解更复杂的三角定位方程。

238

9.4.2　基于非合作全相参岸基海监视雷达的海上民船目标探测

1．外场试验情况

课题组在脉冲无源双基地雷达对空中目标探测试验的基础上，针对海上非合作目标被动监视技术的具体应用，利用 L 波段岸基对海监视雷达作为非合作雷达辐射源，开展了一系列针对性的对海探测外场试验。试验利用喇叭天线、L 波段宽带无源接收机和高速数据采集器，搭建了简易 L 波段脉冲无源双基地雷达试验系统，连续采集某型岸基对海监视雷达的直达波和目标散射回波数据。试验场景和设备照片如图 9-24、图 9-25 所示。

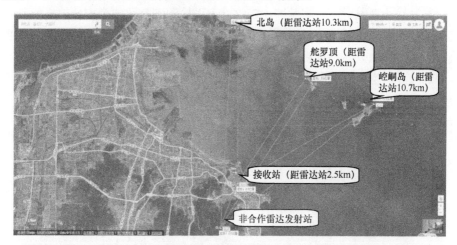

图 9-24　试验场景分布图

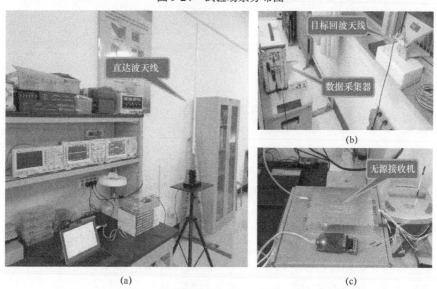

图 9-25　简易 L 波段脉冲无源双基地雷达试验系统设备照片

试验中选择 L 波段岸基对海监视雷达（全相参、LFM 脉压信号）作为非合作雷达辐射源。雷达的 PRF 约为 450Hz，每个 LFM 脉冲的带宽约为 3MHz。雷达天线的转速约为 6r/min，天线扫描一周约需要 10s，天线的方位波束宽度约为 2°，仰角波束宽度约为 30°。接收站距离雷达发射站约 2.5km，试验目标是进出海港的船只，它们的航线距离接收站大约 5km。试验利用一个喇叭天线作为监视天线，对准航线路径观测目标散射信号。

试验同时对接收机接收到的直达波信号和散射波信号进行采样并记录到磁盘上进行离线分析。图 9-26 为采样信号的一部分，可以观测到一系列脉冲串。发射站一直发射高功率脉冲，接收站可以检测到雷达整个旋转扫描的所有直达脉冲，能量来自天线方向图的旁瓣和/或杂波中近距离散射的能量。这些数据包含发射机天线扫描多圈的脉冲，当发射站天线指向接收站时，接收站接收到的脉冲产生最强的脉冲峰值，可以通过检测相邻两个峰值来估算发射天线转速。

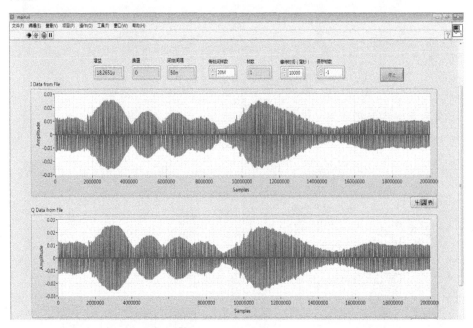

图 9-26 数据采集器采集到的基带 IQ 数据（含直达波和目标回波）

2. 实测数据算法验证流程

试验连续采集某型岸基对海监视雷达的直达波和目标散射回波数据。通过离线数据分析和处理，完成了直达波参考信号重构、时间和方位同步、脉冲压缩等处理，并画出了方位-距离雷达 P 显图。

无源双基地雷达信号处理的目的之一是估计目标方位角，双基地距离（延迟时间）和多普勒频率。图 9-27 显示了解决未知雷达发射参数问题的信号处理方法流程，根据在参考天线处接收的直达波信号来估计未知参数。

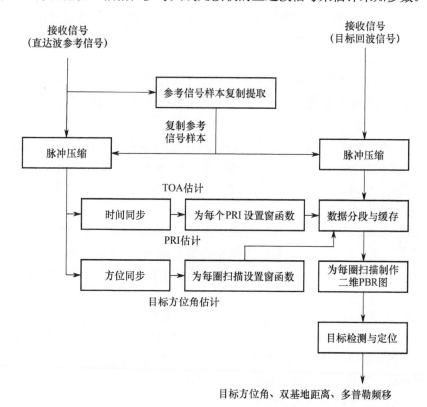

图 9-27　试验数据信号处理流程

信号处理流程如下。

（1）参考脉冲提取和脉冲压缩。从参考天线接收到的信号中提取用于脉冲压缩的参考脉冲信号。如前所述，雷达天线以恒定的周期旋转，并且直达波信号的功率受到雷达天线扫描的影响。因此，可以选择接收信号中具有最高信噪比的脉冲信号作为重复脉冲。使用选择的脉冲，对接收信号（直达波和目标回波）进行脉冲压缩处理。

（2）时间同步。脉冲无源双基地雷达（PBR）可以使用参考通道截取发射机的直达波信号，并从中提取时间同步信息。时间同步信息包括到达时间（TOA）和脉冲重复间隔（PRI）信息。在脉冲压缩和 TOA 训练产生之后，通过对参考天线处接收信号的阈值处理来估计每个接收脉冲的 TOA。PRI 估计过程使用相邻估计的 TOA 之间的时间差。

（3）方位同步。PBR 接收机还可以从直达波信号中提取方位同步信息。雷达发射机的方位角通过与发射站 T_x 的天线直接指向接收站 R_x 相对应的最强脉冲峰值来估计。

（4）为每个 PRI 设置窗函数。每个 PRI 的时间窗函数都是根据时间同步信息生成的。接收信号的每个 PRI 分量是通过将每个时间窗函数乘以每个接收信号而生成的。

（5）为每次扫描设置窗函数。扫描窗口功能是根据方位同步信息生成的。接收信号的每个扫描分量都是通过将每个接收信号乘以每个扫描窗口函数而生成的。

（6）数据分段和缓存。根据估算的旋转雷达发射机的 TOA、PRI 和方位角，监测通道数据可以分为不同的扫描和脉冲，即每次扫描和每个 PRI 缓冲的离散数据。缓存中的每个扫描数据都包含所有方向的所有脉冲，并且缓存中的每个脉冲数据都包含所有距离的所有采样点。

（7）为每次扫描制作二维 PBR 图。当找到每个发射脉冲的指向时，就可以在地图上定位检测位置。每次扫描的二维 PBR 图由缓存中的离散数据生成，地图以笛卡儿坐标系表示，坐标系中的采样数组可以转换为极坐标。

（8）目标检测与定位。为找到可能包含目标回波的方位角，在监视通道中先进行脉冲压缩然后进行简单的阈值检测。通过相关计算和相干积分生成每个 PRI 的距离-多普勒地图，然后使用距离-多普勒图估计目标双基地距离和多普勒频率。基线距离已知，即可以定位目标。

3. 实测数据 PBR 雷达图分析

试验利用 L 波段岸基对海监视雷达作为发射站，利用简易 L 波段脉冲无源双基地雷达试验系统作为接收站，获得了十分清晰的 PBR 雷达图画面，并成功探测到进出港口的航道内船只。由于接收站和发射站离得很近（仅 2.5km），因此，该 PBR 双基地雷达画面非常接近单基地雷达画面，如图 9-28、图 9-29 所示。

由于岸基对海监视雷达发射机具有大约 170° 的静默扇区，因此 PBR 雷达图 P 显（平面位置显示）画面只有 190° 的有效数据，数据以笛卡儿坐标表示。图 9-28 的坐标范围：X 方向为±2500（个采样点），Y 方向为±2500（个采样点），对应距离量程约 18.75km；图 9-29 的坐标范围：X 方向为±1250（个采样点），Y 方向为±1250（个采样点），对应距离量程约 9.375km。从 PBR 雷达图中可以看到海港附近的陆地杂波、多径杂波以及海上的多个船只目标。

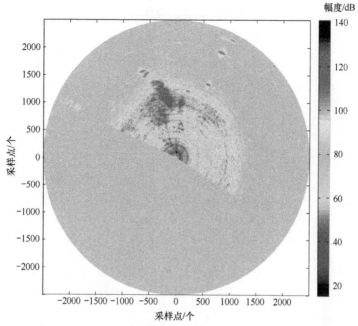

图 9-28　对港口船只探测 PBR 雷达图画面（P 显，量程 18.75km）

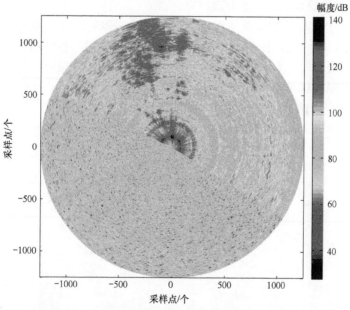

图 9-29　对港口船只探测 PBR 雷达图画面（P 显，量程 9.375km）

　　图 9-30 显示了海港船舶目标的 AIS 图和 PBR 雷达图之间的比较，AIS 数据被用作参考目标位置的真实值。有一艘正在从海港出发的船只和两艘在 AIS 地图上停泊的船只。可以看出，使用本试验 PBR 雷达的探测数据与 AIS 数据

具有很好的一致性，验证了试验数据的正确性。

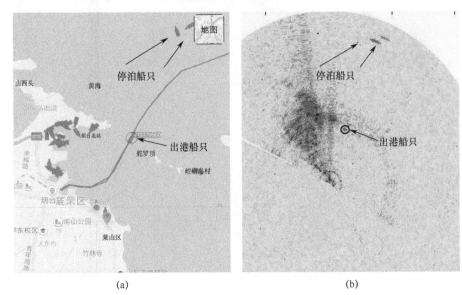

(a)　　　　　　　　　　　　　　　　(b)

图 9-30　对港口船只探测 PBR 雷达图画面（与 AIS 数据的比对画面）

4. 实测数据动目标相参处理结果分析

在验证了目标探测位置的正确性之后，进一步对非合作探测数据的相参性进行分析。要知道，在非合作条件下，要想获得完整目标的相参数据是很困难的，必须要采取一系列同步技术，包括时间、频率和相位同步处理。有了目标的相参数据，就可以进行 MTI、MTD 等动目标处理。下面是针对海上动目标试验数据的 PBR 相参处理结果，如图 9-31～图 9-35 所示。

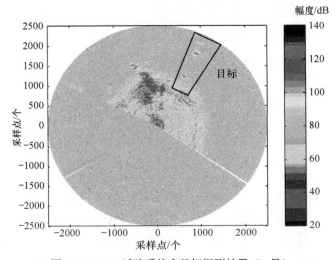

图 9-31　PBR 试验系统多目标探测结果（P 显）

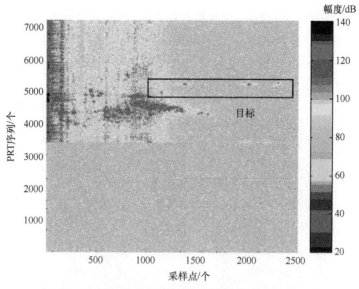

图 9-32　PBR 试验系统多目标探测结果（B 显）

图 9-31 采用的是以接收站为圆心的 P 显（平面位置显示）形式，展示了接收站获得的完整一圈扫描的 PBR 雷达图数据。图 9-32 采用的是 B 显（距离–方位显示）形式，横坐标方向表示距离采样点，纵坐标方向表示 PRT 序列个数。目标区域已在图中用黑框标出。

图 9-33 显示的是对图 9-32 中的目标区域的局部放大结果，横坐标方向表示距离采样点，纵坐标方向表示 PRT 序列个数，从图中可以看到有四个目标。

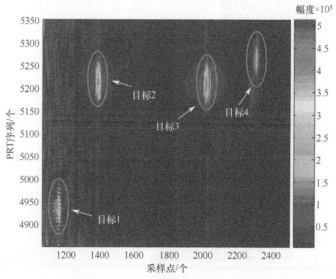

图 9-33　PBR 试验系统多目标探测结果（B 显，目标区域局部放大）

图 9-34 显示的是对图 9-33 数据进行 MTI 处理后的结果，MTI 处理后雷达图画面中只剩下两个目标（目标 1 和目标 2），另外两个目标（目标 3 和目标 4）被滤除。可以初步判定，目标 1 和目标 2 为运动目标，目标 3 和目标 4 为静止目标。

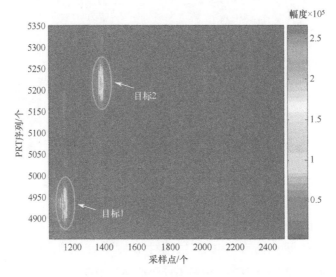

图 9-34　PBR 试验系统多目标探测结果（B 显，MTI 处理后输出结果）

图 9-35 显示的是目标区域的 R-D（距离–多普勒）图。可以看出四个目标中，有两个运动目标和两个静止目标。目标 1 的多普勒频移为正，说明目标 1 的运动方向靠近接收站；目标 2 的多普勒频移为负，说明目标 2 的运动方向远离接收站。

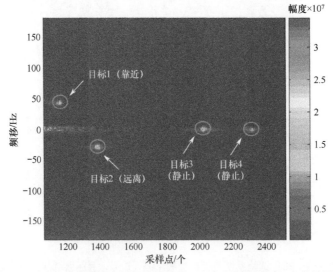

图 9-35　PBR 试验系统多目标探测结果（目标区域的距离–多普勒图）

通过 R-D 谱分析，可以看出试验数据具有很好的相参性。MTI 和 MTD（FFT）对动目标的处理效果明显。由此可见，利用该 PBR 体制进行相参处理，来实现动目标检测是完全可行的。MTI 动目标处理前后的整圈 PBR 画面（P 显）如图 9-36、图 9-37 所示。

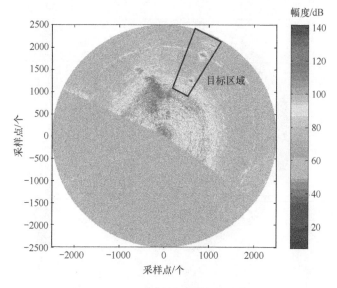

图 9-36　PBR 试验系统原始 PBR 画面

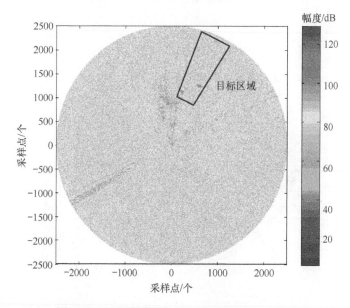

图 9-37　PBR 试验系统 MTI 处理后的 PBR 画面

下面重点分析海上动目标杂波图对消处理方法的可行性,如图 9-38～图 9-40 所示。从杂波图处理实验结果来看,杂波图对消对画面中的固定杂波对消效果比较明显,杂波图对消后画面中的运动目标比较容易被检测出来。

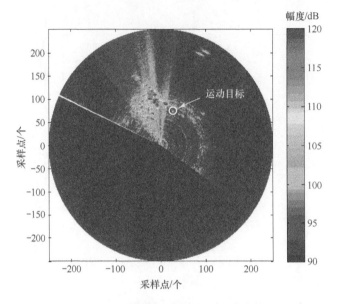

图 9-38　PBR 试验系统原始 PBR 画面

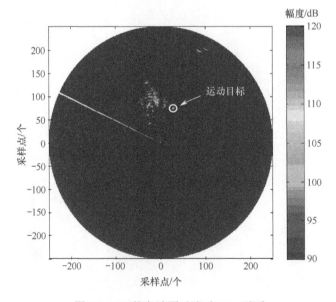

图 9-39　平均杂波图对消后 PBR 画面

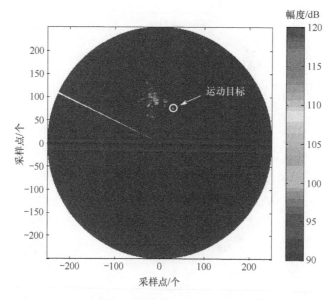

图 9-40　单极点反馈积累杂波图对消后 PBR 画面（遗忘因子 K=0.5）

下面介绍对港口内停泊船只（密集目标区域）处理结果，如图 9-41、图 9-42 所示。针对海上静止目标，主要考虑采用非相参积累+CFAR 处理方法，以及杂波图 CFAR 处理。

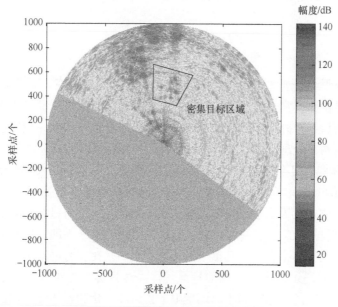

图 9-41　密集目标区域原始 PBR 画面

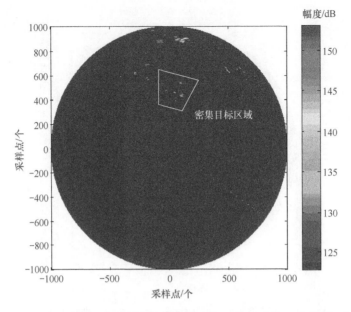

图 9-42 密集目标区域非相参积累+CFAR 处理后的 PBR 画面

上述试验验证了基于非合作雷达辐射源的海上目标无源探测的可行性，对海上低慢小目标有良好的探测能力，MTI、MTD（FFT）和杂波图等动目标处理方法在 PBR 体制下是可行的。

<h2 style="text-align:center">9.5　小结</h2>

本章从脉冲无源双基地雷达试验系统实现的角度出发，首先给出了试验系统的总体设计方案，然后给出试验系统各分系统的具体研制、集成与试验实施方法，最后结合外场实测数据，在完成直达波分选与抑制等预处理后，给出距离多普勒相参处理、恒虚警检测和目标定位分析的初步试验结果。为验证系统的检测性能，还使用了一个来自真实的民航飞机管制的数据（ADS-B 数据）和船舶自动识别系统的数据（AIS 数据），把这些数据对应到显示程序中，在地理位置上显示系统探测目标区域的数据，直接将目标探测试验结果和 ADS-B 数据与 AIS 数据进行比对。这样的措施为系统性能的实时验证提供了一种方法。试验结果表明：几十千米的探测距离是比较容易实现的，但系统的定位精度需要通过改进其方位测量系统，并对目标状态进行滤波来进一步提高。当然，实际的目标检测距离还受限于直达波干扰和雷达辐射源的同频干扰等因素。

参考文献

[1] Wiley Richard G. 电子情报(ELINT)——雷达信号截获与分析[M]. 吕跃广，等译.北京: 电子工业出版社, 2008.

[2] 符锐. 密集信号条件下的雷达信号分选[D]. 西安:西安电子科技大学， 2008.

[3] Hogeauer E. An Economical Class of Digital Filters for Decimation and Interpolation[J]. IEEE Transactions on ASSP. 1981, 29(2): 155-162.

[4] Wilson Alan N. Application of Filter Sharpening to Cascaded Integrator-Comb Decimation Filters [J]. IEEE Transactions on Signal Processing. 1997, 45(2): 457-467.

[5] Alabaster C M, Hughes E J, Matthew J H. Medium PRF radar PRF selection using volutionary algorithms[J]. IEEE Transactions on Aerospace and Electronic System. 2003, 39(3): 990-1001.

[6] Hughes E J, Lewis M B. Improved detection and ambiguity resolution of low observable targets in MPRF radar. 2nd EMRS DTC Technical Conference[C], //Edinburgh, UK, 2005: A2.

[7] Howland P E, Griffiths H D, Baker C J. Passive bistatic radar, chapter in bistatic radar: emerging technology [M]. Wiley, 2008.